2024
세종도서
PUBLICATION INDUSTRY PROMOTION AGENCY OF KOREA
한국출판문화산업진흥원

GeoGebra를 활용한 문항 제작과 교수·학습

- 공간도형과 평면벡터 -

양성현 지음

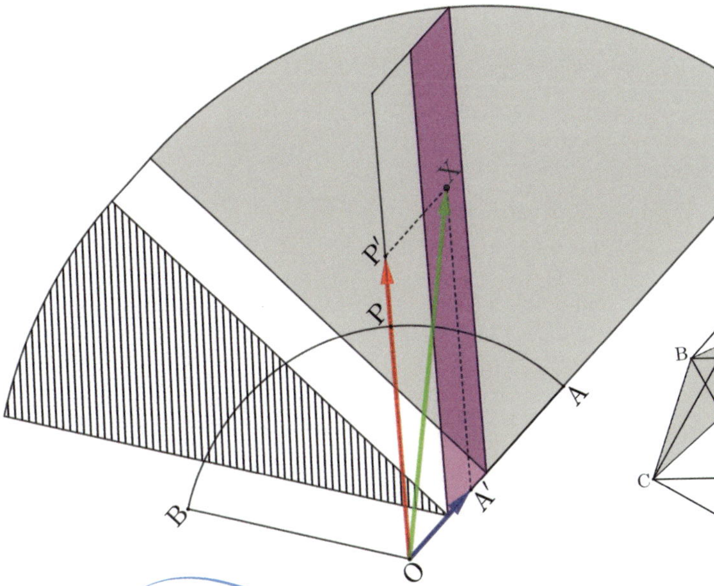

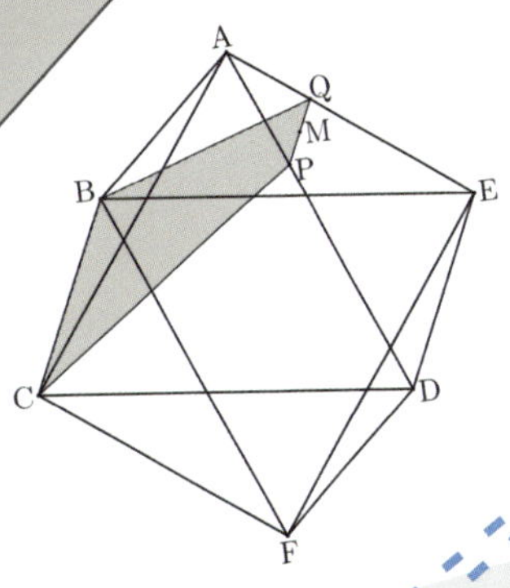

KYOWOO

머리말

P·R·E·F·A·C·E

학생들의 수학에 대한 흥미와 학습 동기 유발은 수학 학습에 중요한 요소이다. 필자는 좋은 문항 또한 이러한 역할을 충실히 수행할 수 있는 도구 중 하나가 될 수 있다고 생각한다. 수학교육의 현실에 대하여 우려를 하시는 世間의 많은 분들이 현재의 수학교육이 수능을 비롯한 대학 입시 제도로 인하여 문제 풀이에 너무 매몰되어 있다고 말씀하시는 것을 자주 접하게 된다. 그러나 수학 교수 · 학습 상황에서 문제 풀이(문제 만들기) 또한 상당한 창의력과 수학적 사고력을 요구한다.

전국단위 평가와 달리 단위학교 평가에서는 문항 출제와 관련된 모든 일을 교사 스스로 해결해야 한다. 특히 수학과 평가 문항에는 내용 영역별 편차는 존재하지만 많은 도형과 그래프가 삽입되고 이러한 모든 노고를 교사 혼자 짊어질 수밖에 없다. 그러나 교사 자신이 수학적 아이디어를 생각하고 이를 문항으로 옮기는 과정에서 문제 상황에 필요한 도형이나 그래프를 표현할 수 없어 평가 문항에서 인위적으로 특정 내용 영역 또는 평가 요소를 배제하거나 기하적 요소를 삭제하고 대수적 요소로 변형하여 출제하고 있음이 많은 연구들을 통하여 지적되었다. 이러한 현상이 가장 높은 빈도로 발생할 수 있는 여지가 있는 과목이 〈기하〉이다.

그 이유에서 졸고의 주제로 선택한 것이 '공간도형과 평면벡터' 이다. GeoGebra 의 '3차원 기하창' 을 이용하면 공간도형 관련 문항을 매우 쉽고 편하게 구연할 수 있다. 또한 '2차원 기하창' 에서 '슬라이더' 와 '자취' 관련 도구와 명령어를 활용하면 평면벡터의 움직임도 간단하게 표현할 수 있다.

2022 개정 수학과 교육과정에서 〈미적분Ⅱ〉와 〈기하〉가 모두 선택 중심 교육과정의 진로 선택 과목으로 편제되었을 뿐만 아니라 2028학년도 수능 수학 영역 출제 범위에서도 배제되었다. 너무나 마음이 아프고 슬픈 수학교육의 현실이다. 물론 이 어설픈 졸고 한 권이 우리 나라 수학교육에 큰 영향을 줄거라 생각하지는 않는다. 단 한 분의 선생님이라도 필자가 졸고에 담고자 하는 마음을 이해해 주시고, 그로 인하여 단 한 명의 학생이라도 기하의 아름다움을 느낄 수 있게 된다면 행복할 것이다.

졸고는 단순히 문항을 제작하는 것에 그치지 않고 제작된 문항을 교수 · 학습에서 활용할 수 있는 방안을 제시하고자 하였다. 평가는 결과가 아니라 교수 · 학습의 과정이며 피드백이 무엇보다도 중요하기 때문이다. 수학적 개념을 학습하고 그 개념과 관련된 문제를 해결할 수도 있지만, 문제 해결 과정에서 개념을 학습하거나 습득된 개념을 더욱 확고히 할 수 있다.

또한 졸고에 구성된 문항 제작 방법은 다양한 방법으로 활용이 가능하다. 수록 내용을 약간만 변형한다면 수행평가로 활용할 수도 있으며, 단위학교 수학 동아리 활동 또는 영재교육의 소재로도 활용이 가능하다. 필자의 여러 연구에서 그 가능성을 확인하였을 뿐만 아니라 짧은 교편생활을 통하여 직접 경험한 내용이다. 학생들은 성취수준에 관계없이 이러한 수학적 경험을 너무나 행복해 했고 필자는 그 눈빛을 수차례 느낄 수 있었다.

졸고에 수록된 각각의 문항에 대하여 교육과정의 엄밀성을 논하고 싶지는 않다. 교육과정의 측면은 교사 개개인의 해석에 맡기고자 한다. 또한 각 문항에 대하여 간략하게 제시한 〈해설〉이 최선의 방법이 아닐 수 있으며, GeoGebra를 이용하여 문제 상황을 작도하는 방법 또한 필자가 작성한 방법 이외에도 다양한 방법이 존재할 것이다. 또한 문항 제작과 교재 구성은 교사들의 접근성이 용이하도록 '한글 2022'와 'GeoGebra Classic 5' 만을 사용하여 제작하였다.

예비교사와 현직교사가 졸고를 통하여 수학 학습 소프트웨어를 활용한 문항 제작과 교수 · 학습의 다양성을 인식할 수 있는 계기가 되길 바라며, 더 나아가 문항 제작 능력의 한계를 극복하고 이를 활용한 교수 · 학습 상황에서 작은 보탬이 될 수 있기를 바라는 마음이다.

끝으로 졸고를 위하여 바쁘신 와중에도 꼼꼼하게 검토해 주신 방기현, 문두열, 오서영 선생님께 다시 한 번 감사의 말씀을 드립니다.

목차

C·O·N·T·E·N·T·S

Ⅰ. GeoGebra를 활용한 문항 제작 기초 사항 / 1

Ⅱ. 공간도형 관련 문항 제작과 활용 방법 / 9

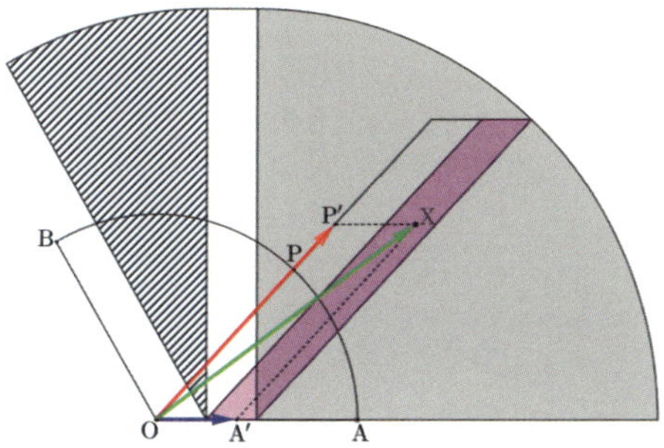
B
P′
X
P
O
A′
A

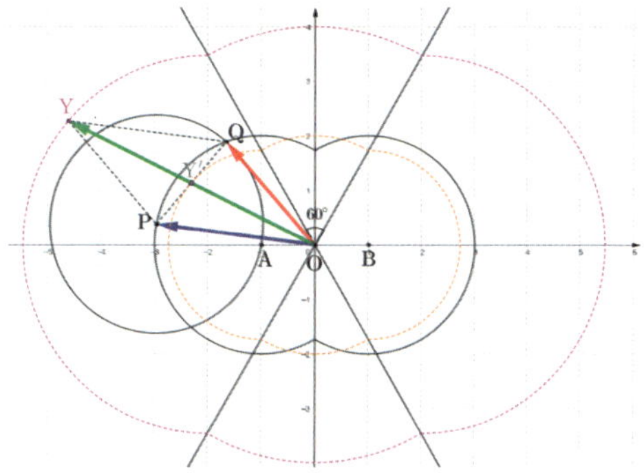
Y
Q
P
60°
A
O
B

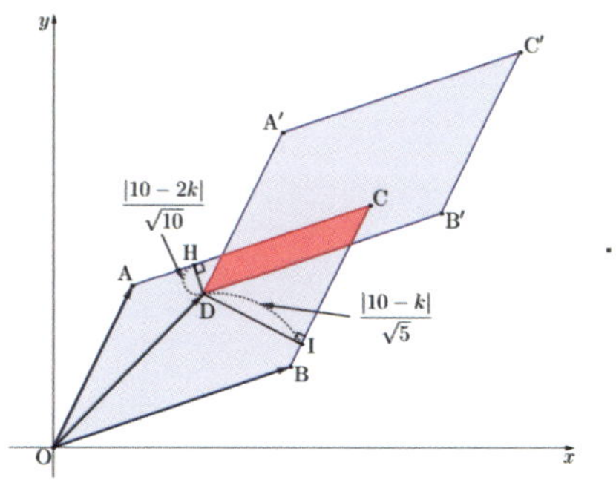
y
C′
A′
C
B′
$\frac{|10-2k|}{\sqrt{10}}$
H
A
D
$\frac{|10-k|}{\sqrt{5}}$
I
B
O
x

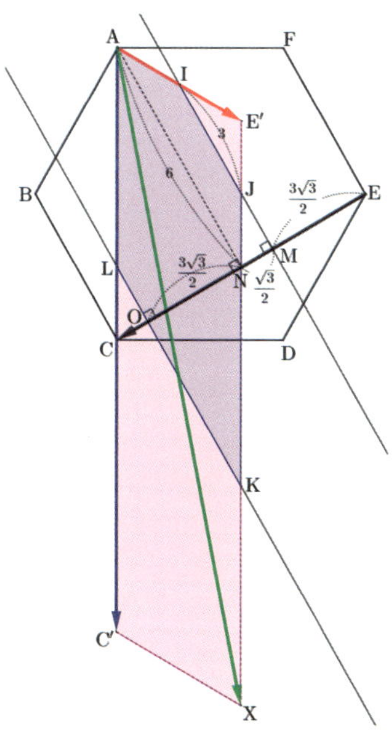
A
F
I
E′
3
6
B
J
$\frac{3\sqrt{3}}{2}$
E
M
L
$\frac{3\sqrt{3}}{2}$
N
$\frac{\sqrt{3}}{2}$
O
C
D
K
C′
X

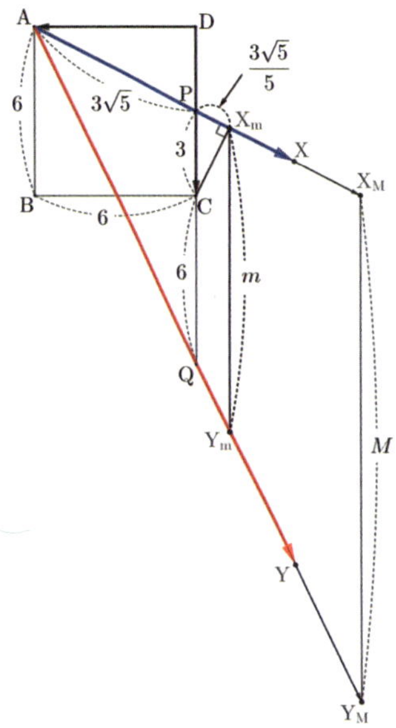
A
D
P
B
C
Q
X
X_m
X_M
Y_m
Y
Y_M
6
6
3
6
$3\sqrt{5}$
$\frac{3\sqrt{5}}{5}$
m
M

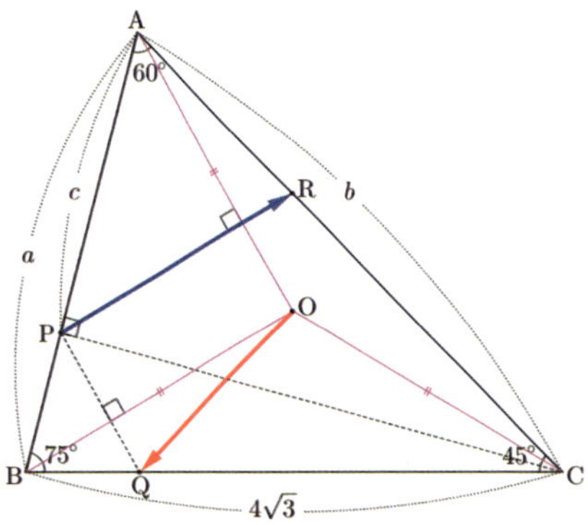
A
B
C
P
Q
R
O
60°
75°
45°
a
b
c
$4\sqrt{3}$

Ⅰ. GeoGebra를 활용한 문항 제작 기초 사항

1. 문항 제작을 위한 GeoGebra 초기 화면 설정

GeoGebra는 '선택사항'과 '설정사항 저장'을 이용하여 사용자가 자신에 맞도록 초기 화면을 구성할 수 있다. 문제 상황의 그림을 제작하기에 앞서 두 가지 사항을 설정하고 작도를 시작한다.

첫째, GeoGebra는 초기 상태에 3가지의 기본 창(대수창, 입력창, 기하창)이 실행이 된다. 이때 실행되는 기하창은 '2차원 기하창'이다. Ⅱ장에서 다루어지는 공간도형 관련 문항 제작 시에는 <그림 Ⅰ-1>과 같이 '보기'에서 '3차원 기하창'을 클릭하여 '2차원 기하창'과 동시에 활성화한 후 작업을 진행한다. '2차원 기하창'에서 생성한 대상들은 '3차원 기하창'의 xy평면에 동시에 나타나게 된다.

〈그림 Ⅰ-1〉 GeoGebra 3차원 기하창

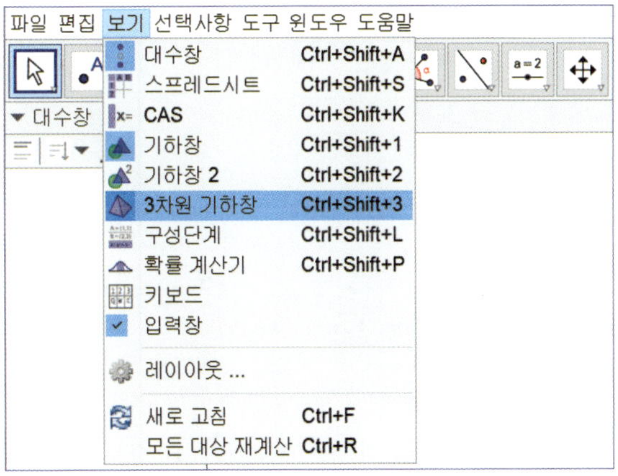

둘째, <그림 Ⅰ-2>와 같이 '선택사항'의 '레이블 보이기'에서 '새로운 점만 이름을 보임'으로 설정하고 설정사항을 저장한다. 물론 제작하고자 하는 그림을 완성한 후에 일괄적으로 '레이블'을 설정하는 것도 가능하다. '선택사항'에서 '설정사항 저장'을 클릭하여 현재 상태를 저장하면 다음 GeoGebra 실행 시 저장된 옵션 상태로 실행된다.

〈그림 Ⅰ-2〉 레이블 설정하기와 설정사항 저장

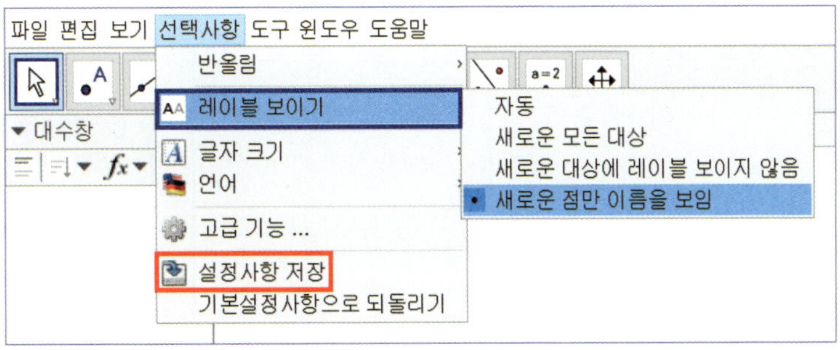

2. '구성단계 네비게이션 바'와 '구성단계' 기능

<표 Ⅰ-1>은 [문제Ⅱ-1]의 '구성단계 41' 까지 실행하여 저장한 파일(파일명: 문제Ⅱ-1_구성단계41_입체도형)에서 '구성단계 네비게이션 바' 기능을 실행하는 과정과 실행 후 화면이다. GeoGebra의 기하창에서 마우스를 우클릭하면 <표 Ⅰ-1>의 왼쪽과 같이 '구성단계 네비게이션 바'를 실행할 수 있는 창이 생성되고, 이를 클릭하면 <표 Ⅰ-1>의 오른쪽과 같이 화면 하단에 '구성단계 네비게이션 바' 관련 3종의 실행버튼이 생성된다. 오른쪽 화면에서 실행버튼①은 실행 과정을 초기화한 후 플레이 버튼을 사용하여 처음부터 작도 과정을 재실행하거나 이전 과정으로 되돌릴 수 있는 기능이며, 실행버튼②는 시간을 설정하여 자동으로 작도 과정이 실행되도록 하는 기능이다. 실행버튼③은 '구성단계' 기능 활성화 버튼이다. '구성단계 네비게이션 바' 기능은 2차원 기하창과 3차원 기하창 어디에서든지 실행이 가능하다.

〈표 Ⅰ-1〉 '구성단계 네비게이션 바' 기능 실행 화면

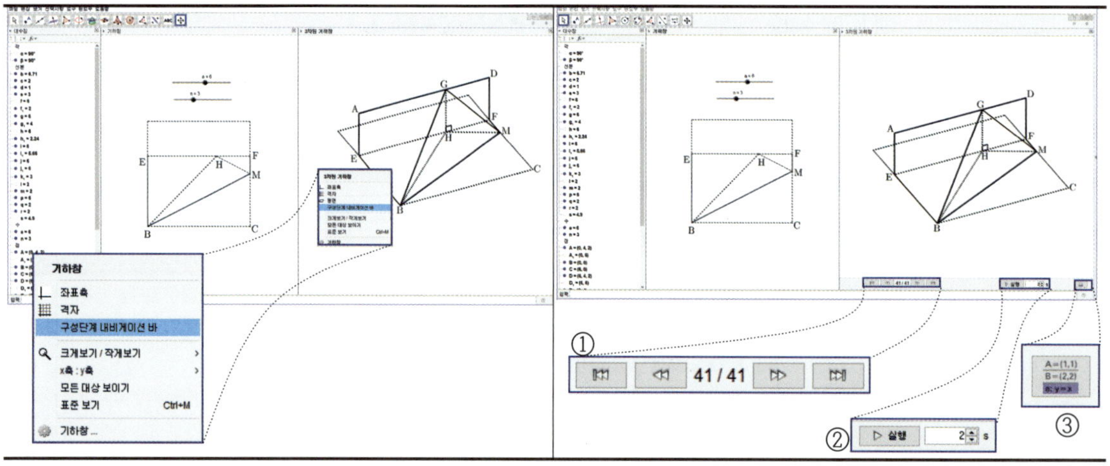

교사와 학생은 '구성단계 네비게이션 바' 기능을 다양한 방식으로 활용할 수 있다. 교사는 GeoGebra를 활용한 평가에서 학생들이 제출한 산출물의 작도 과정을 수업 중 또는 후에 확인하여 평가에 반영할 수 있을 뿐만 아니라, 수업 준비 과정에서 자료를 사전에 준비하여 실행버튼을 활용하면 매 교시 동일한 작업을 반복적으로 수행하지 않을 수 있기 때문에 보다 효과적으로 교수·학습 상황을 이끌어갈 수 있다. 또한 학생 개개인의 성취수준 파악이 용이함으로 개인별 성취수준에 따른 맞춤형 피드백 제공이 가능하다. 학생은 발표수업과 같은 상황에서 학생 개개인이 자신의 결과를 동료 학생들에게 전달(설명)할 때 유용하게 활용할 수 있다.

<그림 Ⅰ-3>은 <표 Ⅰ-1>에서 '구성단계' 기능을 실행한 화면이다. <그림 Ⅰ-3>의 ④와 같이 GeoGebra의 보기 메뉴에서 '구성단계'를 클릭하면 '구성단계' 관련 2종(⑤, ⑥)의 화면이 나타난다. ⑤에서는 각각의 작도 과정에서 어떠한 명령을 사용하였는지 세부적으로 확인할 수 있으며, ⑥은 <표 Ⅰ-1>에서 설명한 '구성단계 네비게이션 바'와 동일한 기능의 실행버튼이다. '구성단계' 기능의 실행은 보기 메뉴에서 실행할 수도 있지만, <표 Ⅰ-1>과 같이 '구성단계 네비게이션 바' 기능 실행 후 생성되는 실행버튼③을 이용할 수도 있다.

<그림 Ⅰ-3> '구성단계' 기능 실행 화면

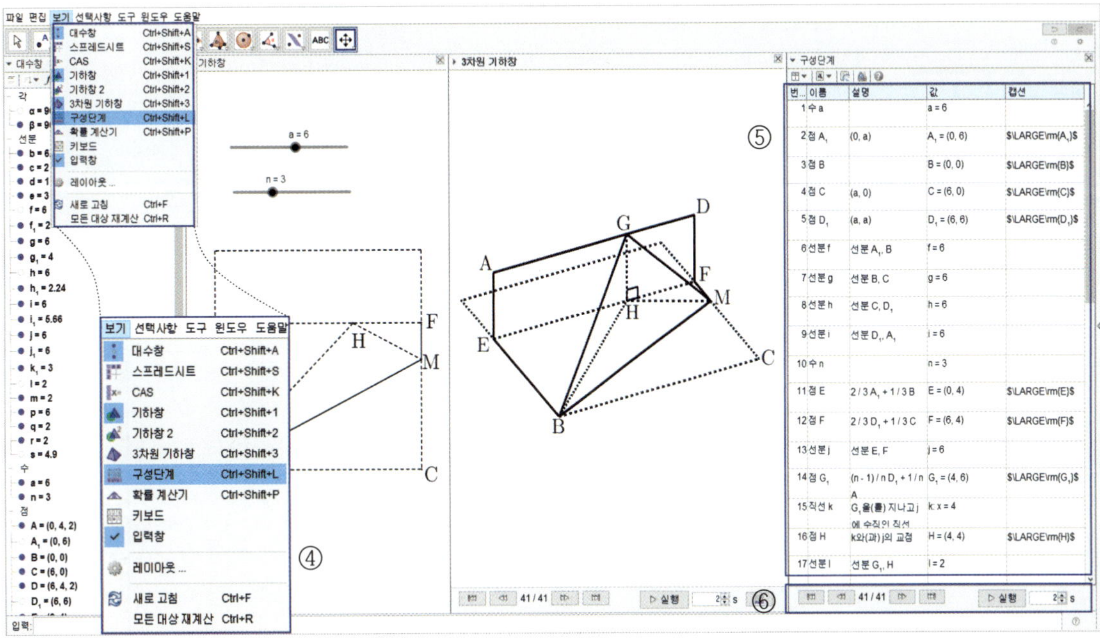

3. 도구상자를 이용한 작도와 명령어를 이용한 작도

GeoGebra에서 특정 대상을 생성할 수 있는 방법은 크게 2가지가 존재한다. 첫째는 도구상자를 이용하는 방법이고, 둘째는 명령어를 이용하는 방법이다. 물론 텍스트와 같이 유사한 내용을 반복하여 생성해야 하는 경우는 복사 기능(ctrl+c, ctrl+v)을 활용할 수도 있다. 사용자에 따라 도구상자와 명령어에 대한 선호도가 다를 것이다. 필자는 가능한 도구상자만을 이용하여 작도할 수 있도록 구성하였으나, 명령어가 도구로 구성되어 있지 않은 경우는 명령어를 사용하였다.

교재에 수록된 문항은 총 15문항(공간도형: 7문항, 평면벡터: 8문항)이며, 모든 문항의 작도 과정을 <그림 Ⅰ-4>와 같이 '구성단계', '도구', '작도 과정', '화면상의 작도 상태'로 구분하여 표로 작성하였다.

'구성단계'는 표현 그대로 제작 단계를 의미한다. <그림 Ⅰ-4>와 같이 단계별로 작성된 경우도 있지만, 동일한 도구상자를 사용하여 반복되는 작업을 하는 경우 '구성단계 42~44'와 같이 구간으로 표현을 하였다. '도구' 란에는 해당 '구성단계' 에서 사용되는 도구상자 아이콘을 삽입하였다.

〈그림 Ⅰ-4〉 작도 과정 예시와 설명

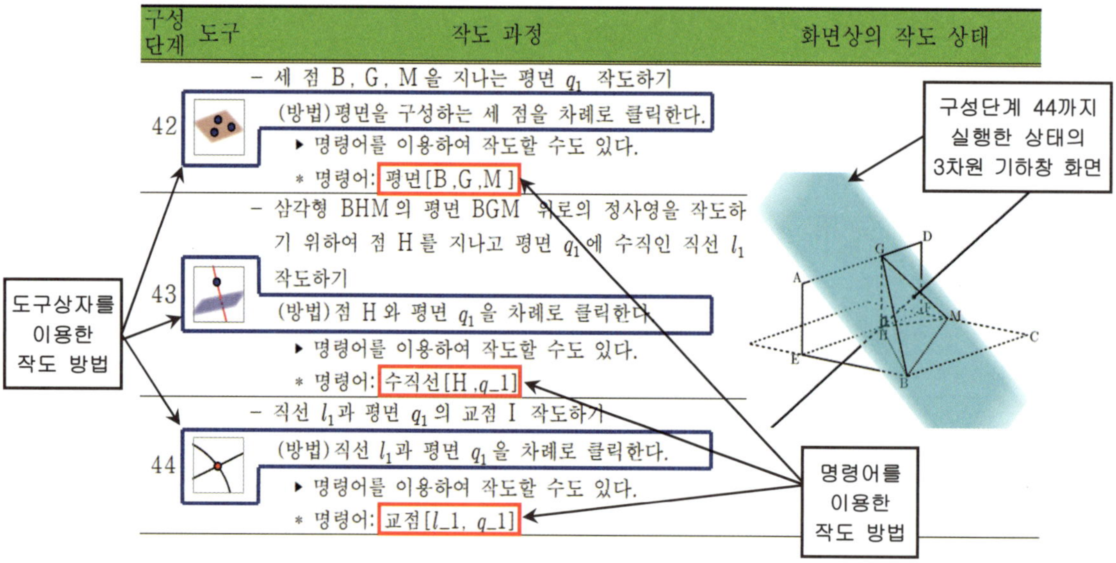

'작도 과정' 은 해당 도구를 클릭한 후 (방법)에 서술된 내용과 같이 따라하면 원하는 대상을 생성할 수 있도록 설명을 하였으며, 입력창에 명령어를 입력하여 대상을 생성할 수 있도록 각 단계마다 해당 명령어를 수록하였다. 2차원 기하창에서 작도 시 도구상자만으로 원하는 대상을 대부분 작도할 수 있지만, 3차원 기하창에서 여러 대상이 겹쳐 있는 경우 마우스를 이용하여 원하는 대상만을 클릭하는 것이 어려울 수 있다. 마우스의 스크롤 기능을 이용하여 기하창을 확대하고 화면 이동 기능을 이용하여 작도할 수도 있지만, 이런 경우 명령어를 사용하여 대상을 생성하는 것이 보다 용이할 수 있다. '화면상의 작도 상태' 란에는 일정 단계가 끝날 때마다 '2차원 기하창' 또는 '3차원 기하창' 의 화면의 상태를 캡처하여 삽입하였다.

도구상자를 이용하는 방법과 명령어를 이용하는 방법 중 어느 방법을 이용하느냐에 따라 구성단계의 수가 달라질 수 있다. 그러므로 GeoGebra에 익숙하지 않은 독자라면 처음 작도할 때는 필자가 제시하는 구성단계 순으로 순차적으로 구연하고, 내용이 숙지된 후에 자신만의 다양한 방법으로 접근하는 것을 추천하고 싶다. 예를 들어, <표 Ⅰ-2>는 점 A를 기준으로 점 B를 반시계 방향으로 60° 회전하는 상황을 2가지 방법으로 제작한 상황이다. 두 방법 모두 일차적으로 구성단계 1~2에서 두 점 A, B를 작도하는 상황까지는 동일하다. <표 Ⅰ-2>의 왼쪽 그림은 '주어진 크기의 각()' 도구를 이용하여 점 B′을 작도한 상황이다. '주어진 크기의 각()' 도구를 이용할 경우 자동으로 회전시킨 각도(60°)까지 기하창과 대수창에 표시되는 것을 확인할 수 있다. 다시 말해 '주어진 크기의 각()' 도구를 이용할 경우 구성단계가 두 단계(구성단계 3~4) 증가하게 된다. 이후 두 선분 AB, AB′을 작도하여 하단의 ‘구성단계 네비게이션 바’에 나타난 것과 같이 총 구성단계는 6단계가 된다.

〈표 Ⅰ-2〉 대상을 회전시킬 때 작도 방법에 따른 구성단계 차이

도구상자를 이용한 화면	명령어를 이용한 화면
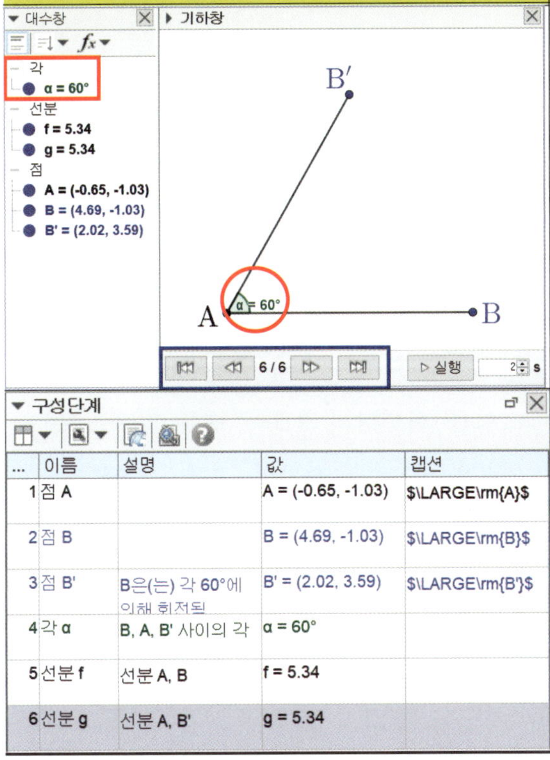	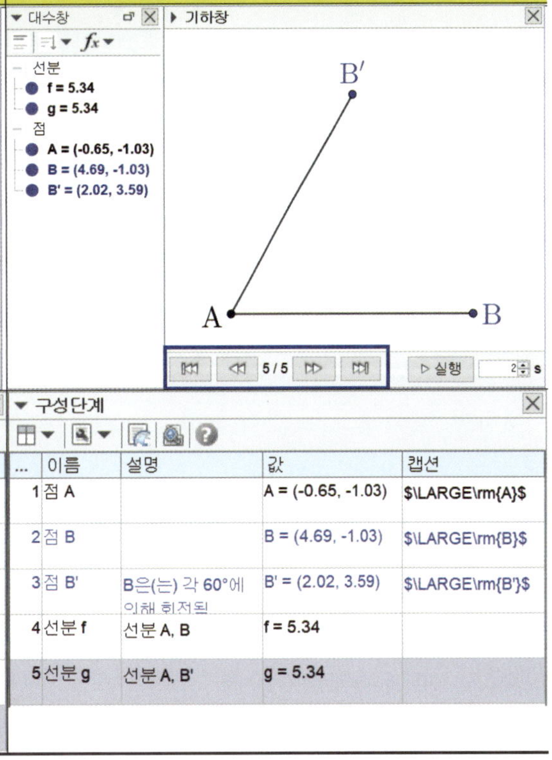

〈표 Ⅰ-2〉의 오른쪽 그림은 회전 명령어를 이용하여 점 B′을 작도한 상황이다. 〈표 Ⅰ-2〉에서 사용한 회전 명령어[1]는 ‘회전[B, 60°, A]’이다. 명령어를 이용할 경우 구성단계가 한 단계(구성단계 3) 증가하게 된다. 이후 두 선분 AB, AB′을 작도하여 하단의 ‘구성단계 네비게이션 바’에 나타난 것과 같이 총 구성단계는 5단계가 된다. 〈표 Ⅰ-2〉의 왼쪽과 같이 각도까지 제시하고 싶다면 추가적으로 각 명령어인 ‘각[B, A, B′]’을 이용하여 생성할 수 있다. 참고로 GeoGebra에서 명령어 입력 시 대괄호와 소괄호는 구분없이 사용할 수 있으나, 혼용할 수는 없다.

명령어 입력 시 그리스 문자나 각도(°)와 같은 특수기호는 명령어 입력 시 입력창의 우측 끝에 나타나는 α 모양을 클릭하여 입력할 수 있다. 〈그림 Ⅰ-5〉와 같이 α 모양을 클릭하면 다양한 기호 탭이 생성된다. 이때 제작자가 원하는 기호를 클릭하면 입력창에 기호가 입력된다.

---

1) 회전 명령어의 구조는 ‘회전[회전시키고자 하는 대상, 회전 각도, 회전의 중심]’이다. 또한 회전 각도를 표현할 경우 육십분법과 호도법이 모두 가능하다. 예를 들어, 60°는 ‘π/3’ 또는 ‘pi/3’ 모두 가능하다. ‘회전의 중심’을 입력하지 않을 경우 원점을 중심으로 대상이 회전된다.

〈그림 Ⅰ-5〉 그리스 문자를 포함한 다양한 수학 기호 입력

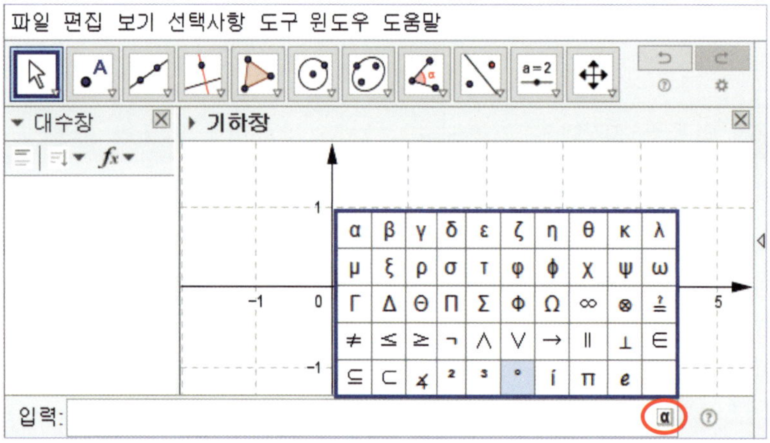

마지막으로 키보드의 복사 기능(Ctrl + C, Ctrl + V)을 활용하여 대상을 생성하는 방법에 대하여 살펴보고자 한다. 〈표 Ⅰ-3〉의 왼쪽 그림은 화면상의 3개의 수를 '텍스트(ABC)' 도구를 이용하여 각각 생성한 것이고, 오른쪽 그림은 첫 번째 숫자만 '텍스트(ABC)' 도구를 이용하여 생성한 후 나머지 2개의 수는 복사 기능을 활용하여 생성한 것이다.

〈표 Ⅰ-3〉 복사 기능을 활용하여 대상을 생성한 경우

개별적으로 텍스트를 생성한 화면	복사 기능으로 텍스트를 생성한 화면
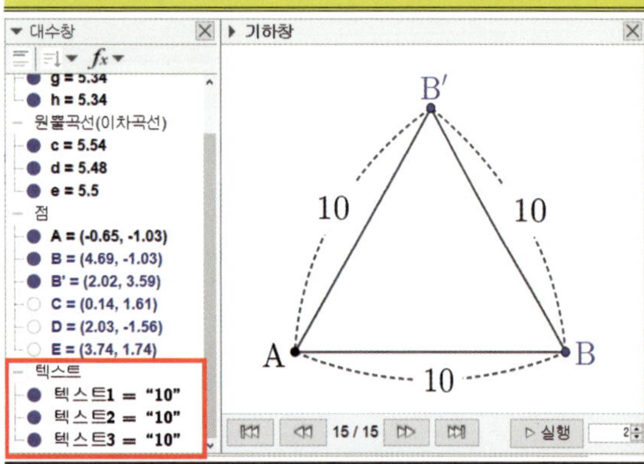	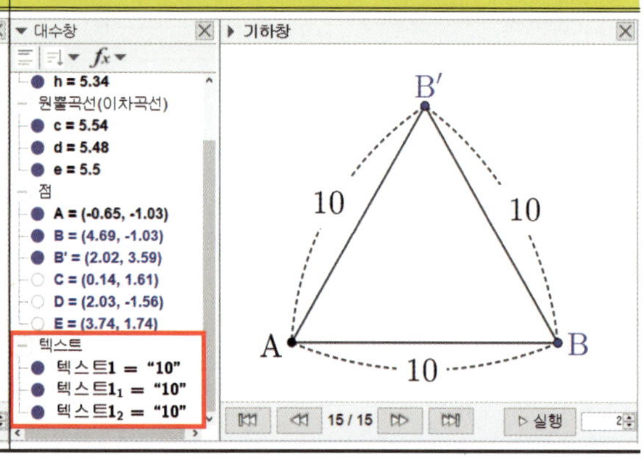

〈표 Ⅰ-3〉에 나타난 것과 같이 두 가지 방법은 결과적으로는 동일하지만 대수창에 나타난 텍스트들의 이름이 다르게 레이블링되는 것을 확인할 수 있다. 왼쪽 그림과 같이 모든 텍스트를 개별적으로 작도한 경우는 '텍스트1', '텍스트2', '텍스트3'과 같이 순차적으로 이름이 표현되지만, 오른쪽 그림과 같이 복사 기능을 활용하여 작도한 경우는 '텍스트1', '텍스트1_1', '텍스트1_2'와 같이 이름이 표현되는 것을 확인할 수 있다.

텍스트 복사 기능을 사용하는 방법은 복사를 원하는 대상을 마우스를 이용하여 클릭한 후, 키보드의 Ctrl + C, Ctrl + V를 순차적으로 누르면 원하는 대상 위에 복사한 대상이 겹쳐져 생성된다. 복사한 대상을 마우스를 이용하여 클릭한 후 화면상의 원하는 위치에 끌어

놓을 수 있다. 복사 기능은 텍스트 이외에 GeoGebra에서 생성된 대부분의 대상에 적용할 수 있다. 그러나 앞서 언급한 바와 같이 복사 기능을 사용할 경우 필자가 작성한 구성단계와 비교하여 대상의 레이블링이 달라질 수 있다. 그러므로 GeoGebra에 익숙하지 않은 독자라면 처음 작도할 때는 필자가 제시하는 구성단계 순으로 순차적으로 구연하고, 기본적인 도구상자의 사용에 익숙해지면 복사 기능 사용을 권하고 싶다.

〈표 Ⅰ-3〉의 그림 작도 시 사용된 텍스트를 입력한 후 배경색을 바꾸는 방법과 곡선(호)을 이용하여 선분의 길이를 표현하는 방법 등의 세부 작도 방법은 Ⅱ장의 문항 제작 과정에서 다루도록 하겠다.

Ⅱ. 공간도형 관련 문항 제작과 활용 방법

문제Ⅱ-1

그림과 같이 한 변의 길이가 6인 정사각형 ABCD 모양의 종이가 있다.
두 선분 AB, DC를 $1:2$로 내분하는 점을 각각 E, F라 하고, 두 선분 AD, EF를 $2:1$로 내분하는 점을 각각 G, H라 하자. 선분 EF를 접는 선으로 하여 $\angle BEA = \frac{\pi}{2}$가 되도록 직사각형 AEFD를 접어 올린 후, 선분 CF 위에 점 M을 잡아 선분 BM을 접는 선으로 하여 점 C가 점 G와 합쳐지도록 삼각형 BCM을 접어 올렸다.
이때 삼각형 BHM의 평면 BGM 위로의 정사영의 넓이를 구하시오.
(단, 종이의 두께는 고려하지 않는다.)

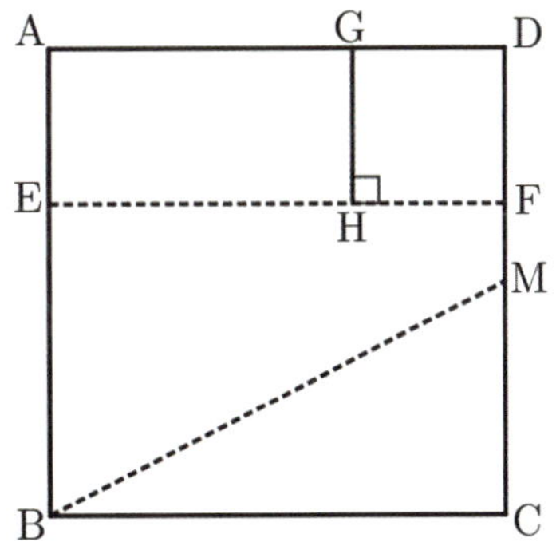

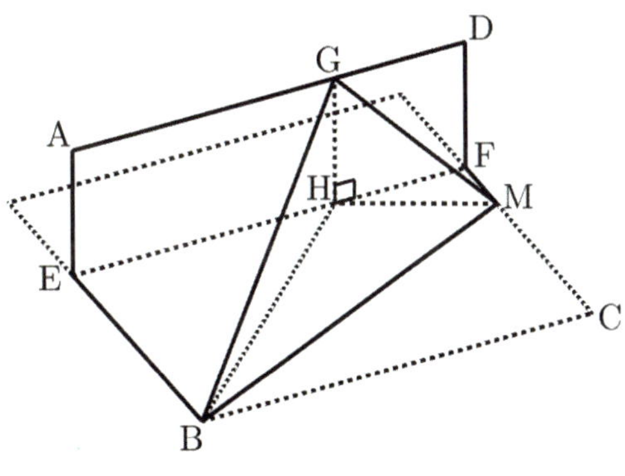

해설

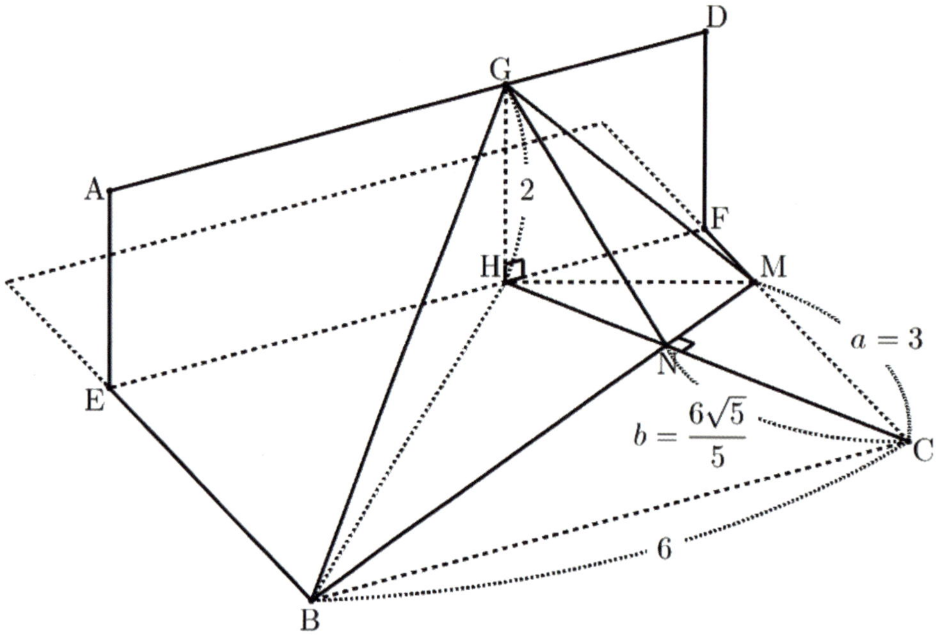

두 선분 BM과 CH의 교점을 N이라 하자.

세 삼각형 CFH, CNM, BCM이 닮음이므로 $\overline{\mathrm{CM}}=a$, $\overline{\mathrm{CN}}=b$라 하면

$$2:4=a:6,\ a=3$$

$$3:b=3\sqrt{5}:6,\ b=\frac{6\sqrt{5}}{5}$$

이므로 $\overline{\mathrm{CM}}=3$, $\overline{\mathrm{CN}}=\frac{6\sqrt{5}}{5}$이다. 또한 $\overline{\mathrm{CH}}=2\sqrt{5}$이므로 $\overline{\mathrm{HN}}=\frac{4\sqrt{5}}{5}$이다.

그러므로 삼각형 BHM의 넓이는 $\frac{1}{2}\times3\sqrt{5}\times\frac{4\sqrt{5}}{5}=6$이다.

$\overline{\mathrm{CN}}=\overline{\mathrm{GN}}$이므로 삼각형 GNH에서 $\angle\mathrm{GNH}=\theta$라 하면 $\cos\theta=\frac{2}{3}$이므로

삼각형 BHM의 평면 BGM 위로의 정사영의 넓이는 $6\times\frac{2}{3}=4$이다.

[문제II-1]에 제시된 두 그림 중 평면도형 작도하기

〈표 II-1-1〉 [문제II-1]의 평면도형 작도 과정(구성단계 1~11)

구성단계	도구	작도 과정	화면상의 작도 상태
1	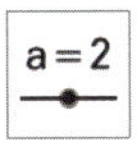	- 정사각형의 한 변의 길이 a를 '슬라이더' 도구를 이용하여 설정하기 (방법) '슬라이더' 도구를 클릭한 후 2차원 기하창을 클릭하면 슬라이더 입력창이 나타난다. 슬라이더 종류는 정수를 선택하고, 이름 a, 최솟값 1, 최댓값 10, 증가 1로 설정하고 [확인] 버튼을 클릭한다. 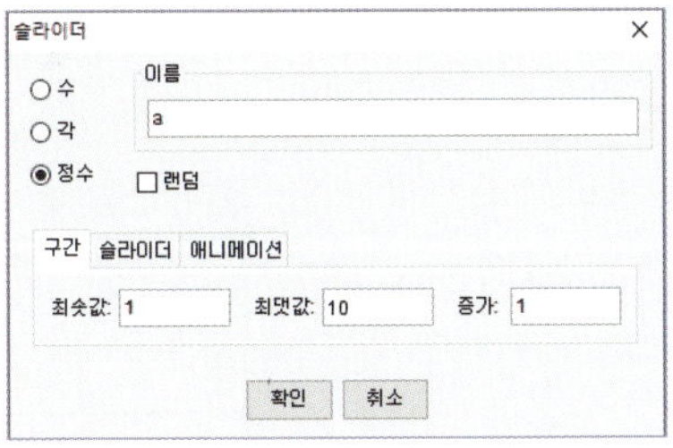 ▸ a의 값에 따라 정사각형의 한 변의 길이를 조절할 수 있다. ▸ 기본값을 정수로 설정하면 n으로 문자가 변경되지만 자신이 원하는 문자로 바꿀 수 있다. ▸ 대수창에서 a를 클릭하여 아래와 같이 한 변의 길이가 무리수가 되도록 직접 입력하여 변경하는 것도 가능하다. 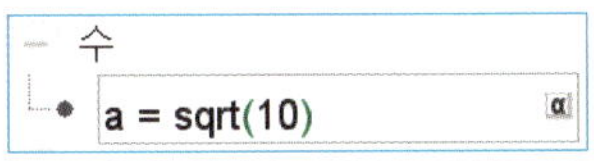	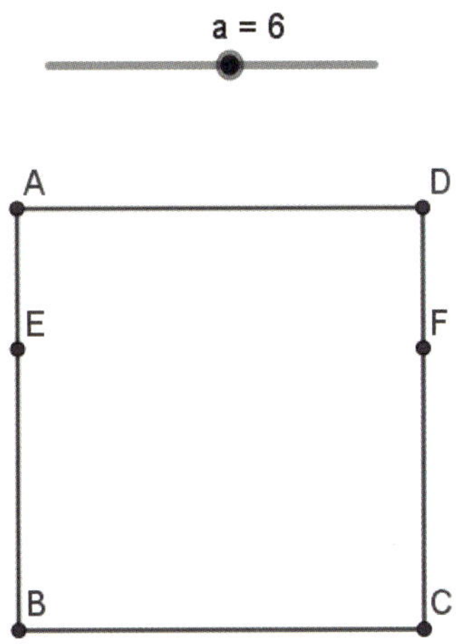
2 ~ 5		- 네 점 A, B, C, D 작도하기 (방법)입력창에 아래 명령어를 하나씩 입력하여 네 점을 작도한다. * 명령어: $(0, a)$, $(0, 0)$, $(a, 0)$, (a, a) ▸ 초깃값(한 변의 길이=6)을 고정할 경우, 기하창에서 격자(▦)와 좌표축(⊥)을 설정한 후 '점' 도구를 이용하여 직접 네 점을 작도할 수도 있다.	
6 ~ 9		- 네 선분 AB, BC, CD, DA 작도하기 (방법)각각의 선분을 구성하는 두 점을 차례로 클릭하여 4개의 선분을 작도한다. ▸ 명령어를 이용하여 작도할 수도 있다. * 명령어: 선분[A,B], 선분[B,C], 선분[C,D], 선분[D,A]	
10 ~ 11	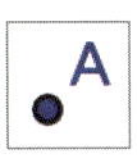	- 두 선분 AB, DC를 각각 1:2로 내분하는 두 점 E, F 작도하기 (방법)입력창에 아래 명령어를 입력한다. * 명령어: 2/3A +1/3B, 2/3D +1/3C ▸ 초깃값(한 변의 길이=6)을 고정할 경우, 격자(▦)와 좌표축(⊥)을 설정한 후 두 점 E(0, 4), F(6, 4)를 직접 작도하는 것도 가능하다.	

〈표 Ⅱ-1-2〉 [문제Ⅱ-1]의 평면도형 작도 과정(구성단계 12~17)

구성단계	도구	작도 과정	화면상의 작도 상태
12		- 선분 EF를 작도하고 설정사항(선스타일)에서 점선으로 변경하기 (방법)두 점 E, F를 차례로 클릭한다. ▸ 명령어를 이용하여 작도할 수도 있다. * 명령어: 선분[E,F]	
13	a=2	- 선분 AD의 내분점 작도를 위하여 '슬라이더' 도구를 이용하여 변수 n 설정하기 (방법) '슬라이더' 도구를 클릭한 후 2차원 기하창을 클릭하면 슬라이더 입력창이 나타난다. 슬라이더 종류는 정수를 선택하고, 이름 n, 최솟값 2, 최댓값 5, 증가 1로 설정하고 확인 버튼을 클릭한다. 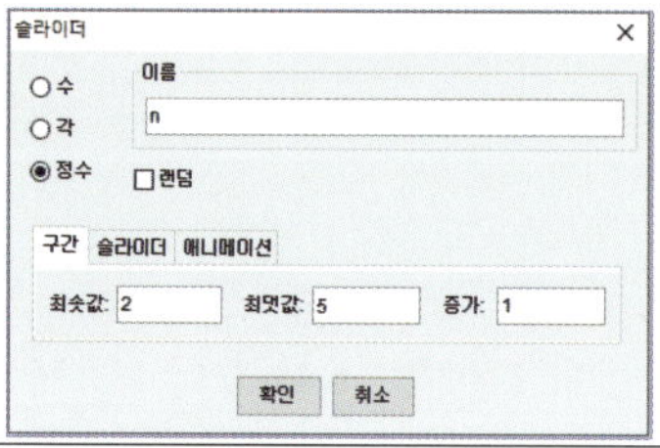 	〈$n=3$인 경우〉 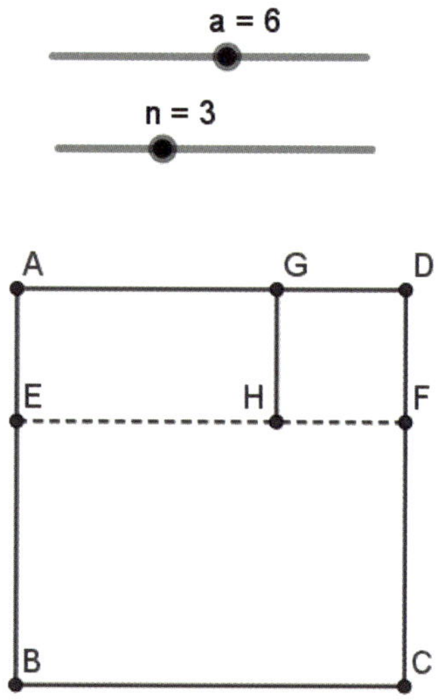
14		- 내분점 명령어를 사용하여 선분 AD의 내분점 작도하기 (방법)입력창에 아래 명령어를 입력한다. * 명령어: $(n-1)/n^*D+1/n^*A$ [2)] ▸ n의 값에 따라 내분점의 위치가 달라진다. ▸ 슬라이더 n의 값을 3으로 설정하면 선분 AD를 2:1로 내분하는 점에 점 G가 위치한다. ▸ 초깃값(한 변의 길이=6)을 고정할 경우, 내분점 명령어(2/3D+1/3A)를 사용하거나, 점 G(4, 6)을 직접 작도하는 것도 가능하다.	〈$n=4$인 경우〉
15		- 점 G를 지나고 선분 EF에 수직인 직선 k 작도하기 (방법)점 G를 클릭한 후, 선분 EF(j)를 클릭한다. ▸ 명령어를 이용하여 작도할 수도 있다. * 명령어: 수직선[G, j]	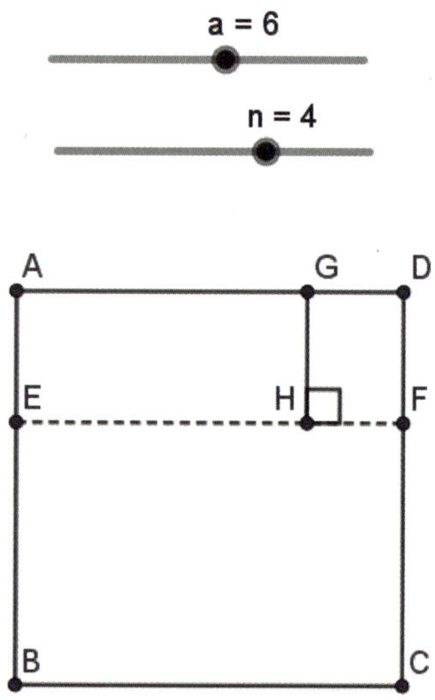
16		- 직선 k와 선분 EF와의 교점 H 작도하기 (방법)직선 k와 선분 EF(j)를 차례로 또는 동시에 클릭한다. ▸ 명령어를 이용하여 작도할 수도 있다. * 명령어: 교점[k, j]	
		• '대상 보이기(대상 보이기)' 기능을 활용하여 직선 k를 보이지 않게 설정하기 ▸ 대수창에서 아래와 같이 직선 k의 파란색 부분을 클릭하여 보이지 않게 설정할 수도 있다. 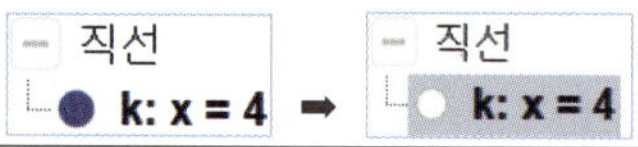 	
17		- 선분 GH 작도하기 (방법)두 점 G, H를 차례로 클릭한다. ▸ 명령어를 이용하여 작도할 수도 있다. * 명령어: 선분[G,H]	

〈표 II-1-3〉 [문제II-1]의 평면도형 작도 과정(구성단계 18)

구성단계	도구	작도 과정	화면상의 작도 상태
18	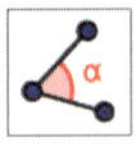	– '각' 도구를 활용하여 $\angle FHG = \frac{\pi}{2}$ 나타내기 (방법) '각' 도구를 클릭하고 세 점 F, H, G를 차례로 클릭한다. ∠FHG에 대한 설정사항 '기본' 탭에서 레이블을 제거하고, '색상' 탭에서 색은 검정으로 불투명도는 0으로 설정한다. 설정사항 '스타일' 탭에서 각 기호의 크기(사이즈) 조절도 가능하다. 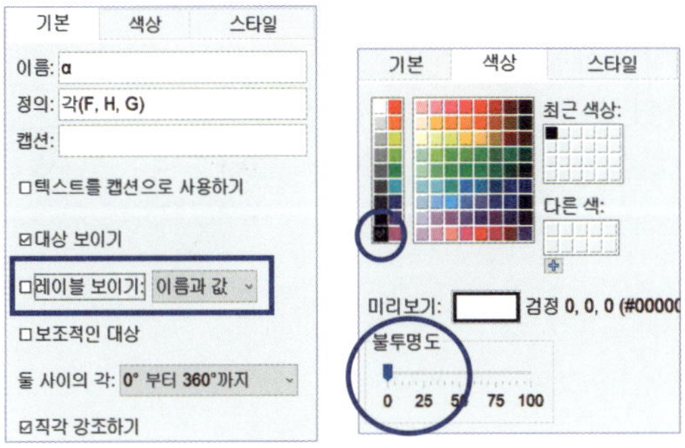 ▸ 명령어를 이용하여 작도할 수도 있다. * 명령어: 각[F ,H ,G]	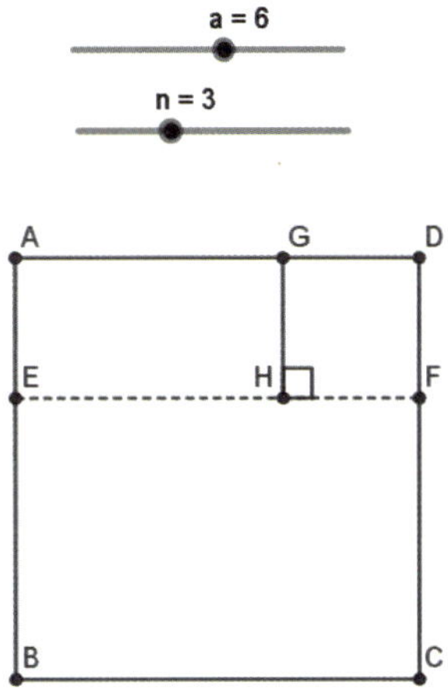

〈그림 II-1-1〉 [문제II-1]의 평면도형 작도 과정 GeoGebra 화면(구성단계 18)

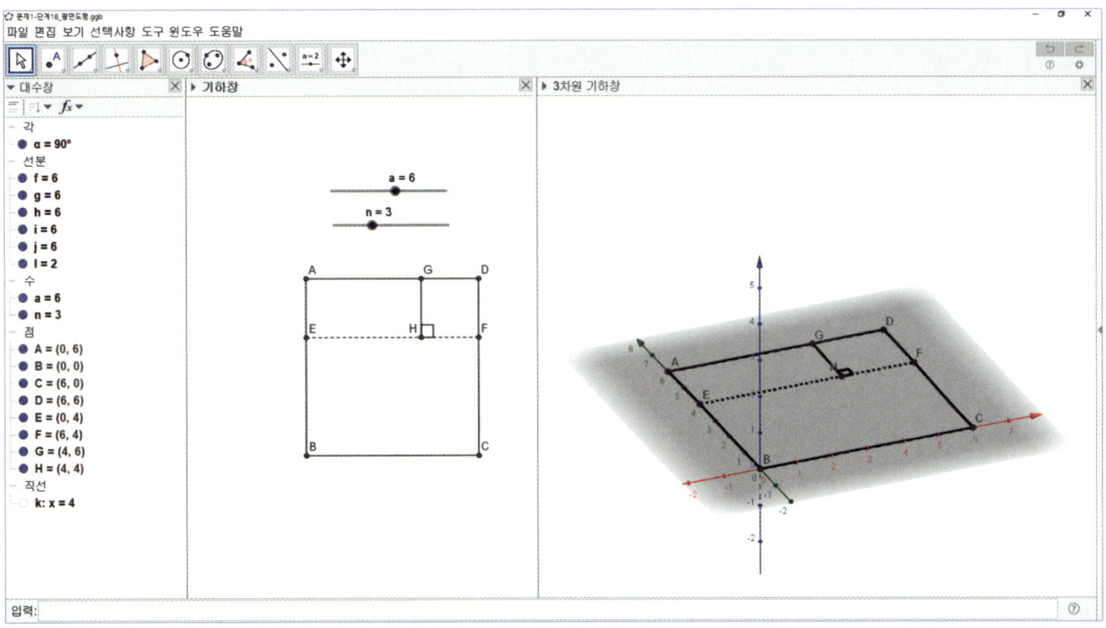

2) GeoGebra에서 곱하기(*) 기호는 스페이스로 대신할 수 있다. 〈표 II-1-1〉에서 두 점 A, B를 1:2로 내분하기 위하여 내분점 명령어 '2/3A+1/3B' 를 사용하였다. 여기서 숫자 (2/3)와 문자 A 사이는 곱으로 인식을 한다. 그러나 〈표 II-1-2〉에서 사용한 $(n-1)/n^*D+1/n^*A$에서 문자 n과 문자 A를 붙이는 경우 새로운 문자 'nA' 로 인식으로 하게 되므로 곱하기(*) 기호를 추가하거나 스페이스바를 이용하여 'n A' 로 입력해야 두 문자의 곱으로 인식을 하게 된다.

〈표 Ⅱ-1-4〉 [문제Ⅱ-1]의 평면도형 작도 과정(구성단계 19~29)

구성단계	도구	작도 과정	화면상의 작도 상태
19 ~ 21		– 직사각형 AEFD를 선분 EF를 접는 선으로 하여 $\angle \mathrm{BEA} = \frac{\pi}{2}$가 되도록 세 점 I, J, K 작도하기 (방법)입력창에 아래 명령어를 각각 입력한다. * 명령어: $(x(\mathrm{E}), y(\mathrm{E}), l)$, $(x(\mathrm{H}), y(\mathrm{H}), l)$, $(x(\mathrm{F}), y(\mathrm{F}), l)$ ▸ 위 명령어에서 $x(\mathrm{E})$, $y(\mathrm{E})$는 각각 점 E의 x좌표, y좌표를 의미하며, l은 선분 GH (l)의 이름과 동시에 길이를 의미한다. ▸ 두 슬라이더 a, n에 의하여 두 점 A, D와 내분점 G가 움직이게 되므로, 위와 같이 명령어를 입력하면 세 점 I, J, K도 이에 의존하여 움직이게 된다. ▸ 초깃값(한 변의 길이=6)을 고정할 경우, 세 점 I, J, K의 좌표를 직접 입력하는 것도 가능하다. 예) J의 좌표는 (4, 4, 2)이다.	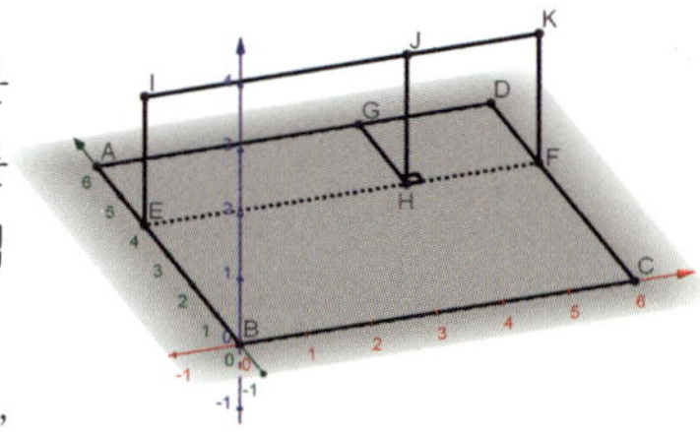
22 ~ 25		– 네 선분 IK, IE, JH, KF 작도하기 (방법)각각의 선분을 구성하는 두 점을 차례로 클릭하여 4개의 선분을 작도한다. ▸ 명령어를 이용하여 작도할 수도 있다. * 명령어: 선분[I,K], 선분[I,E], 선분[J,H], 선분[K,F]	
26		– 선분 CJ 작도하기 (방법)두 점 C, J를 차례로 클릭한다. ▸ 명령어를 이용하여 작도할 수도 있다. * 명령어: 선분[C,J]	
27	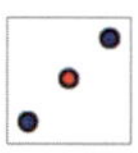	– 선분 CJ의 중점 L 작도하기 (방법)두 점 C, J를 차례로 클릭하거나 선분 CJ (s)를 클릭한다. ▸ 명령어를 이용하여 작도할 수도 있다. * 명령어: 중점[C,J] 또는 중점[s]	
28	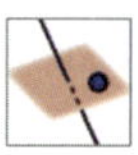	– 점 L을 지나고 선분 CJ에 수직인 평면 p_1 작도하기 (방법)점 L를 클릭한 후, 선분 CJ (s)를 클릭한다. ▸ 명령어를 이용하여 작도할 수도 있다. * 명령어: 수직평면[L,s]	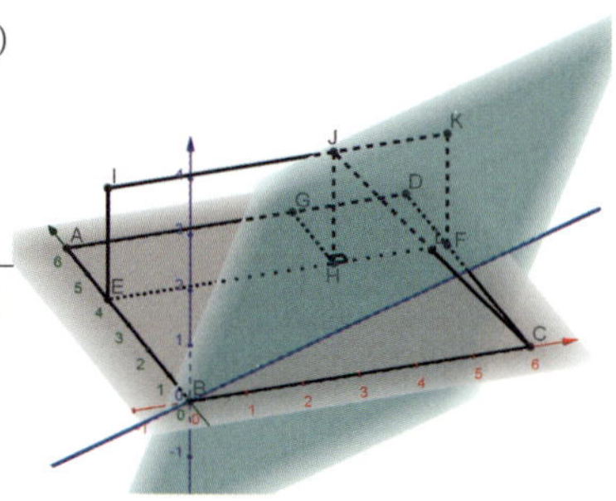
29	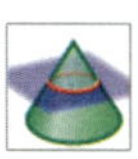	– 평면 p_1과 xy평면이 만나서 생기는 교선 t 작도하기 (방법)평면 p_1과 xy평면을 차례로 클릭한다. ▸ 명령어를 이용하여 작도할 수도 있다. * 명령어: 교선[p_1, xOy평면]	

〈표 Ⅱ-1-5〉 [문제Ⅱ-1]의 평면도형 작도 과정(구성단계 30~31)

구성 단계	도구	작도 과정	화면상의 작도 상태
30		– 선분 CD와 교선 t의 교점 M을 작도한다. (방법)선분 CD(h)와 교선 t를 차례로 클릭하거나 교점에 해당되는 위치에서 두 대상을 동시에 클릭한다. ▸ 명령어를 이용하여 작도할 수도 있다. * 명령어: 교점[t,h]	
		• ‘대상 보이기(대상 보이기)’ 기능을 활용하여 평면 p_1과 직선 t를 보이지 않게 설정하기 ▸ 대수창에서 아래와 같이 평면 p_1과 직선 t의 파란색 부분을 클릭하여 보이지 않게 설정할 수도 있다. 평면 ● p_1: x - 2y - z = 0 ➡ 평면 ○ p_1: x - 2y - z = 0	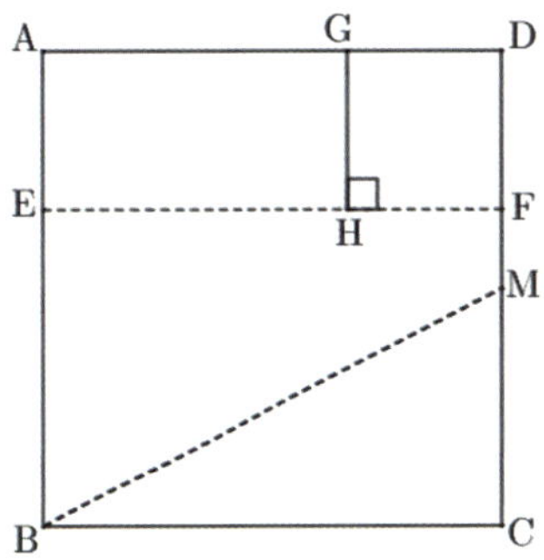
31		– 선분 BM을 작도하고 설정사항(선스타일)에서 점선으로 변경하기 (방법)두 점 B, M을 차례로 클릭한다. ▸ 명령어를 이용하여 작도할 수도 있다. * 명령어: 선분[B,M]	
		• 각각의 점들에 대한 설정사항(색상, 스타일)에서 점의 크기와 색상을 조정하고, 설정사항(기본)에서 캡션 명령어를 입력하여 글꼴을 변경한다(<표 Ⅱ-1-6> 참고). • ‘3차원 기하창’에서 마우스의 우클릭을 이용하여 3차원 좌표축(⊥)과 xy평면(▱)을 보이지 않게 설정한다(<표 Ⅱ-1-6> 참고).	

〈그림 Ⅱ-1-2〉 [문제Ⅱ-1]의 평면도형 작도 과정 GeoGebra 화면(구성단계 31)

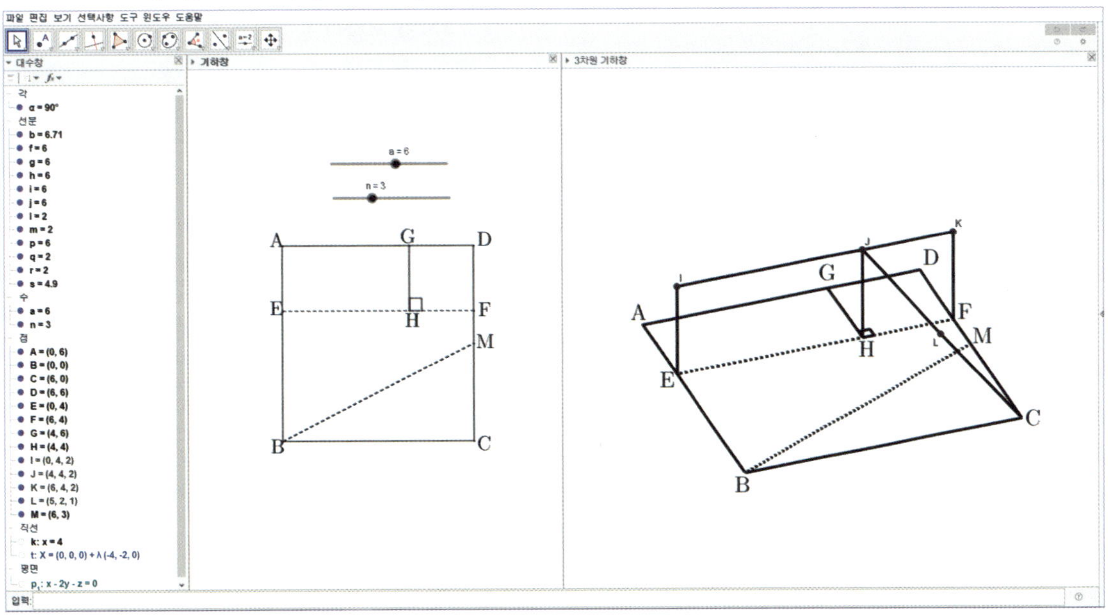

[문제II-1]의 상황 작도 시 활용되는 기능

〈표 II-1-6〉 GeoGebra의 대상에 대한 설정 사항 및 기타 기능

기능	내용	GeoGebra 화면 및 도구
점의 글꼴 바꾸기	▸ 변경하고자 하는 점에서 마우스 우클릭을 이용하여 각각의 점들의 설정사항(기본)의 '캡션' 란에 아래와 같이 입력하고, '레이블 보이기' 는 캡션으로 설정한다. * 캡션 명령어: $\LARGE\rm{%n}$	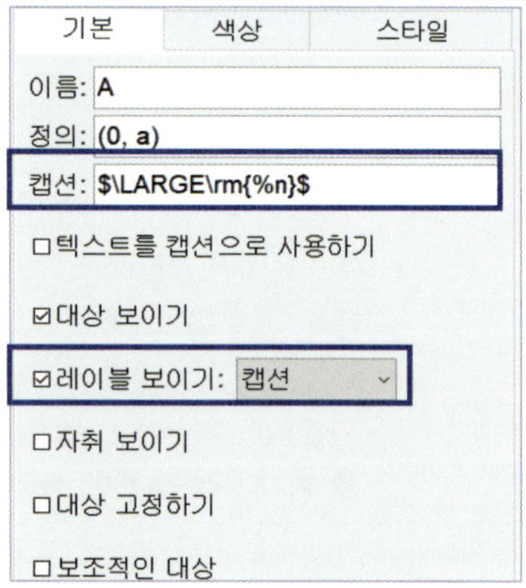
점과 선의 색상과 스타일 바꾸기	▸ 변경하고자 하는 대상에서 마우스 우클릭을 이용하여 각각의 대상들의 설정사항(색상, 스타일)에서 원하는 스타일로 변경한다.	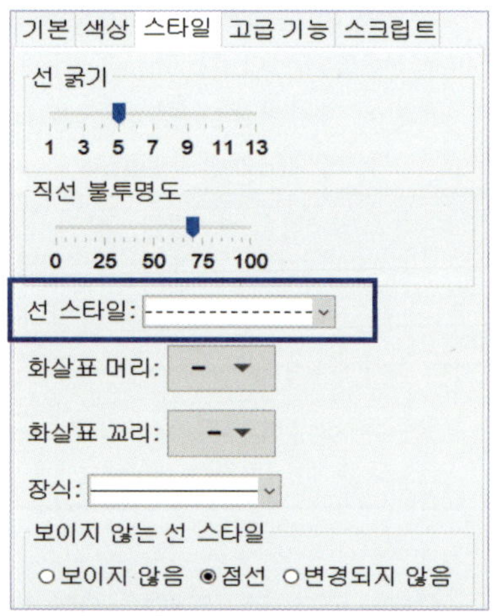
점의 이름 숨기기	▸ 작도에 사용한 점을 최종적으로 보이지 않게 설정하기 위해서는 '레이블 보이기' 에서 체크박스를 해제하면 점은 존재하지만 기하창의 화면상에 대상의 이름이 나타나지 않는다.	
3차원 기하창 좌표축과 평면 설정하기	▸ 3차원 기하창에 마우스 우클릭을 이용하여 좌표축, xy 평면, 격자를 보이지 않게 설정할 수 있다.	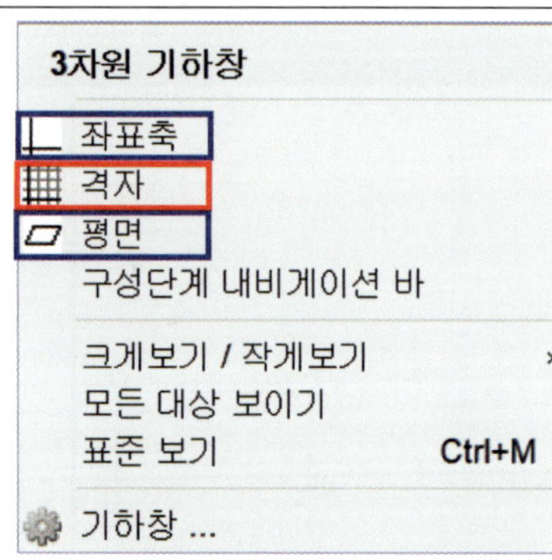
정렬 기준 설정하기	▸ GeoGebra에서는 작도한 대상들을 대수창에 정렬할 때, 다양한 기준에 따라 정렬 형태를 바꿀 수 있다.	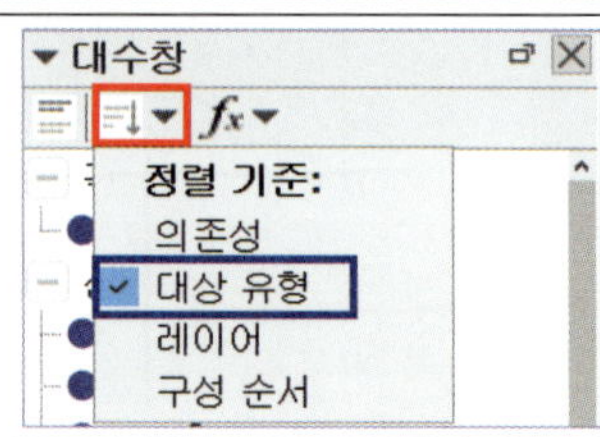

기능	내용	GeoGebra 화면 및 도구
글자 크기와 그림 크기 조정하기	▸ 글자 크기 조정하기 * <방법> 선택사항에서 '글자 크기' 를 조정한다. ▸ 그림 크기 조정하기 * <방법> 마우스의 스크롤 기능을 이용하여 그림의 크기를 조정한다.	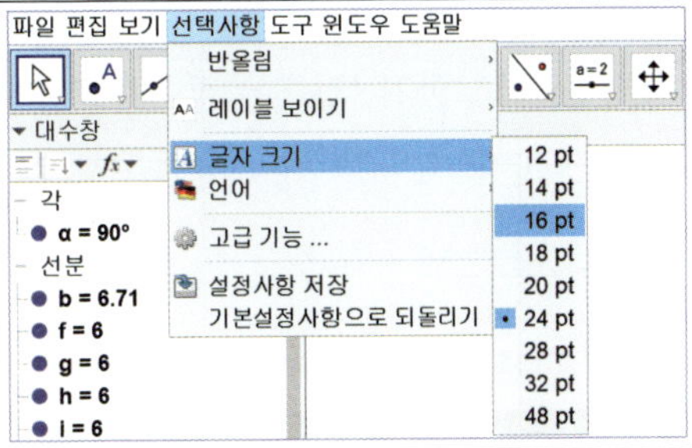
이미지 가져오기	▸ GeoGebra에서 이미지 가져오기 * <방법1> '캡처' 도구를 이용하여 그림을 자른다. * <방법2> '기하창을 클립보드로 복사' 기능을 이용한다.	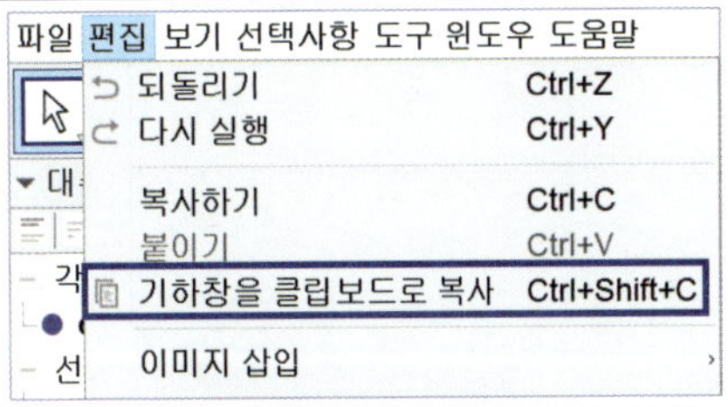
스타일 복사하기	▸ 어떤 대상의 스타일(크기, 불투명도, 장식, 선스타일 등)을 다른 대상에 동일하게 적용하고자 할 때, 스타일 복사 도구를 사용할 수 있다. 예를 들어, 점 A의 스타일을 세 점 B, C, D에 동일하게 적용하고자 한다면, 스타일 복사 도구를 클릭한 후 점 A(원본)를 클릭하고 순차적으로 세 점 B, C, D(복사본)를 클릭하면 점 A의 스타일과 동일하게 변경된다.	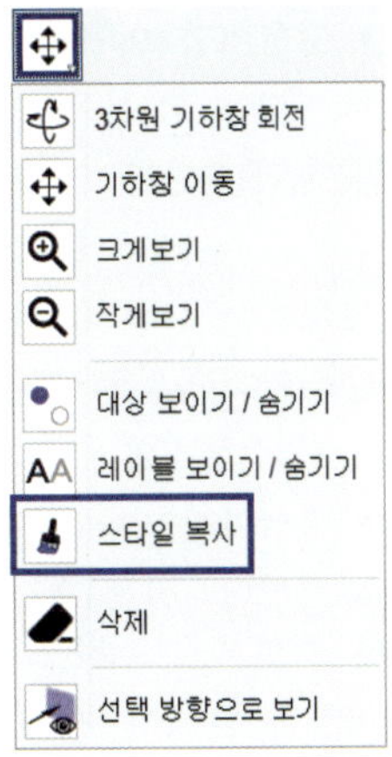
대수창의 대상 자릿수 설정하기	▸ 대수창에 나타난 도형의 길이나 넓이의 소수점 아래 자릿수를 설정할 수 있다. 예를 들어, 아래는 길이가 $\sqrt{2}$ 인 선분 f 를 소수점 10번째 자리로 나타내도록 한 것이다. 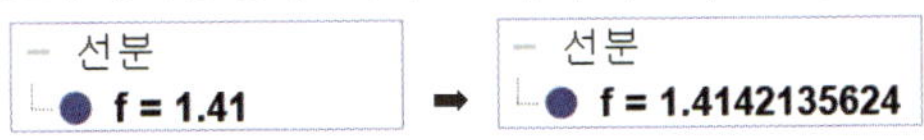 ▸ 대상의 값을 $\sqrt{\ }$ 꼴로 표현하고자 한다면 입력창에 무리수화[3] 명령어를 사용하면 기하창에 그 값이 $\sqrt{\ }$ 꼴로 나타난다. * 명령어: 무리수화[f]	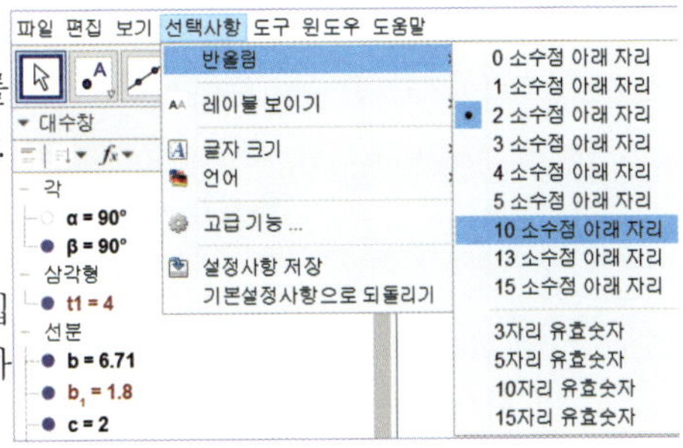

3) GeoGebra에서는 $\sqrt{2}+\sqrt{3}$ 과 같이 2개 이상의 무리수의 합 또는 차로 이루어진 무리수는 일반적인 무리수화 명령어가 적용되지 않는다. 그러나 단순히 두 개의 무리수로 표현된 경우는 제곱을 이용하여 값을 확인할 수 있다. 예를 들어, 선분 f의 길이가 $\frac{\sqrt{5}-\sqrt{2}}{3}$ 인 경우 명령어로 '무리수화[f^2]' 을 입력하면 $\frac{7-2\sqrt{10}}{9}$ 이 나타남을 확인할 수 있으며, 선분 g의 길이가 $\frac{1}{2}\log_2 3$ 인 경우 명령어로 '무리수화[2^g]' 을 입력하면 $\sqrt{3}$ 이 나타남을 확인할 수 있다. 두 개 이상의 무리수로 표현된 수를 직접 확인하고자 한다면 '무리수화[〈수〉, 〈리스트〉]' 명령어를 이용할 수 있다. 위에서 선분 f의 경우 '무리수화[f, {sqrt(2), sqrt(5)}]' 를 입력하여 확인할 수 있다.

[문제Ⅱ-1]에 제시된 두 그림 중 입체도형 작도하기

입체도형을 작도하기 전에 <표 Ⅱ-1-5>에서 작도한 평면도형 파일을 복사하여 원본 파일(파일명: 문제Ⅱ-1_구성단계31_평면도형)은 그대로 보관하고, 복사한 파일에서 새로운 작도를 진행한다.

〈표 Ⅱ-1-7〉 [문제Ⅱ-1]의 입체도형 작도 과정(구성단계 32~36)

구성 단계	도구	작도 과정	화면상의 작도 상태
32 ~ 34		- 선분 CD(h)를 '대상 보이기(대상 보이기)' 기능을 활용하여 보이지 않게 설정한 후, 세 선분 DF, FM, MC 작도하기 (방법) 각각의 선분을 구성하는 두 점을 차례로 클릭하여 3개의 선분을 작도한다. ▸ 명령어를 이용하여 작도할 수도 있다. * 명령어: 선분[D,F], 선분[F,M], 선분[M,C]	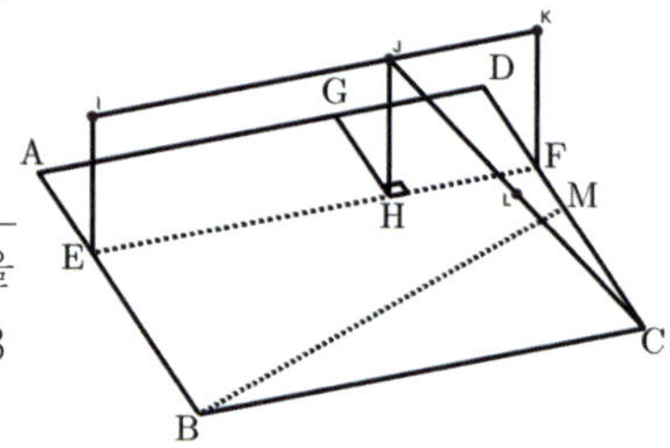
35 ~ 36		- 선분 AB(f)를 '대상 보이기(대상 보이기)' 기능을 활용하여 보이지 않게 설정한 후, 두 선분 AE, EB 작도하기 (방법) 각각의 선분을 구성하는 두 점을 차례로 클릭하여 2개의 선분을 작도한다. ▸ 명령어를 이용하여 작도할 수도 있다. * 명령어: 선분[A,E], 선분[E,B]	
		• 다섯 개의 선분 AE, AD, DF, MC, BC의 설정사항(선스타일)에서 점선으로 변경하고 선분 BM은 실선으로 변경한다. ▸ 스타일 복사(스타일 복사) 기능을 활용할 수 있다. (<표 Ⅱ-1-6> 참고) • 세 점 A, G, D와 선분 GH(l), ∠FHG를 '대상 보이기(대상 보이기)' 기능을 활용하여 보이지 않게 설정한다. • 세 점 I, J, K의 설정사항에서 이름을 각각 A, G, D로 변경하고 캡션을 입력한다(<표 Ⅱ-1-6> 참고). 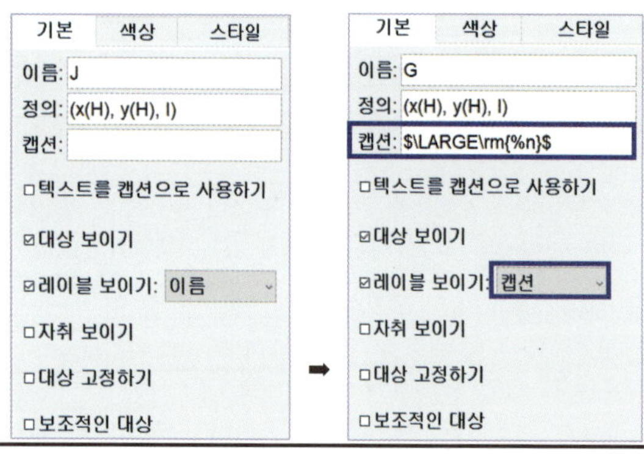	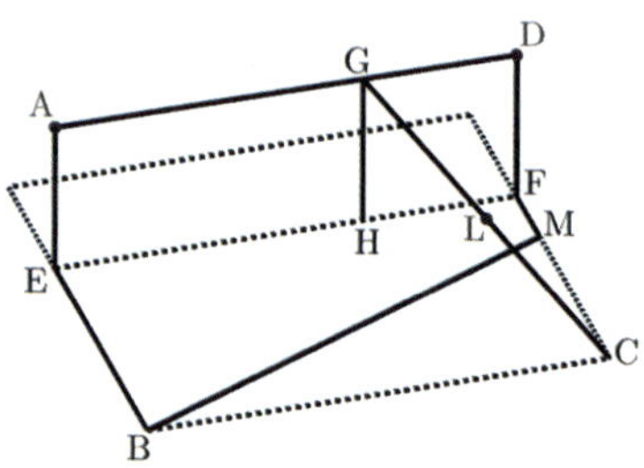

〈표 II-1-8〉 [문제 II-1]의 입체도형 작도 과정(구성단계 37~41)

구성단계	도구	작도 과정	화면상의 작도 상태
37	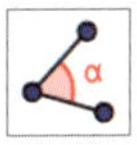	- '각' 도구를 활용하여 $\angle FHG = \frac{\pi}{2}$ 나타내기 (방법) '각' 도구를 클릭하고 세 점 F, H, G를 차례로 클릭한다. ∠FHG에 대한 설정사항 '기본' 탭에서 레이블을 제거하고, '색상' 탭에서 색은 검정으로 불투명도는 0으로 설정한다(<표 II-1-3> 구성단계18 참고). ▸ 명령어를 이용하여 작도할 수도 있다. * 명령어: 각[F, H, G]	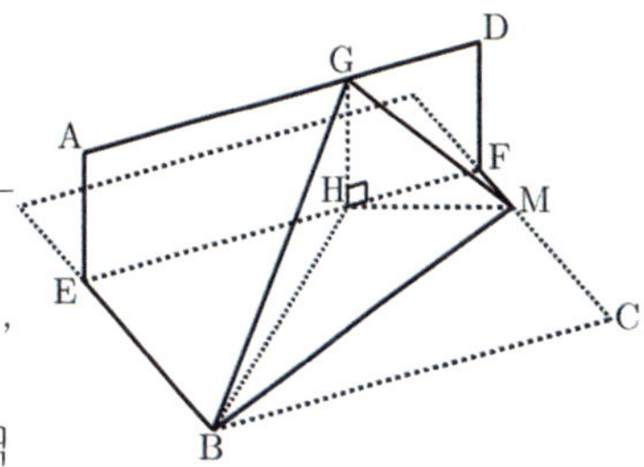
38 ~ 41		- 선분 GC(s)와 점 L을 '대상 보이기(대상 보이기)' 기능을 활용하여 보이지 않게 설정한 후, 네 선분 GB, GM, HB, HM 작도하기 (방법)각각의 선분을 구성하는 두 점을 차례로 클릭하여 4개의 선분을 작도한다. ▸ 명령어를 이용하여 작도할 수도 있다. * 명령어: 선분[G,B], 선분[G,M] 선분[H,B], 선분[H,M]	
		• 세 선분 BH, GH, HM은 설정사항(선스타일)에서 점선으로 변경한다.	

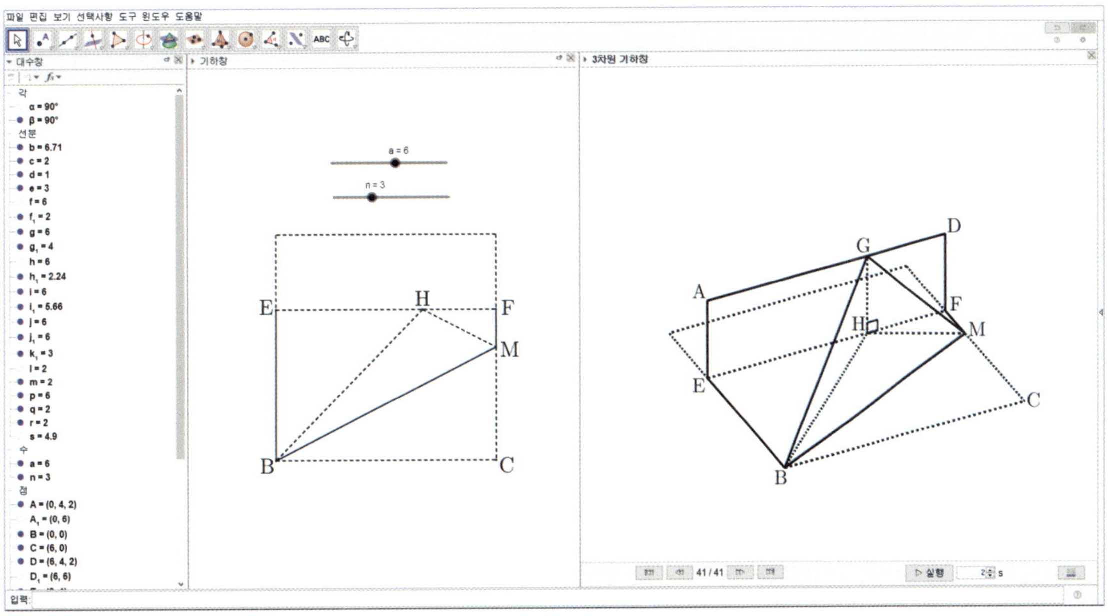

〈그림 II-1-3〉 [문제 II-1]의 입체도형 작도 과정 GeoGebra 화면(구성단계 41)

[문제II-1] 정답 확인하기

정사영의 넓이를 확인하기 전에 <표 II-1-8>에서 작도한 입체도형 파일을 복사하여 원본 파일은 그대로 저장(파일명: 문제II-1_구성단계41_입체도형)하여 보관하고, 복사한 파일에서 새로운 작도를 진행한다.

〈표 II-1-9〉 [문제II-1] 정답 확인 과정(구성단계 42~47)

구성단계	도구	작도 과정	화면상의 작도 상태
42		– 세 점 B, G, M을 지나는 평면 q_1 작도하기 (방법)평면을 구성하는 세 점 B, G, M을 차례로 클릭한다. ▸ 명령어를 이용하여 작도할 수도 있다. * 명령어: 평면[B,G,M]	
43		– 삼각형 BHM의 평면 BGM 위로의 정사영을 작도하기 위하여 점 H를 지나고 평면 q_1에 수직인 직선 l_1 작도하기 (방법)점 H와 평면 q_1을 차례로 클릭한다. ▸ 명령어를 이용하여 작도할 수도 있다. * 명령어: 수직선[H,q_1]	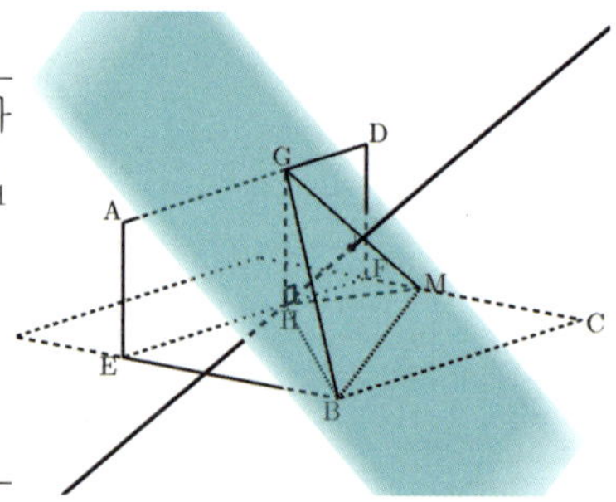
44		– 직선 l_1과 평면 q_1의 교점 I 작도하기 (방법)직선 l_1과 평면 q_1을 차례로 클릭한다. ▸ 명령어를 이용하여 작도할 수도 있다. * 명령어: 교점[l_1, q_1]	
45		– 삼각형 BHM의 평면 BGM 위로의 정사영인 삼각형 BIM 작도하기[4] (방법)삼각형 세 꼭짓점 B, I, M을 차례로 클릭한다. ▸ 명령어를 이용하여 작도할 수도 있다. * 명령어: 다각형[B,I,M]	
46 ~ 47		– 삼각형 BIM($t1$)를 비롯한 다양한 도형의 길이와 넓이 확인하기 ▸ 삼각형 BIM($t1$)의 넓이와 선분 BM(i_2)의 길이는 이미 대수창에서 아래와 같이 확인할 수 있다. 무리수화 명령어를 입력하면 기하창에 4, $3\sqrt{5}$가 나타난다. 삼각형: t1 = 4 / 선분: i_2 = 6.7082039325 * 명령어: 무리수화[t1], 무리수화[i_2]	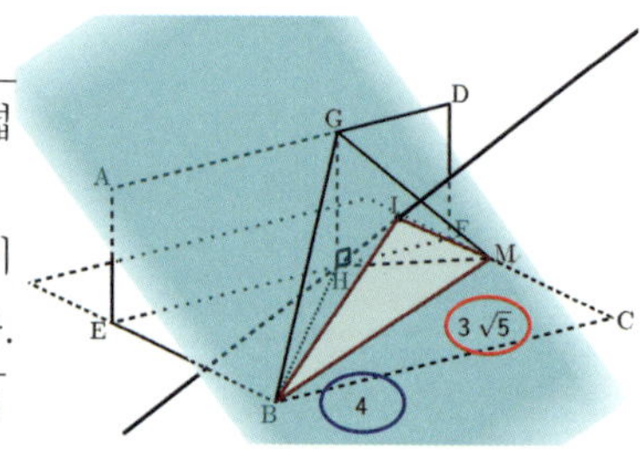

4) 명령어를 이용하여 다각형을 작도하는 경우는 다각형을 구성하는 꼭짓점을 순차적으로(시계 방향 또는 반시계 방향) 입력하여 작도한다. 다각형 도구( )를 이용하여 다각형을 작도하는 경우는 다각형을 구성하는 꼭짓점을 순차적으로 클릭한 후 마지막에 처음 시작한 꼭짓점을 다시 한 번 클릭하여 작도한다.

[문제Ⅱ-1]에서 설정된 슬라이더 a에 따른 변화 확인하기

초기 설정에서 a의 값은 정사각형 ABCD의 한 변의 길이로, n의 값은 선분 AD를 $n-1:1$로 내분하기 위하여 설정하였다. 이제 a와 n의 변화에 따라 나타나는 현상을 확인해 보자. 초깃값(정사각형의 한 변의 길이)을 고정하여 작도한 경우, 슬라이더를 사용하여 변화를 확인할 수는 없다.

슬라이더 a를 변화시키며 삼각형 BIM($t1$)의 넓이와 선분 BM(i_2)의 길이의 변화를 살펴보자. [문제Ⅱ-1]에 제시된 두 그림을 제작할 때, a의 값은 6으로 설정하여 제작하였다. 슬라이더를 변화시키는 방법은 마우스의 드래그 기능을 이용할 수도 있으며, 변화시키고자 하는 슬라이더를 클릭한 후 키보드의 방향키를 이용할 수도 있다.

〈표 Ⅱ-1-10〉 a의 값에 따른 삼각형 BIM($t1$)의 넓이와 선분 BM(i_2)의 길이의 변화

a	3차원 기하창 화면	삼각형 BIM ($t1$)의 넓이	선분 BM (i_2)의 길이
$a=5$	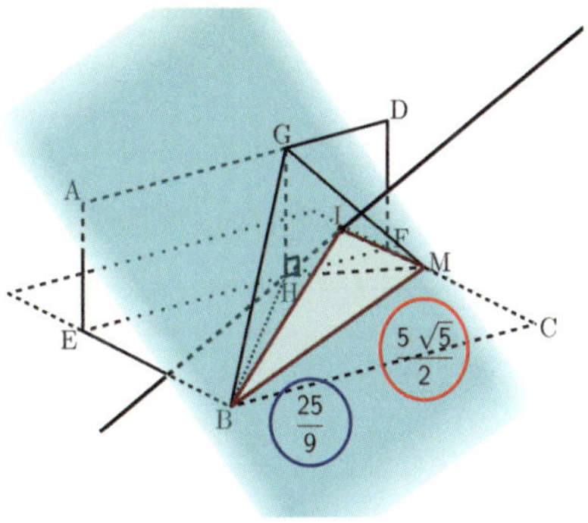	$\frac{25}{9}$	$\frac{5\sqrt{5}}{2}$
$a=4$	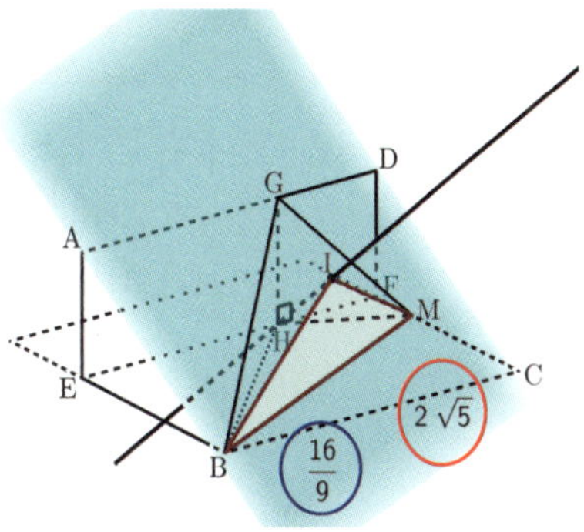	$\frac{16}{9}$	$2\sqrt{5}$
$a=3$	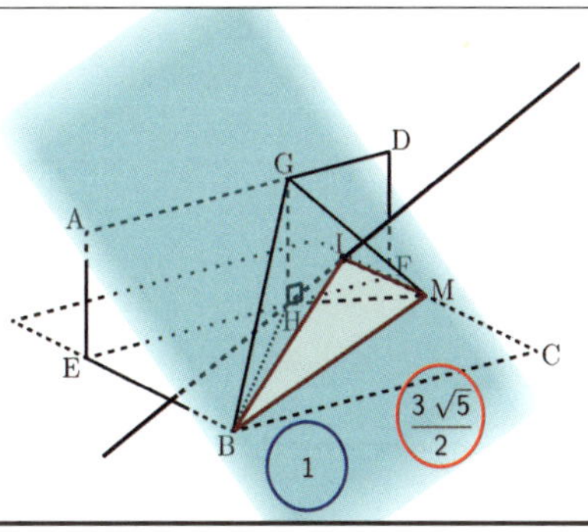	1	$\frac{3\sqrt{5}}{2}$

슬라이더 a를 변화시킬 때 기하창의 글자 크기에는 변화가 없지만, 대상의 크기가 변하기 때문에 마우스의 스크롤 기능을 이용하여 그림의 크기는 제작자가 적절히 조정해야 한다.

GeoGebra를 활용한 교수·학습 상황 또는 문항을 제작하는 과정에서 3차원 입체도형의 제시 방향은 3차원 기하창 회전( ) 도구와 기하창 이동( ) 도구를 이용하여 제작자가 대상을 회전 또는 평행이동하면서 원하는 투영 방향으로 설정할 수 있다. 3차원 기하창에서 기하창 이동( ) 도구를 클릭한 후 3차원 기하창을 클릭하면 화면의 상하( ) 이동과 좌우( ) 이동을 위한 아이콘이 나타나며, 클릭 시마다 교대로 아이콘은 변경된다.

[문제Ⅱ-1]에서 설정된 슬라이더 n의 값에 따른 변화 확인하기

[문제Ⅱ-1]에 제시된 두 그림을 제작할 때, n의 값은 3으로 설정하여 제작하였다. 다시 말해 $n=3$일 때, 점 G는 선분 AD를 2:1로 내분하는 점이다.

<그림 Ⅱ-1-3>의 '구성단계 41'까지 실행하여 저장한 파일(파일명: 문제Ⅱ-1_구성단계41_입체도형)에서 네 선분 GB, GM, HB, HM을 삭제하고(구성단계 38~41 삭제), '대상 보이기(대상 보이기)' 기능을 활용하여 평면 p_1을 나타낸 후 슬라이더 n을 변화시켜 보자.

<표 Ⅱ-1-11>과 같이 평면 p_1은 $n=3$일 때 점 B를 지난다. 그리고 $n=2$일 때는 선분 BC와 만나고, $n \geq 4$일 때는 선분 BE와 만나는 것을 확인할 수 있다.

〈표 Ⅱ-1-11〉 n의 값에 따른 평면 p_1의 변화

$n=2$	$n=3$	$n \geq 4$
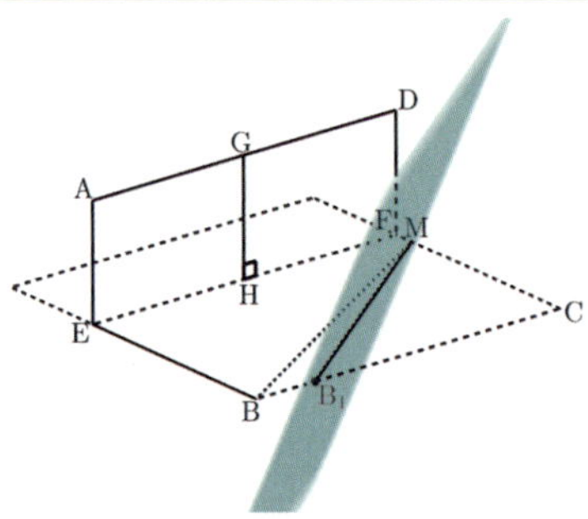	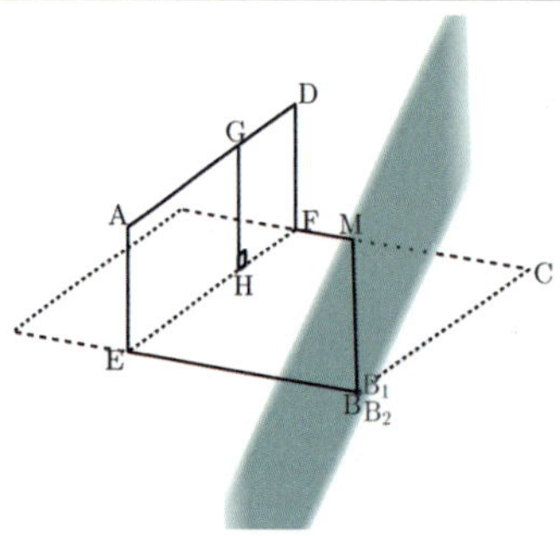	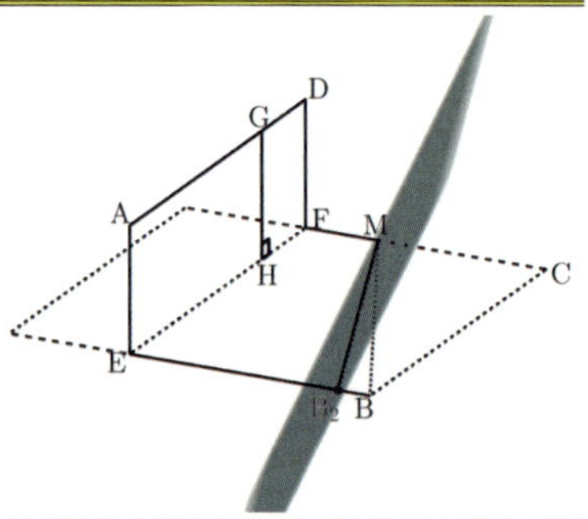

※ 평면 p_1이 n의 값에 따라 변화할 때, 두 선분 BC, BE와 만나는 점을 작도한 후 각각의 점을 설정사항에서 B_1, B_2로 이름을 변경함.

[문제Ⅱ-1]에 제시된 상황을 $n=2$, $n=5$로 변경하여 <표 Ⅱ-1-12>와 같이 재구성할 수 있다. $n=2$일 때는 [문제Ⅱ-1]에 제시된 상황에 점 B_1의 추가 이외에 변화가 없기 때문에 윤문에도 큰 차이를 보이지 않는다. 그러나 $n=5$일 때는 점 B_2가 선분 BE 위의 놓이게 되어 사각형을 접어 올리게 되므로 윤문에 유의할 필요가 있다.

〈표 II-1-12〉 a와 n의 값에 따른 [문제II-1]의 재구성

<table>
<tr><th>$a=6,\ n=2$</th><th>$a=5,\ n=5$</th></tr>
<tr><td>그림과 같이 한 변의 길이가 6인 정사각형 ABCD 모양의 종이가 있다. 두 선분 AB, DC를 1:2로 내분하는 점을 각각 E, F라 하고, 두 선분 AD, EF의 중점을 각각 G, H라 하자. 선분 EF를 접는 선으로 하여 $\angle BEA=\frac{\pi}{2}$가 되도록 직사각형 AEFD를 접어 올린 후, 선분 BC 위에 점 B_1과 선분 CF 위에 점 M을 잡아 선분 B_1M을 접는 선으로 하여 점 C가 점 G와 합쳐지도록 삼각형 B_1CM을 접어 올렸다. 이때 삼각형 B_1HM의 평면 B_1GM 위로의 정사영의 넓이를 구하시오. (단, 종이의 두께는 고려하지 않는다.)</td><td>그림과 같이 한 변의 길이가 5인 정사각형 ABCD 모양의 종이가 있다. 두 선분 AB, DC를 1:2로 내분하는 점을 각각 E, F라 하고, 두 선분 AD, EF를 4:1로 내분하는 점을 각각 G, H라 하자. 선분 EF를 접는 선으로 하여 $\angle BEA=\frac{\pi}{2}$가 되도록 직사각형 AEFD를 접어 올린 후, 선분 BE 위에 점 B_2와 선분 CF 위에 점 M을 잡아 선분 B_2M을 접는 선으로 하여 점 C가 점 G와 합쳐지도록 사각형 B_2BCM을 접어 올렸다. 이때 삼각형 B_2HM의 평면 B_2BGM 위로의 정사영의 넓이를 구하시오. (단, 종이의 두께는 고려하지 않는다.)</td></tr>
<tr><td>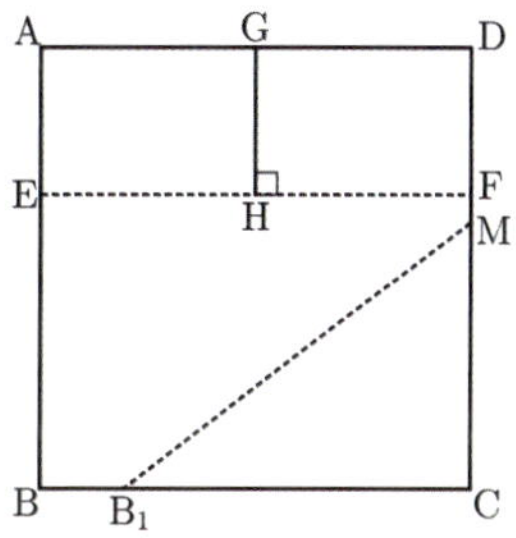

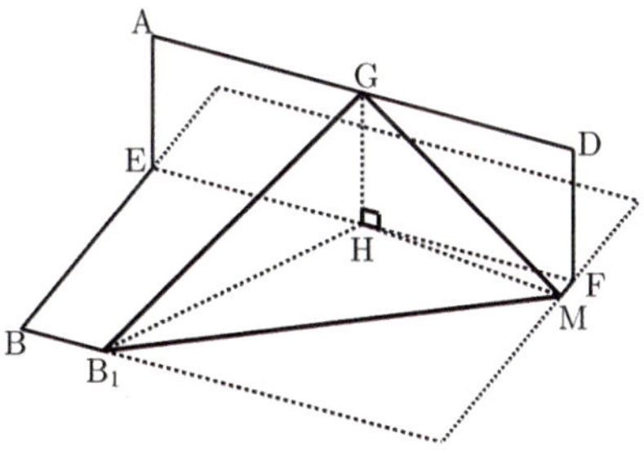
</td><td>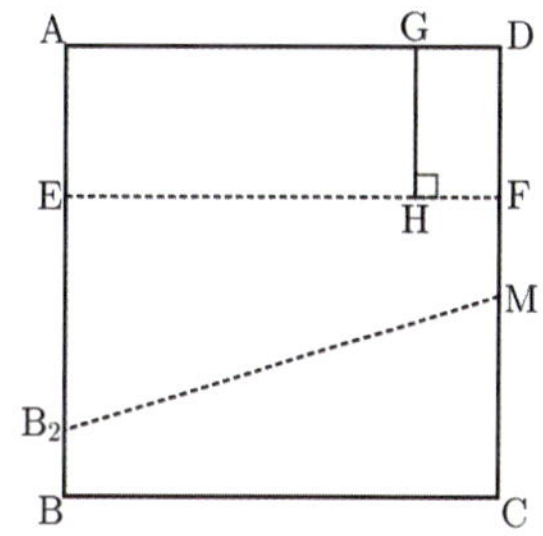

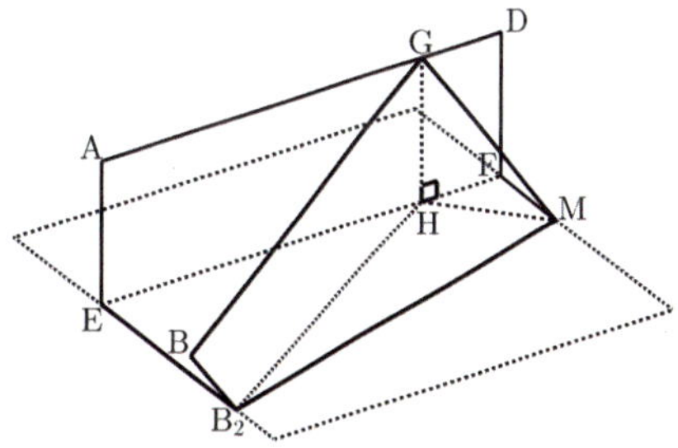
</td></tr>
</table>

$n=5$일 때, 이동된 점 B를 작도하기 위해서는 3차원 기하창의 대칭( ) 도구를 이용하여 점 B를 <표 II-1-4>의 구성단계 28에서 작도한 평면(p_1)에 대칭시켜 작도할 수 있다.

a와 n을 동시에 변화시키며 이면각의 크기와 정사영의 넓이를 확인할 수 있다. <표 II-1-13>의 그림은 a와 n에 따른 3가지 상황에서 <표 II-1-9>와 같이 정답 확인 과정을 실행한 것이다. <표 II-1-13>의 그림에서 점 N은 선분 BM(또는 B_1M 또는 B_2M)과 선분 CH의 교점을 작도하고 설정사항에서 이름을 변경한 것이다. 각( ) 도구를 이용하여 ∠GNH를, 다각형( ) 도구를 이용하여 두 삼각형 BHM, BIM(또는 B_1HM, B_1IM 또는 B_2HM, B_2IM)을 작도하였다.[5]

5) 대수창에 나타난 ∠GNH의 이름을 γ, 두 삼각형 BHM, BIM(또는 B_1HM, B_1IM 또는 B_2HM, B_2IM)의 이름을 각각 $t1$, $t2$라 하면 〈표 II-1-9〉의 구성단계 46~47에서 사용한 것과 같이 무리수화 명령어를 사용하여 이면각의 크기과 두 삼각형의 넓이를 확인할 수 있다.
* 명령어: 무리수화[cos(γ)], 무리수화[t1], 무리수화[t2]

〈표 Ⅱ-1-13〉 a와 n의 값에 따른 이면각의 크기와 정사영의 넓이

<table>
<tr><th>a
n</th><th>3차원 기하창 화면</th><th>삼각형의 넓이</th><th>$\cos\gamma$</th><th>정사영의 넓이</th></tr>
<tr><td>$a=6$
$n=2$</td><td>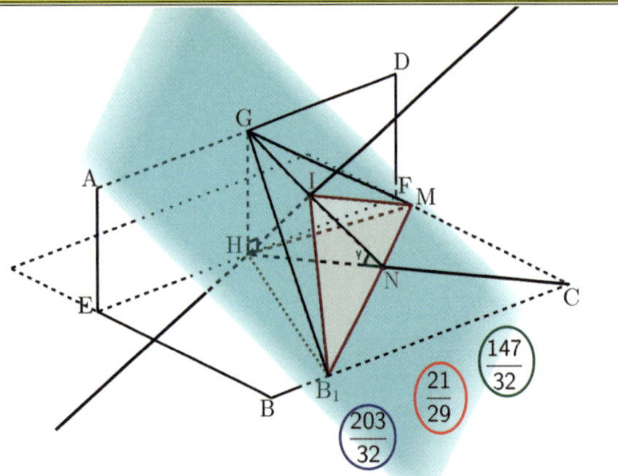</td><td>삼각형 B_1HM
$=\dfrac{203}{32}$</td><td>$\dfrac{21}{29}$</td><td>삼각형 B_1IM
$=\dfrac{147}{32}$</td></tr>
<tr><td>$a=6$
$n=3$</td><td>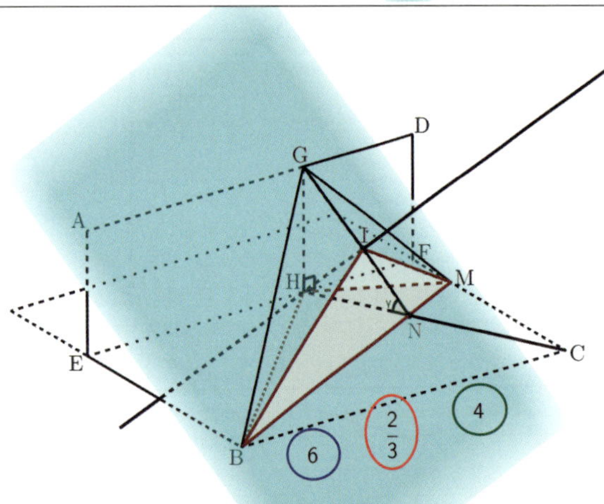</td><td>삼각형 BHM
$=6$</td><td>$\dfrac{2}{3}$</td><td>삼각형 BIM
$=4$</td></tr>
<tr><td>$a=5$
$n=5$</td><td>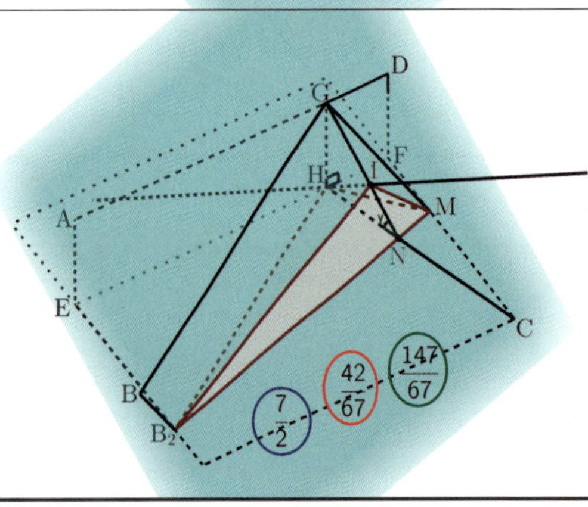</td><td>삼각형 B_2HM
$=\dfrac{7}{2}$</td><td>$\dfrac{42}{67}$</td><td>삼각형 B_2IM
$=\dfrac{147}{67}$</td></tr>
</table>

GeoGebra의 '슬라이더' 도구를 활용할 경우 〈표 Ⅱ-1-13〉과 같이 a와 n의 값에 따른 이면각의 크기와 정사영의 넓이 변화를 즉각적으로 확인하는 것이 가능하다. 그러나 〈표 Ⅱ-1-13〉의 3가지 동형 문항은 단순 계산량 이외에도 실제 문제해결 과정을 살펴보면 난이도에 다소 차이가 존재한다. 3가지 문항을 a와 n의 값에 관계없이 동일한 방법으로 해결할 수도 있지만, 개인에 따라 접근 방법이 다를 수도 있다. 또한 수학 문제에서 간단한 수치 하나의 변경이 문제해결 과정에 상당한 영향을 미칠 수 있으므로 수치 조정 시에는 반드시 재확인이 필요하다.

문제 II-2

그림과 같이 한 변의 길이가 14인 정육각형 ABCDEF 모양의 종이가 있다. 선분 AF의 중점을 G라 하고, 세 선분 CG, CE, EG를 접는 선으로 하여 점 A는 점 F와 점 B는 점 D와 합쳐지도록 두 삼각형 CDE, EFG와 사각형 ABCG를 접어 올린다. 이때 사각형 ABCG의 평면 ABE 위로의 정사영의 넓이는 $\frac{q}{p}\sqrt{3}$ 이다. $p+q$의 값을 구하시오. (단, 종이의 두께는 고려하지 않으며, p와 q는 서로소인 자연수이다.)

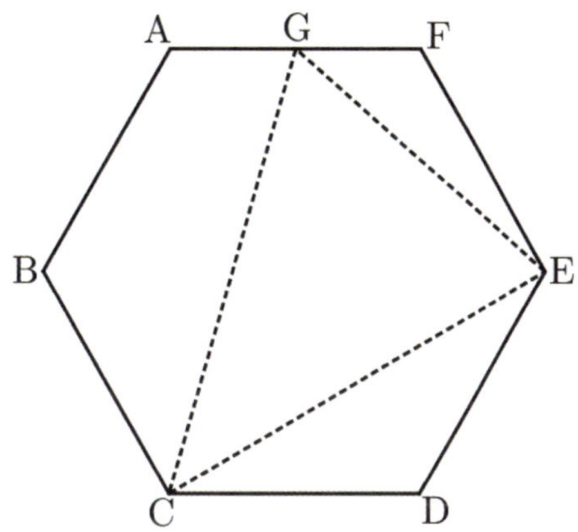

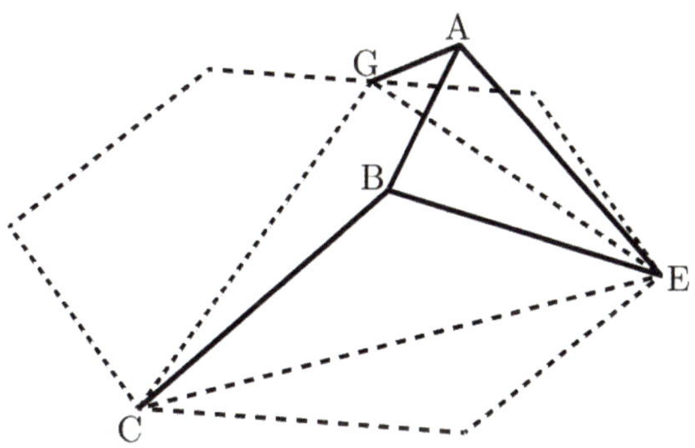

해설

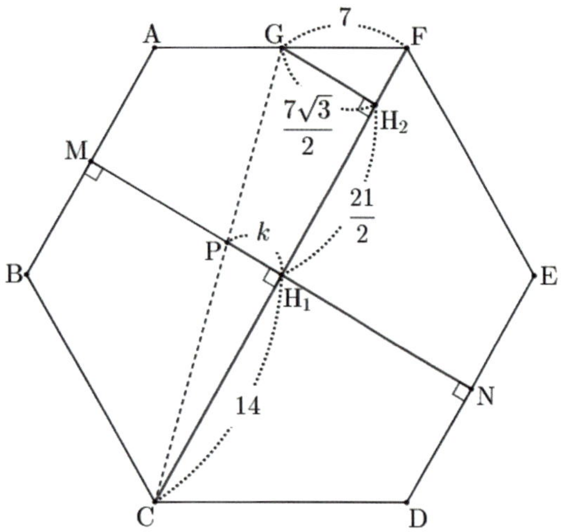

[그림 1]

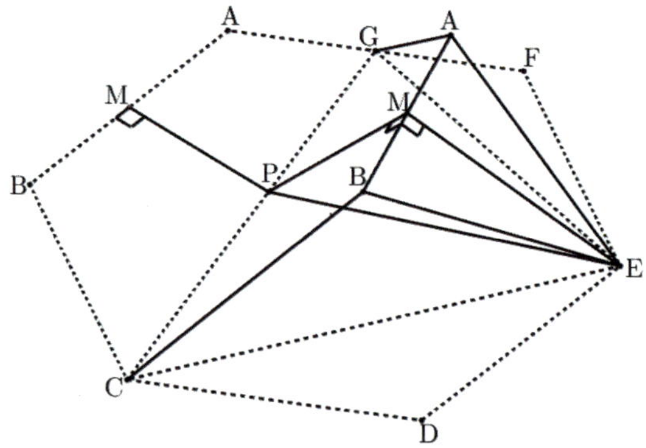

[그림 2]

두 선분 AB, DE의 중점을 각각 M, N이라 하고, 두 선분 MN, CG의 교점을 P라 하자.

두 점 P, G에서 선분 CF에 내린 수선의 발을 각각 H_1, H_2라 하고 $\overline{PH_1}=k$라 하면 두 삼각형 CH_1P, CH_2G가 서로 닮음이므로

$$14 : k = \frac{49}{2} : \frac{7\sqrt{3}}{2},\ \ k=2\sqrt{3}$$

이다. $\overline{MH_1}=7\sqrt{3}$ 이므로 $\overline{PM}=5\sqrt{3}$ 이다.

또한 [그림 1]의 삼각형 PNE에서 $\overline{PN}=9\sqrt{3}$ 이므로 $\overline{PE}=2\sqrt{73}$ 이다.

[그림 2]의 삼각형 PME에서 $\angle PME=\theta$라 하면

$$\cos\theta=\frac{(5\sqrt{3})^2+(7\sqrt{3})^2-(2\sqrt{73})^2}{2\times5\sqrt{3}\times7\sqrt{3}}=-\frac{1}{3}$$

이다. 사각형 ABCG의 넓이가 $98\sqrt{3}$ 이므로 사각형 ABCG의 평면 ABE 위로의 정사영의 넓이는 $98\sqrt{3}\times\frac{1}{3}=\frac{98}{3}\sqrt{3}$ 이다.

따라서 $p+q=101$ 이다.

[문제II-2]에 제시된 두 그림 중 평면도형 작도하기

〈표 II-2-1〉 [문제II-2]의 평면도형 작도 과정(구성단계 1~17)

<table>
<tr><th>구성단계</th><th>도구</th><th>작도 과정</th><th>화면상의 작도 상태</th></tr>
<tr><td>1</td><td>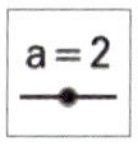</td><td>
- 정육각형의 한 변의 길이 n을 ‘슬라이더’ 도구를 이용하여 설정하기
(방법) ‘슬라이더’ 도구를 클릭한 후 2차원 기하창을 클릭한다.
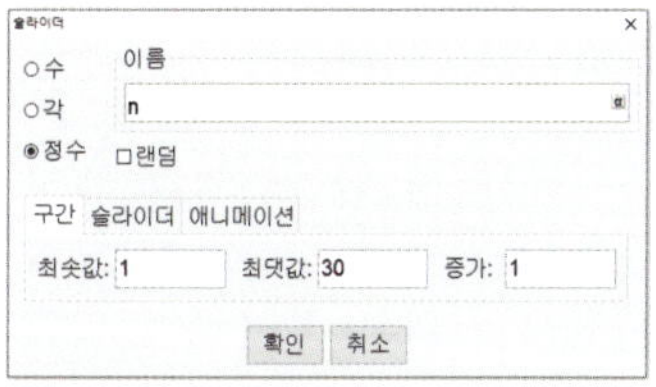

▸ n의 값에 따라 정육각형의 한 변의 길이를 조절할 수 있다.
</td><td></td></tr>
<tr><td>2
~
3</td><td></td><td>
- 두 점 A, B 작도하기
(방법) 입력창에 아래 명령어를 입력한다.
* 명령어: (0, 0), (n, 0)
▸ 초깃값(한 변의 길이=14)을 고정할 경우, 격자(▦)와 좌표축(⊥)을 설정한 후 점(•A) 도구를 이용하여 두 점 A(0, 0), B(14, 0)을 직접 작도하는 것도 가능하다.
</td><td></td></tr>
<tr><td>4
~
11</td><td>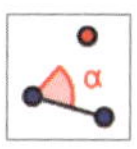</td><td>
- 네 점 B′, A′, B″, A″ 작도하기
(방법) ‘주어진 크기의 각’ 도구를 클릭하고 회전하고자 하는 점과 회전의 중심이 되는 점을 차례로 클릭하면 아래와 같은 창이 생성된다. 원하는 각도를 입력하고 방향을 설정한 후 [확인] 버튼을 클릭한다.
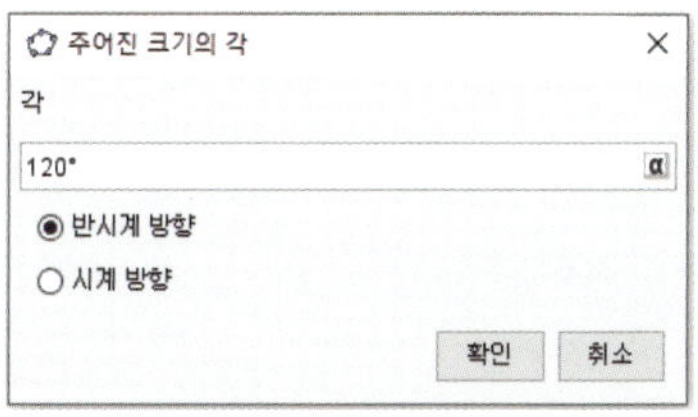

▸ 명령어를 이용하여 작도할 수도 있다.
* 명령어: 회전[B,120°,A], 회전[A,120°,B′]
회전[B′,120°,A′], 회전[A′,120°,B″]
▸ 초깃값(한 변의 길이=14)을 고정할 경우, 입력창에 (−7, 7sqrt(3)), (0, 14sqrt(3))과 같이 점의 좌표를 직접 입력할 수도 있다.
▸ 정다각형(⬠) 도구를 이용하여 작도할 수도 있다.
</td><td>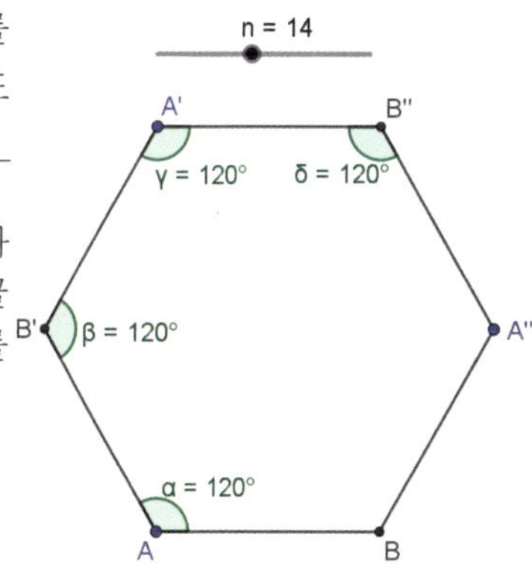

</td></tr>
<tr><td>12
~
17</td><td></td><td>
- 정육각형의 여섯 개의 선분 작도하기
(방법) 각각의 선분을 구성하는 두 점을 차례로 클릭하여 6개의 선분을 작도한다.
▸ 명령어를 이용하여 작도할 수도 있다.
* 명령어: 선분[A,B], 선분[A,B′] 등
</td><td></td></tr>
</table>

〈표 Ⅱ-2-2〉 [문제Ⅱ-2]의 평면도형 작도 과정(구성단계 18~21)

구성단계	도구	작도 과정	화면상의 작도 상태
		• ‘대상 보이기(대상 보이기)’ 기능을 활용하여 <표 Ⅱ-2-1>의 구성단계 4~11에서 생성한 4개의 각 α, β, γ, δ를 보이지 않게 설정하기 ▸ ‘주어진 크기의 각’ 도구를 사용한 경우에는 <표 Ⅱ-2-1>의 그림과 같이 각이 나타나지만, 회전 명령어를 사용한 경우는 각이 나타나지 않는다.	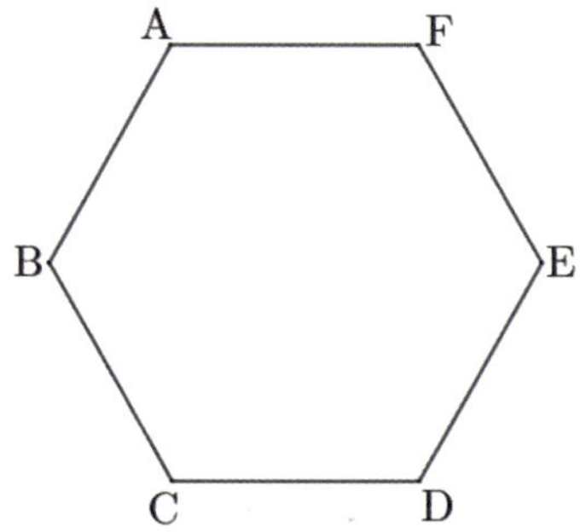
		• 6개의 점 A′, B′, A, B, A″, B″의 이름을 오른쪽 그림과 같이 변경하기 ▸ 변경하고자 하는 점에서 마우스 우클릭을 이용하여 각각의 점들의 설정사항(기본)의 ‘이름’란에서 이름을 변경하고, ‘캡션’란에 아래와 같이 입력한다. ‘레이블 보이기’는 캡션으로 설정한다(<표 Ⅱ-1-6> 참고). * 캡션 명령어: $\LARGE\rm{%n}$	
18		– 선분 AF의 중점 G 작도하고 캡션 설정하기 (방법)두 점 A, F를 차례로 클릭하거나 선분 AF(i)를 클릭한다. ▸ 명령어를 이용하여 작도할 수도 있다. * 명령어: 중점[A,F] 또는 중점[i]	
19~21		– 세 선분 CG, CE, EG를 작도하고, 설정사항(선스타일)에서 점선으로 변경하기 (방법)각각의 선분을 구성하는 두 점을 차례로 클릭하여 3개의 선분을 작도한다. ▸ 명령어를 이용하여 작도할 수도 있다. * 명령어: 선분[C,G], 선분[C,E], 선분[E,G]	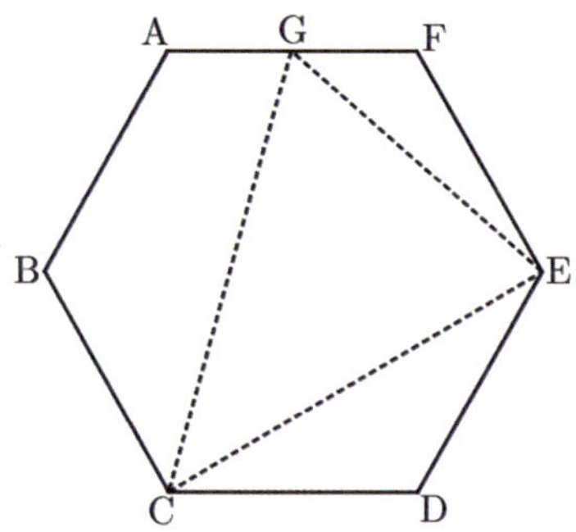

〈그림 Ⅱ-2-1〉 [문제Ⅱ-2]의 평면도형 작도 과정 GeoGebra 화면(구성단계 21)

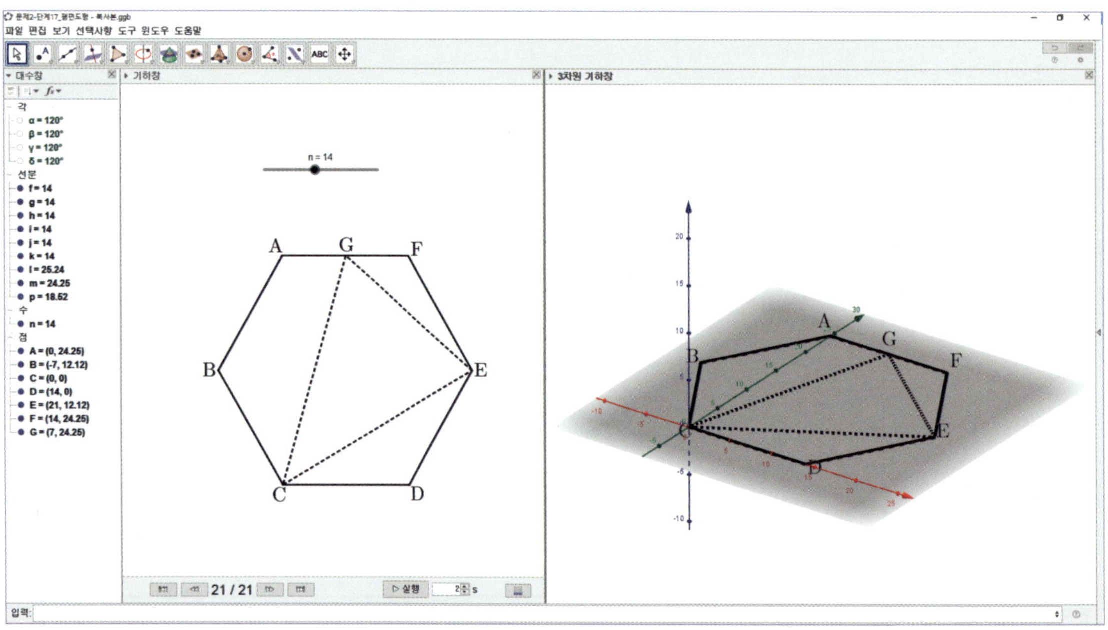

[문제II-2]에 제시된 두 그림 중 입체도형 작도하기

입체도형을 작도하기 전에 <표 II-2-2>에서 작도한 평면도형 파일을 복사하여 원본 파일(파일명: 문제II-2_구성단계21_평면도형)은 그대로 보관하고, 복사한 파일에서 새로운 작도를 진행한다.

〈표 II-2-3〉 [문제II-2]의 입체도형 작도 과정(구성단계 22~27)

구성단계	도구	작도 과정	화면상의 작도 상태
22		- 선분 CE의 중점 H 작도하기 (방법)두 점 C, E를 차례로 클릭하거나 선분 CE(m)를 클릭한다. ▸ 명령어를 이용하여 작도할 수도 있다. * 명령어: 중점[C,E] 또는 중점[m]	
23		- 중심이 H이고 점 D를 지나는 구 a 작도하기 (방법)점 H와 점 D를 차례로 클릭한다. ▸ 명령어를 이용하여 작도할 수도 있다. * 명령어: 구[H,D]	
24		- 점 H를 지나고 선분 CE(m)에 수직인 평면 q 작도하기 (방법)점 H와 선분 CE를 차례로 클릭한다. ▸ 명령어를 이용하여 작도할 수도 있다. * 명령어: 수직평면[H,m]	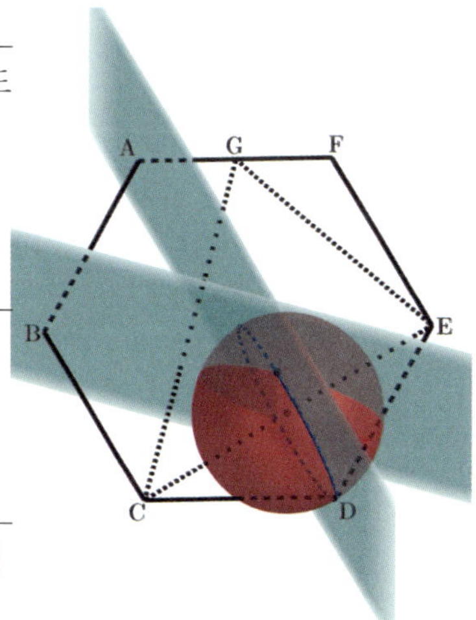
25		- 구 a와 평면 q가 만나서 생기는 교선 c 작도하기 (방법)구 a와 평면 q를 차례로 클릭한다. ▸ 명령어를 이용하여 작도할 수도 있다. * 명령어: 교선[a, q]	
26		- 점 B를 지나고 선분 CG(l)에 수직인 평면 r 작도하기 (방법)점 B와 선분 CG를 차례로 클릭한다. ▸ 명령어를 이용하여 작도할 수도 있다. * 명령어: 수직평면[B,l]	
27		- 교선(원뿔곡선) c와 평면 r의 교점 I(J) 작도하기[6)] (방법)교선 c와 평면 r을 차례로 클릭한다. 두 교점 I와 J 중 점 J는 '대상 보이기(대상 보이기)' 기능을 활용하여 보이지 않게 설정한다. ▸ 명령어를 이용하여 작도할 수도 있다. * 명령어: 교점[c, r]	

6) 작도 상황에 따라 두 점 I, J의 위치가 바뀌어 생성될 수 있다. 두 점 I, J의 위치가 바뀌어 생성된 경우 설정 사항에서 xy 평면의 위쪽(z 값이 양수)의 점을 I로, 아래쪽(z 값이 양수)의 점을 J로 이름을 변경하고 다음 단계를 진행하도록 한다. 이름 변경 시 반드시 두 점을 모두 변경해야 한다. 점 J의 이름만 I로 변경한 경우, 기존의 점 I는 I_1로 변경되기 때문에 다음 구성단계에서 생성되는 새로운 점의 이름은 K가 아닌 J가 되기 때문이다.

〈표 II-2-4〉 [문제II-2]의 입체도형 작도 과정(구성단계 28~36)

구성단계	도구	작도 과정	화면상의 작도 상태
28 ~ 29		– 두 선분 IC, IE 작도하기 (방법)각각의 선분을 구성하는 두 점을 차례로 클릭하여 2개의 선분을 작도한다. ▸ 명령어를 이용하여 작도할 수도 있다. * 명령어: 선분[I,C], 선분[I,E]	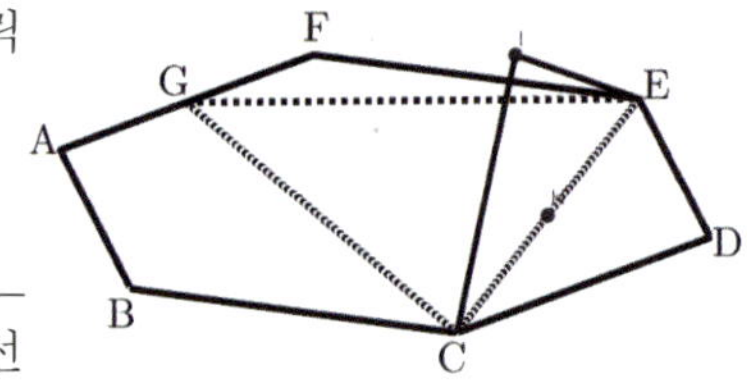
		• '대상 보이기(대상 보이기)' 기능을 활용하여 교선 c, 구 a와 두 평면 q, r을 보이지 않게 설정하기	
30		– 점 F를 지나고 선분 EG(p)에 수직인 직선 b 작도하기 (방법)점 F와 선분 EG를 차례로 클릭한다. ▸ 명령어를 이용하여 작도할 수도 있다. * 명령어: 수직선[F, p]	
31		– 직선 b와 선분 EG(p)의 교점 K 작도하기 (방법)직선 b와 선분 EG를 차례로 클릭한다. ▸ 명령어를 이용하여 작도할 수도 있다. * 명령어: 교점[b, p]	
32		– 중심이 K이고 점 F를 지나는 구 d 작도하기 (방법)점 K와 점 F를 차례로 클릭한다. ▸ 명령어를 이용하여 작도할 수도 있다. * 명령어: 구[K ,F]	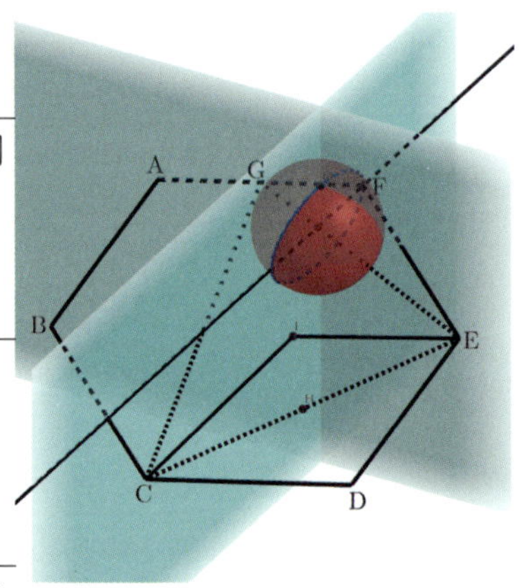
33		– 점 K를 지나고 선분 EG(p)에 수직인 평면 p_1 작도하기 (방법)점 K와 선분 EG를 차례로 클릭한다. ▸ 명령어를 이용하여 작도할 수도 있다. * 명령어: 수직평면[K ,p]	
34		– 구 d와 평면 p_1이 만나서 생기는 교선 e 작도하기 (방법)구 d와 평면 p_1을 차례로 클릭한다. ▸ 명령어를 이용하여 작도할 수도 있다. * 명령어: 교선[d, p_1]	
35		– 점 A를 지나고 선분 CG(l)에 수직인 평면 q_1 작도하기 (방법)점 A와 선분 CG를 차례로 클릭한다. ▸ 명령어를 이용하여 작도할 수도 있다. * 명령어: 수직평면[A,l]	
36		– 교선(원뿔곡선) e와 평면 q_1의 교점 L(M) 작도하기[7] (방법)교선 e와 평면 q_1을 차례로 클릭한다. 두 교점 L과 M 중 점 M은 '대상 보이기(대상 보이기)' 기능을 활용하여 보이지 않게 설정한다. ▸ 명령어를 이용하여 작도할 수도 있다. * 명령어: 교점[e, q_1]	

7) 〈표 II-2-3〉의 구성단계 27과 같이 작도 상황에 따라 두 점 L, M의 위치가 바뀌어 생성될 수 있다. 두 점 L, M의 위치가 바뀌어 생성된 경우 설정사항에서 xy평면의 위쪽(z값이 양수)의 점을 L로, 아래쪽(z값이 양수)의 점을 M으로 이름을 변경하고 다음 단계를 진행하도록 한다.

〈그림 II-2-2〉 [문제II-2]의 입체도형 작도 과정 GeoGebra 화면(구성단계 36)

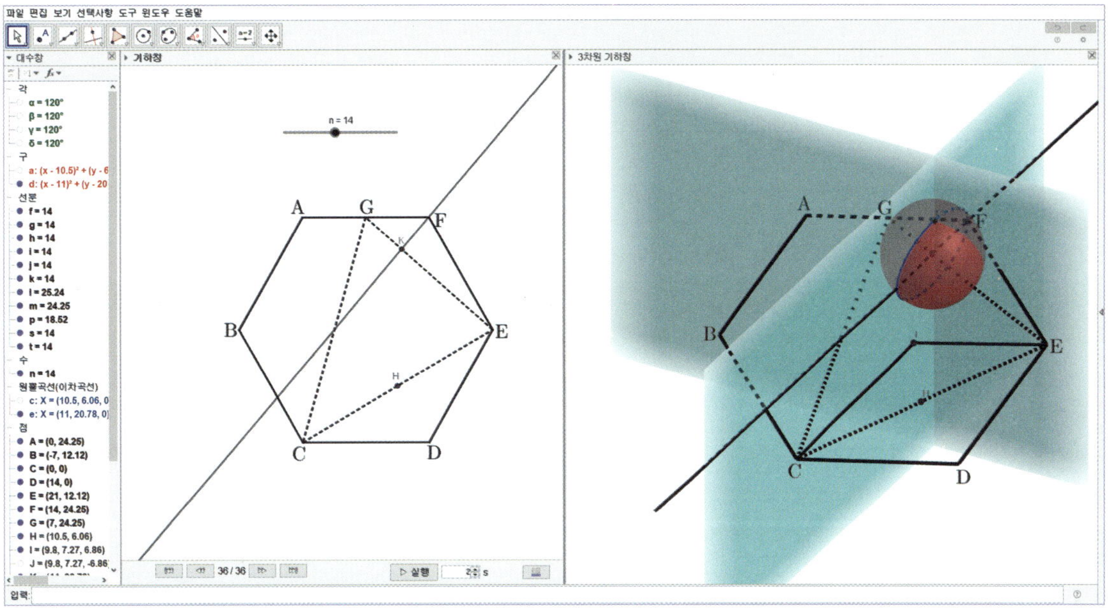

〈표 II-2-5〉 [문제II-2]의 입체도형 작도 과정(구성단계 37~39)

구성단계	도구	작도 과정	화면상의 작도 상태
37 ~ 38		- 두 선분 LG, LE 작도하기 (방법) 각각의 선분을 구성하는 두 점을 차례로 클릭하여 2개의 선분을 작도한다. ▸ 명령어를 이용하여 작도할 수도 있다. * 명령어: 선분[L,G], 선분[L,E]	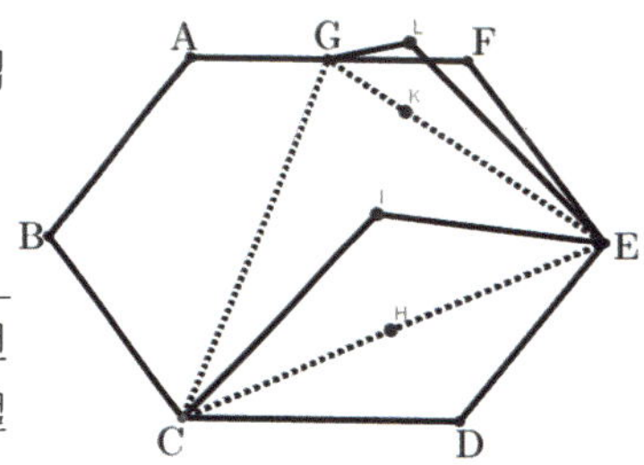
		• '대상 보이기(대상 보이기)' 기능을 활용하여 교선 e, 구 d, 직선 b와 두 평면 p_1, q_1을 보이지 않게 설정하기	
39		- 선분 IL 작도하기 (방법) 선분을 구성하는 두 점을 차례로 클릭한다. ▸ 명령어를 이용하여 작도할 수도 있다. * 명령어: 선분[I,L]	
		• 정육각형의 6개의 선분의 설정사항(스타일)에서 점선으로 변경하기 • '대상 보이기(대상 보이기)' 기능을 활용하여 정육각형에서 네 점 A, B, D, F와 두 점 H, K를 보이지 않게 설정하기 • 두 점 I, L의 이름을 오른쪽 그림과 같이 B, A로 변경하기 ▸ 변경하고자 하는 점에서 마우스 우클릭을 이용하여 각각의 점들의 설정사항(기본)의 '이름'란에서 이름을 변경하고, '캡션'란에 아래와 같이 입력한다. '레이블 보이기'는 캡션으로 설정한다(<표 II-1-6> 참고). * 캡션 명령어: $\LARGE\rm{%n}$	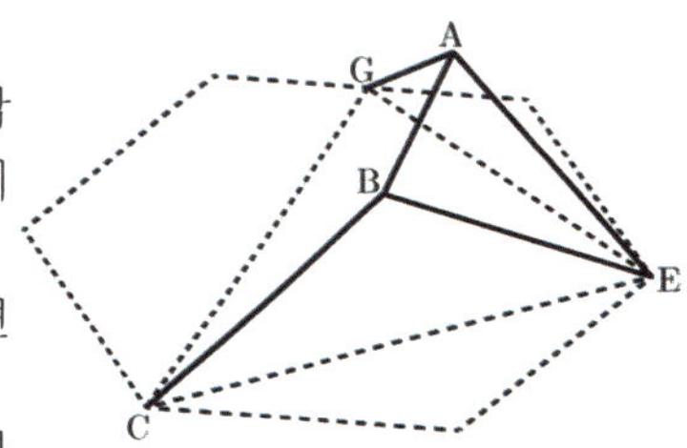

[문제II-2] 정답 확인하기

정사영의 넓이를 확인하기 전에 <표 II-2-5>에서 작도한 입체도형 파일을 복사하여 원본 파일은 그대로 저장(파일명: 문제II-2_구성단계39_입체도형)하여 보관하고, 복사한 파일에서 새로운 작도를 진행한다.

〈표 II-2-6〉 [문제II-2]의 정사영의 넓이 확인 과정(구성단계 40~48)

구성단계	도구	작도 과정	화면상의 작도 상태
40	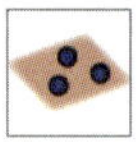	– 세 점 A B, E를 지나는 평면 r_1 작도하기 (방법)평면을 구성하는 세 점을 차례로 클릭한다. ▸ 명령어를 이용하여 작도할 수도 있다. * 명령어: 평면[A,B,E]	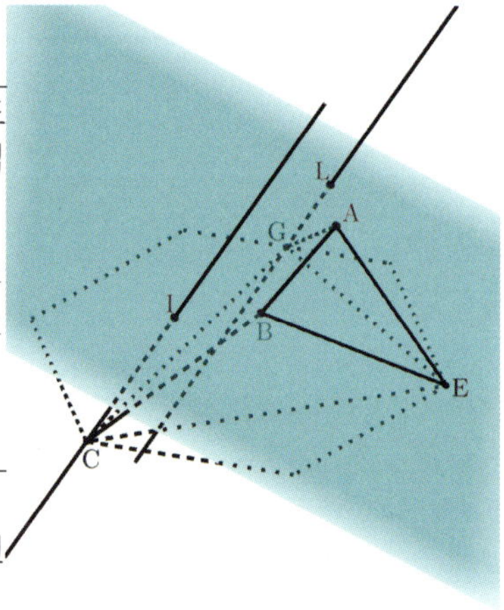
41 ~ 42	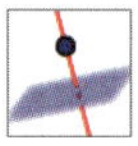	– 사각형 ABCG의 평면 ABE 위로의 정사영을 작도하기 위하여 두 점 C, G를 지나고 평면 r_1에 수직인 두 직선 i_1, j_1 작도하기 (방법)점 C와 평면 r_1을 차례로 클릭하여 직선 i_1을, 점 G와 평면 r_1을 차례로 클릭하여 직선 j_1을 작도한다. ▸ 명령어를 이용하여 작도할 수도 있다. * 명령어: 수직선[C,r_1], 수직선[G,r_1]	
43 ~ 44		– 두 직선 i_1, j_1과 평면 r_1의 두 교점 I, L 작도하기 (방법)직선 i_1과 평면 r_1을 차례로 클릭한다. 직선 j_1과 평면 r_1을 차례로 클릭한다. ▸ 명령어를 이용하여 작도할 수도 있다. * 명령어: 교점[i_1, r_1], 교점[j_1, r_1]	
45 ~ 46	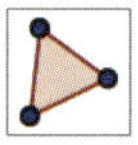	– 사각형 ABCG와 사각형 ABCG의 평면 ABE 위로의 정사영인 사각형 ABIL 작도하기 (방법)두 사각형 ABCG, ABIL을 구성하는 네 점을 차례로 클릭한다. ▸ 명령어를 이용하여 작도할 수도 있다. * 명령어: 다각형[A,B,C,G], 다각형[A,B,I,L]	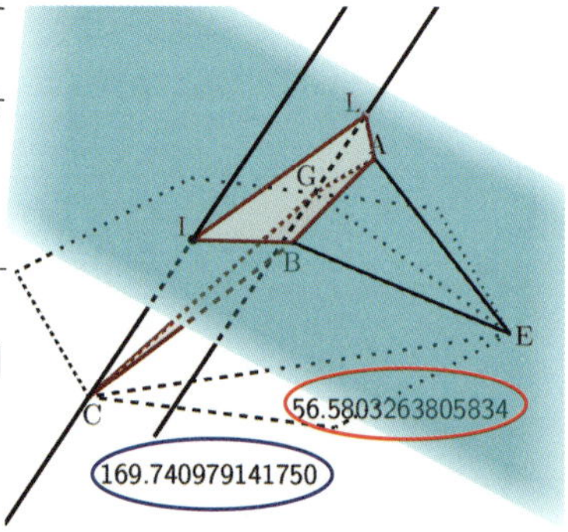
47 ~ 48		– 두 사각형 ABCG, ABIL의 넓이 확인하기 ▸ 두 사각형 ABCG ($q1$), ABIL ($q2$)의 넓이는 이미 대수창에서 다음과 같이 확인할 수 있다. 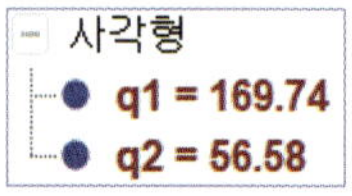 ▸ 무리수화 명령어를 이용하면 두 사각형의 넓이가 기하창에 나타난다. * 명령어: 무리수화[$q1$], 무리수화[$q2$] ▸ <표 II-1-6>에서 다룬 바와 같이 GeoGebra에서는 복합 개체로 이루어진 무리수는 무리수화 명령어가 적용되지 않으며, 일정 크기가 넘는 수치도 무리수화 명령어가 적용되지 않는다. ▸ 두 사각형 ABCG, ABIL의 넓이의 $\frac{1}{14}$배를 확인하고자 한다면 다음과 같이 명령어를 입력하여 오른쪽 그림과 같이 확인할 수 있다. * 명령어: 무리수화[$q1$/14], 무리수화[$q2$/14]	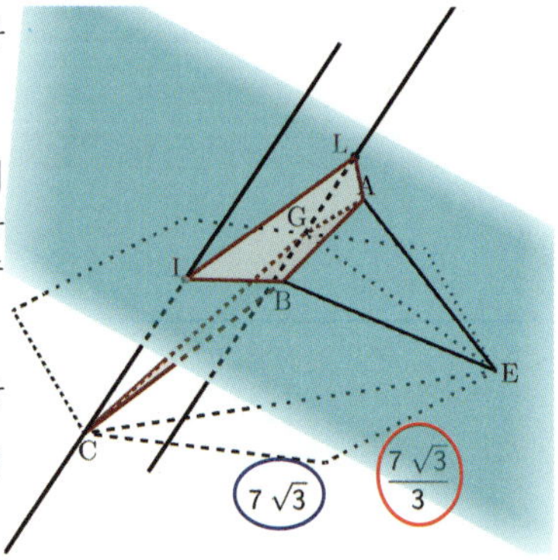

[문제 II -2]의 상황에서 두 평면 ABCG, ABE 이 이루는 이면각의 크기를 구해보자.

정사영의 넓이를 확인하기 전에 <표 II -2-6>에서 작도한 입체도형 파일을 복사하여 원본 파일은 그대로 저장(파일명: 문제 II -2_구성단계48_입체도형)하여 보관하고, 복사한 파일에서 새로운 작도를 진행한다.

<표 II-2-7> [문제 II-2]에서 두 평면이 이루는 이면각의 크기 확인 과정(구성단계 49~56)

구성 단계	도구	작도 과정	화면상의 작도 상태
		• '대상 보이기(대상 보이기)' 기능을 활용하여 두 직선 i_1, j_1과 평면 r_1을 보이지 않게 설정하기	
49		- 선분 AB의 중점 N 작도하기 (방법)두 점 A, B를 차례로 클릭하거나 선분 AB (h_1 or b_1 or b_2)를 클릭한다. ▸ 명령어를 이용하여 작도할 수도 있다. * 명령어: 중점[A,B] 또는 중점[h_1]	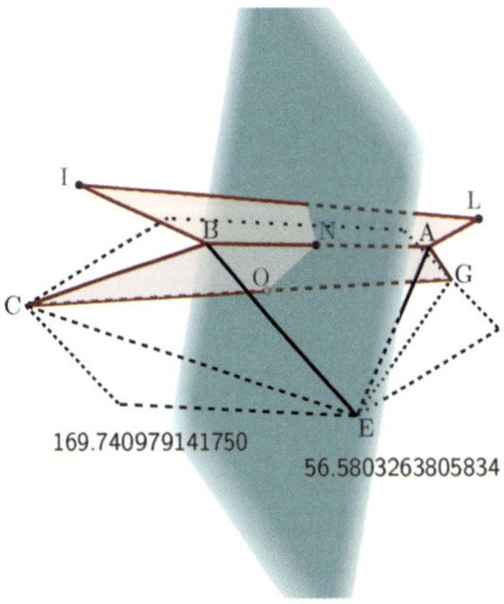
50	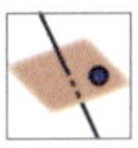	- 두 평면 ABCG, ABE가 이루는 이면각을 나타내기 위하여 점 N을 지나고 선분 AB에 수직인 평면 p_2 작도하기 (방법)점 N과 선분 AB를 차례로 클릭한다. ▸ 명령어를 이용하여 작도할 수도 있다. * 명령어: 수직평면[N, h_1]	
51	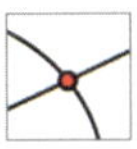	- 평면 p_2와 선분 CG(l or g_2)의 교점 O 작도하기 (방법)평면 p_2와 선분 CG를 차례로 클릭한다. ▸ 명령어를 이용하여 작도할 수도 있다. * 명령어: 교점[p_2, l]	
52 ~ 54		- 세 선분 EN, EO, NO 작도하기 (방법)각각의 선분을 구성하는 두 점을 차례로 클릭하여 3개의 선분을 작도한다. ▸ 명령어를 이용하여 작도할 수도 있다. * 명령어: 선분[E,N], 선분[E,O], 선분[N,O]	
55	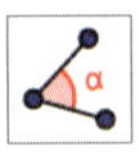	- 삼각형 ENO에서 ∠ENO 작도하기 (방법)각을 구성하는 세 점을 차례로 클릭한다. 점 N은 반드시 두 번째로 클릭한다. ▸ 명령어를 이용하여 작도할 수도 있다. * 명령어: 각[O,N,E]	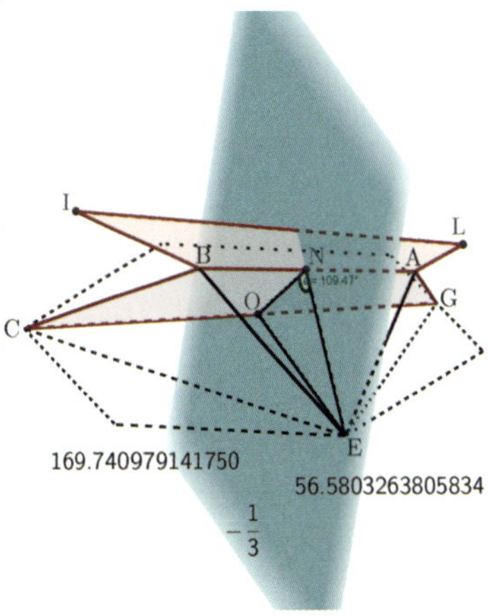
56		- 두 평면 ABE, ABCG가 이루는 이면각의 크기 확인하기 ▸ ∠ENO(ϵ)의 크기는 이미 대수창에서 다음과 같이 확인할 수 있다. - 각 $\alpha = 120°$ $\beta = 120°$ $\gamma = 120°$ $\delta = 120°$ $\varepsilon = 109.47°$ ▸ 무리수화 명령어를 이용하면 ∠ENO(ϵ)에 대한 cos값 $-\frac{1}{3}$이 기하창에 나타난다. * 명령어: 무리수화[cos(ϵ)]	

[문제 II-2]에서 설정된 슬라이더 n의 값에 따른 변화 확인하기

[문제 II-2]에 제시된 두 그림을 제작할 때, n의 값은 14를 초깃값으로 설정하여 제작하였다. 다시 말해 $n=14$일 때, 정육각형 ABCDEF의 한 변의 길이는 14이다.

<표 II-2-7> 의 '구성단계 56' 까지 실행하여 저장한 파일(파일명: 문제II-2_구성단계56_입체도형)에서 슬라이더 n을 변화시키며 이면각의 크기와 정사영의 넓이를 확인해 보자. $n=2$와 $n=4$일 때, 사각형 ABCG의 넓이와 정사영의 넓이가 $n=14$일 때 보다 수치적으로는 간단하게 산출되지만 실질적으로 계산 과정은 더 복잡할 수 있다. 소프트웨어를 활용하여 문항의 값이 간단하게 산출될지라도 학생의 입장에서 직접 계산을 통하여 확인하는 과정이 반드시 수반되어야 한다.

〈표 II-2-8〉 n의 값에 따른 이면각의 크기와 정사영의 넓이

n	3차원 기하창 화면	사각형 ABCG의 넓이	$\cos\epsilon$	정사영의 넓이
$n=2$	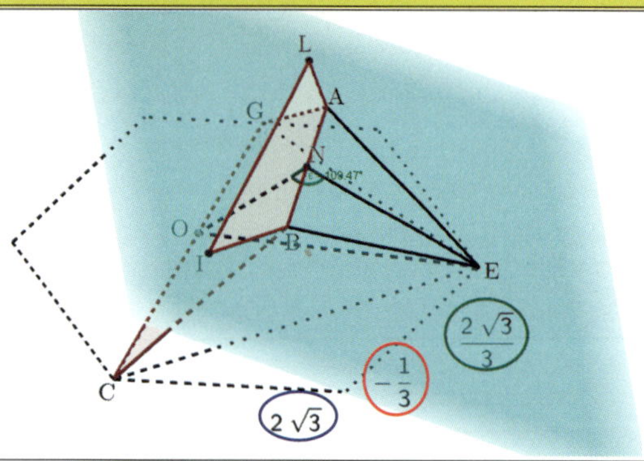	$2\sqrt{3}$	$-\frac{1}{3}$	$\frac{2\sqrt{3}}{3}$
$n=4$	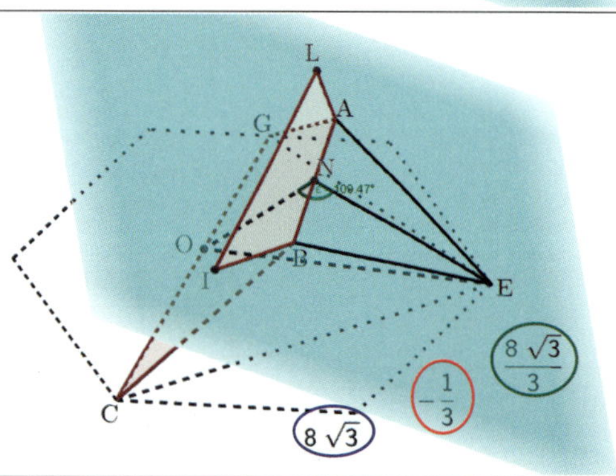	$8\sqrt{3}$	$-\frac{1}{3}$	$\frac{8\sqrt{3}}{3}$

[문제 II-2] 교수 · 학습 상황에서 종이접기 시뮬레이션하기

<표 II-2-9>는 <표 II-2-5>의 '구성단계 39' 까지 실행하여 저장한 파일(파일명: 문제II-2_구성단계39_입체도형)을 이용하여 [문제II-2]에 대한 교수 · 학습 상황에서 종이접기 시뮬레이션을 제작하는 과정이다.

〈표 II-2-9〉 [문제II-2]의 종이접기 상황 시뮬레이션 구성하기

구성단계	도구	작도 과정	화면상의 작도 상태
		• 대수창에서 두 원뿔곡선 c, e를 보이게 설정하기 원뿔곡선(이차곡선) c: X = (10.5, 6.06, 0) + (-3.5 cos(t), 6.06 cos(t), 7 sin(t)) e: X = (11, 20.78, 0) + (-3 cos(t), -3.46 cos(t), 4.58 sin(t)) ➡ 원뿔곡선(이차곡선) ● c: X = (10.5, 6.06, 0) + (-3.5 cos(t), 6.06 cos(t), 7 sin(t)) ● e: X = (11, 20.78, 0) + (-3 cos(t), -3.46 cos(t), 4.58 sin(t))	
40 ~ 41		- 점 A를 지나고 선분 CG(l)에 수직인 평면 r_1과 점 B를 선분 CG(l)에 수직인 평면 p_2 작도하기 (방법)점 A와 선분 CG(l)를 차례로 클릭한다. 점 B와 선분 CG(l)를 차례로 클릭한다. ▸ 명령어를 이용하여 작도할 수도 있다. * 명령어: 수직평면[A ,l], 수직평면[B ,l]	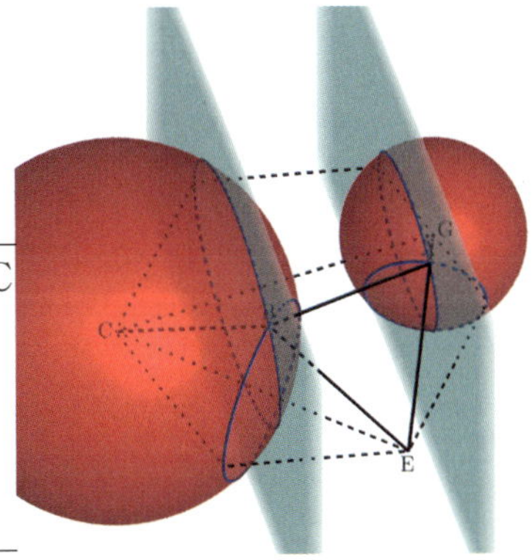
42 ~ 43		- 점 G를 중심으로 하고 점 A를 지나는 구 o와 점 C를 중심으로 하고 점 B를 지나는 구 u 작도하기 (방법)점 G와 점 A를 차례로 클릭한다. 점 C와 점 B를 차례로 클릭한다. ▸ 명령어를 이용하여 작도할 수도 있다. * 명령어: 구[G,A], 구[C,B]	
44 ~ 45		- 구 o와 평면 r_1이 만나서 생기는 교선 c_1, 구 u와 평면 p_2가 만나서 생기는 교선 d_1 작도하기 (방법)구 o와 평면 r_1을 차례로 클릭하여 교선 c_1을 작도하고, 구 u와 평면 p_2를 차례로 클릭하여 교선 d_1을 작도한다. ▸ 명령어를 이용하여 작도할 수도 있다. * 명령어: 교선[o, r_1], 교선[u, p_2]	
		• '대상 보이기(대상 보이기)' 기능을 활용하여 두 평면 r_1, p_2와 두 구 o, u를 보이지 않게 설정하기 • 대수창에서 네 점 A_1, B_1, D, F를 보이게 설정하기 점 ● A = (11.2, 21.02, 4.57) A_1 = (0, 24.25) ● B = (9.8, 7.27, 6.86) B_1 = (-7, 12.12) ➡ 점 ● A = (11.2, 21.02, 4.57) ● A_1 = (0, 24.25) ● B = (9.8, 7.27, 6.86) ● B_1 = (-7, 12.12)	
46 ~ 49		- 네 원뿔곡선 c, e, c_1, d_1의 중심 I, L, N, O 작도하기 (방법)네 원뿔곡선 c, e, c_1, d_1을 클릭한다. ▸ 명령어를 이용하여 작도할 수도 있다. * 명령어: 중심[c], 중심[e], 중심[c_1], 중심[d_1]	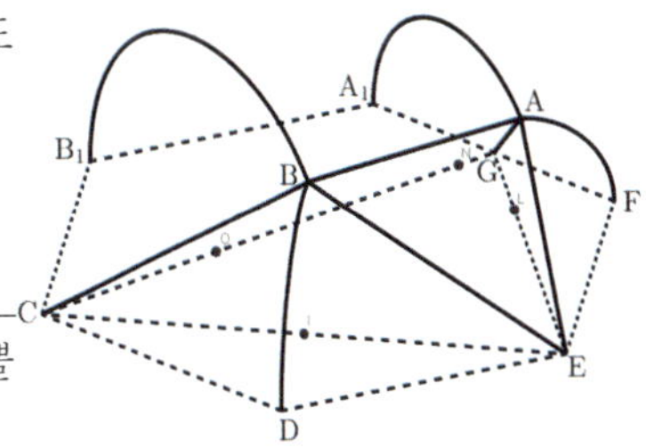
		• '대상 보이기(대상 보이기)' 기능을 활용하여 네 원뿔곡선 c, e, c_1, d_1을 보이지 않게 설정하기	
50 ~ 53		- 네 호 e_1, k_1, s_1, t_1 작도하기 (방법)호 e_1을 작도하기 위하여 중심 I와 두 점 B, D를 차례로 클릭한다. 같은 방법으로 세 호 k_1, s_1, t_1을 작도한다. ▸ 명령어를 이용하여 작도할 수도 있다. * 명령어: 원호[I,B,D], 원호[L,A,F], 원호[N,A,A_1], 원호[O,B,B_1]	

〈표 Ⅱ-2-10〉 [문제Ⅱ-2]의 종이접기 상황 시뮬레이션 구성하기

구성단계	도구	작도 과정	화면상의 작도 상태
54		– 호 $BB_1(t_1)$ 위에 임의의 점 P 작도하기 (방법)호 $BB_1(t_1)$을 클릭한다. ▶ 명령어를 이용하여 작도할 수도 있다. * 명령어: 점[t_1]	
55		– 호 $BB_1(t_1)$ 위의 점 P와 선분 CG(l) 위의 두 점 O, N을 지나는 평면 q_2 작도하기 (방법)세 점 P, O, N을 차례로 클릭한다. ▶ 명령어를 이용하여 작도할 수도 있다. * 명령어: 평면[P,O,N]	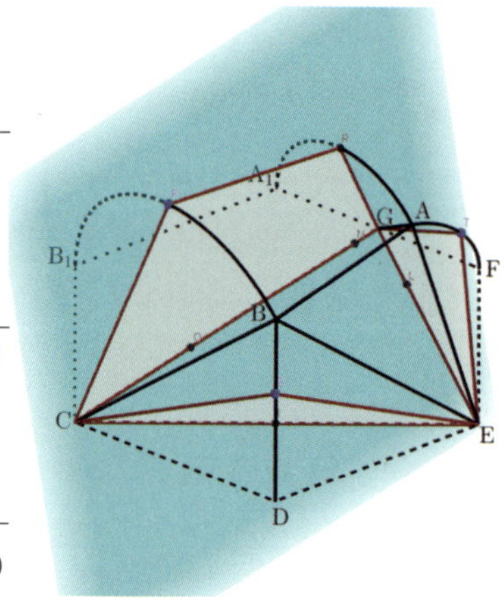
56		– 평면 q_2와 호 $AA_1(s_1)$의 교점 R 작도하기 (방법)평면 q_2와 호 $AA_1(s_1)$을 차례로 클릭한다. ▶ 명령어를 이용하여 작도할 수도 있다. * 명령어: 교점[q_2, s_1]	
57 ~ 58		– 두 호 BD(e_1), AF(k_1) 위에 임의의 두 점 S, T 작도하기 (방법)두 호 BD(e_1), AF(k_1)를 클릭한다. ▶ 명령어를 이용하여 작도할 수도 있다. * 명령어: 점[e_1], 점[k_1]	
59 ~ 61		– 사각형 CGRP$(q1)$와 두 삼각형 CES$(t1)$, EGT$(t2)$ 작도하기 (방법)네 점 C, G, R, P를 차례로 클릭하여 사각형 CGRP를 작도한다. 같은 방법으로 두 삼각형의 세 꼭짓점을 차례로 클릭하여 두 삼각형을 작도한다. ▶ 명령어를 이용하여 작도할 수도 있다. * 명령어: 다각형[C,G,R,P], 다각형[C,E,S], 다각형[E,G,T]	
		• '대상 보이기(대상 보이기)' 기능을 활용하여 평면 q_2와 5개의 선분 AB(h_1), AE(g_1), BE(t), AG(f_1), BC(s)를 보이지 않게 설정하기 • 네 호 e_1, k_1, s_1, t_1의 설정사항(스타일)에서 점선으로 변경하고, 사각형 CGRP$(q1)$와 두 삼각형 CES$(t1)$, EGT$(t2)$의 설정사항(색상)에서 색상 변경하기 • 네 점 R, P, S, T의 이름을 오른쪽 그림과 같이 각각 A, B, D, F로 변경하기[8)] ▶ 변경하고자 하는 점에서 마우스 우클릭을 이용하여 각각의 점들의 설정사항(기본)의 '이름' 란에서 이름을 변경하고, '캡션' 란에 아래와 같이 입력한다. '레이블 보이기'는 캡션으로 설정한다(<표 Ⅱ-1-6> 참고). * 캡션 명령어: `$\LARGE\rm{%n}$` • '대상 보이기(대상 보이기)' 기능을 활용하여 10개의 점 I, L, N, O, A_1, B_1, A_2, B_2, D_1, F_1을 보이지 않게 설정하기	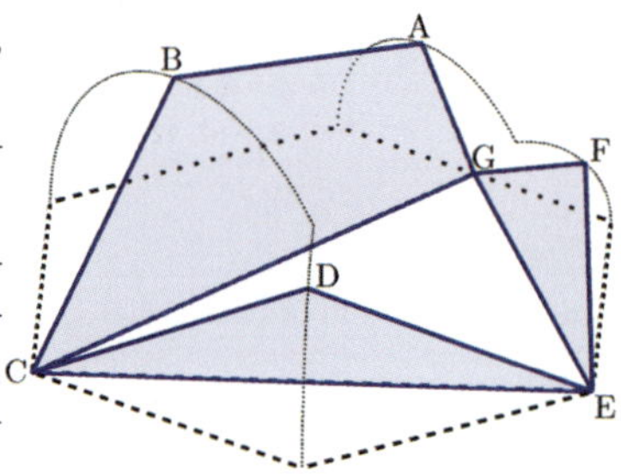

8) 특정 점의 이름을 기존에 작도한(사용된) 점과 동일한 이름으로 변경할 경우, 기존의 점의 이름은 자동으로 변경된다. 예를 들어 〈표 Ⅱ-2-10〉의 구성단계 61 이후 두 점 R, P를 A, B로 이름을 변경함과 동시에 기존의 점 A, B의 이름이 A_2, B_2로 자동 변경됨을 확인할 수 있다.

<표 II-2-10>까지 완성된 상태에서 <표 II-2-11>과 같이 종이접기 상황을 시뮬레이션할 수 있다. 사각형 ABCG에서 점 B를 마우스로 클릭하여 드래그하면 점 B가 호 t_1 위를 움직이게 되고, 두 삼각형 CDE, EFG도 같은 방법으로 점 D와 점 F를 드래그하면 각각 두 호 e_1, k_1 위를 움직이게 된다.

<표 II-2-11> [문제II-2]의 종이접기 상황 시뮬레이션하기

초기 상태	사각형 ABCG를 접어 올린 상황	두 삼각형 CDE, EFG를 접어 올린 상황
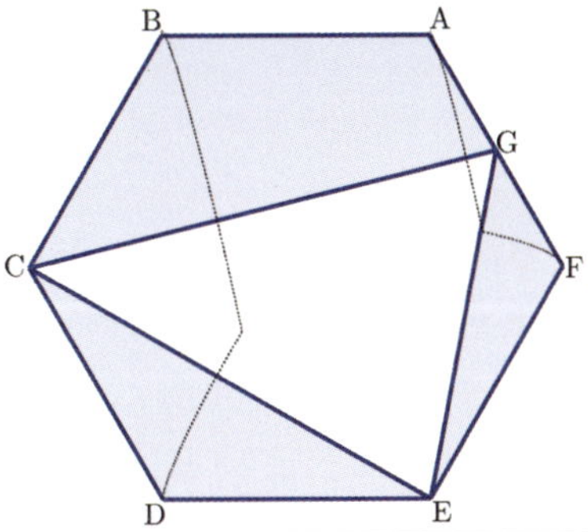	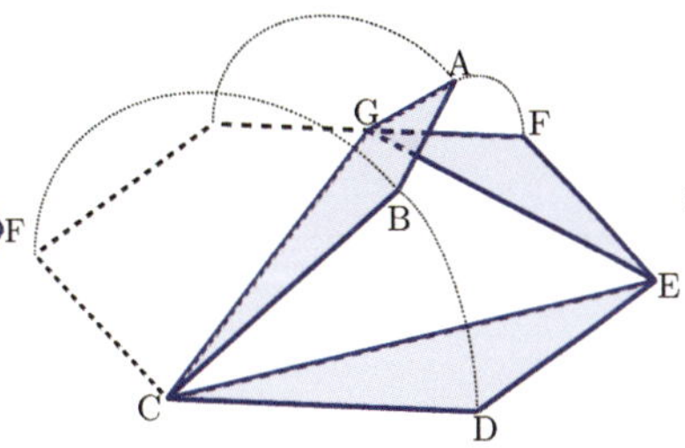	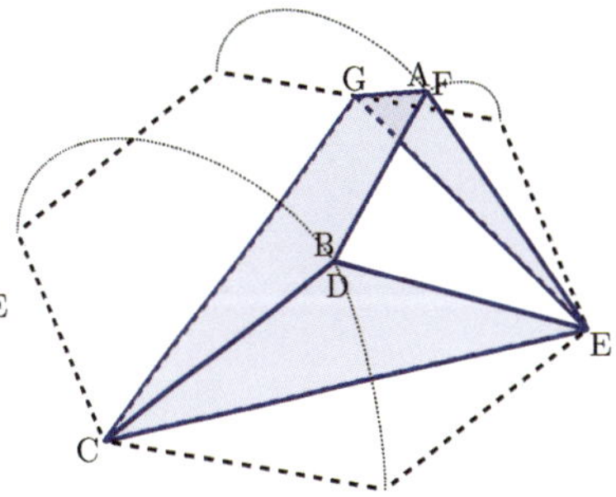

<표 II-2-9>의 구성단계 50~53에서 작도한 네 호 e_1, k_1, s_1, t_1를 작도하지 않고, <표 II-2-10>의 구성단계(54, 56, 57~58)에서 작도한 네 점 P, R, S, T를 네 원 c, e, c_1, d_1 위에 작도하여도 [문제II-2] 상황을 시뮬레이션하는 것은 가능하다. 그러나 네 원 c, e, c_1, d_1 위에 점을 작도할 경우 최종적인 상황을 명확히 보여주는 것이 용이치 않다. 반면 네 호 e_1, k_1, s_1, t_1에 점을 작도할 경우 호의 끝점에서 문제 상황이 결정되기 때문에 문제 상황을 보다 명확히 보여줄 수 있게 된다.

문제Ⅱ-3

그림과 같이 한 변의 길이가 4인 정사각형 ABCD 모양의 종이가 있다.
두 선분 AB, CD를 $3:1$로 내분하는 점을 각각 E, G라 하고, 두 선분 BC, DA의 중점을 각각 F, H라 하자. 이 종이에서 두 선분 EH, FG를 접는 선으로 하여 점 A와 점 C 사이의 거리가 최소가 되도록 두 삼각형 AEH, CGF를 접어 올렸을 때, 삼각형 AEH의 평면 CGF 위로의 정사영의 넓이는 $\frac{q}{p}$이다. $p+q$의 값을 구하시오.
(단, 종이의 두께는 고려하지 않으며, p와 q는 서로소인 자연수이다.)

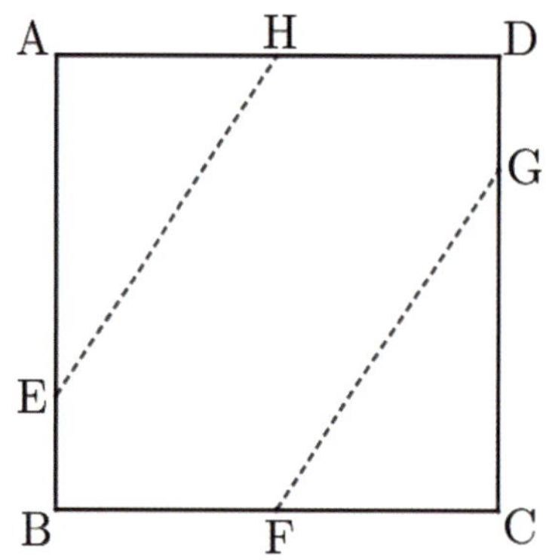

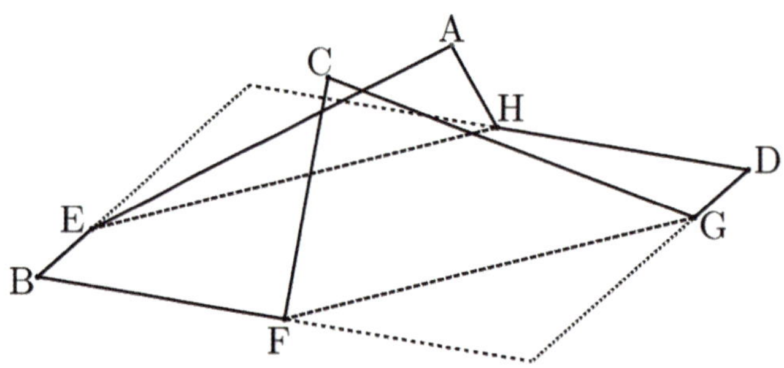

해설

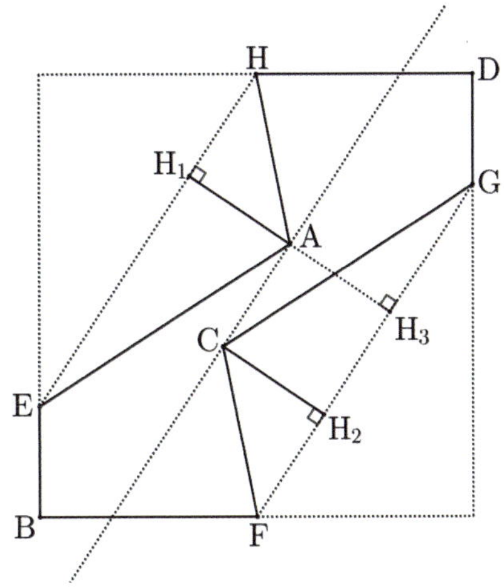

점 A에서 선분 EH에 내린 수선의 발을 H_1, 점 C에서 선분 FG에 내린 수선의 발을 H_2라 하고, 점 H_1에서 선분 FG에 내린 수선의 발을 H_3이라 하자.

삼각형 AEH에서 $3\times2=\overline{AH_1}\times\sqrt{13}$이므로 $\overline{AH_1}=\dfrac{6}{\sqrt{13}}=\overline{CH_2}$이다.

선분 AC가 선분 EH와 평행할 때, 점 A와 점 C 사이의 거리가 최소이므로 $\overline{AH_3}=\dfrac{6}{\sqrt{13}}$이다.

또한 점과 직선 사이의 거리를 이용하면 $\overline{H_1H_3}=\dfrac{8}{\sqrt{13}}$이다.

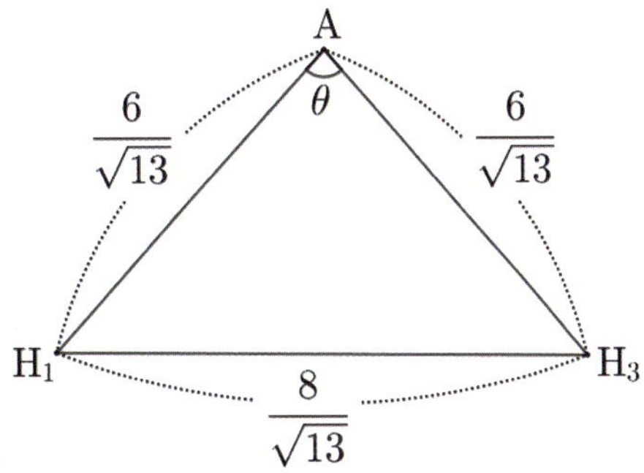

$\angle H_1AH_3=\theta$라 하면 코사인법칙에 의하여 $\cos\theta=\dfrac{1}{9}$이다.

삼각형 AEH의 평면 CGF 위로의 정사영의 넓이는 $3\times\dfrac{1}{9}=\dfrac{1}{3}$이다.

따라서 $p+q=4$이다.

[문제Ⅱ-3]에 제시된 두 그림 중 평면도형 작도하기

[문제Ⅱ-1]에서는 슬라이더를 이용하여 정사각형의 한 변의 길이를 설정하는 방법을 사용하였다. [문제Ⅱ-3]에서는 특정한 한 점에 의존하여 정사각형을 작도함으로써 한 꼭짓점을 움직이면 정사각형의 모든 변의 길이가 결정되도록 설정하여 작도를 하고자 한다.

〈표 Ⅱ-3-1〉 [문제Ⅱ-3]의 평면도형 작도 과정(구성단계 1~13)

구성 단계	도구	작도 과정	화면상의 작도 상태
1 ~ 2		– 두 점 A, B 작도하기 (방법)격자(▦)와 좌표축(⊥)을 설정한 후 두 점 A(0, 4), B(0, 0)을 클릭하여 작도한다. ▸ 명령어를 이용하여 작도할 수도 있다. * 명령어: (0, 4), (0, 0)	
3 ~ 4		– 두 점 B′, A′ 작도하기 (방법)입력창에 아래 명령어를 입력한다. * 명령어: 회전[B,pi/2,A], 회전[A,−pi/2,B] ▸ ‘주어진 크기의 각’ 도구를 이용하여 작도할 수도 있다. 도구를 클릭한 후 회전하고자 하는 점과 회전의 중심이 되는 점을 차례로 클릭하면 아래와 같은 창이 생성된다. 원하는 각도를 입력하고 방향을 설정한 후 확인 버튼을 클릭한다. 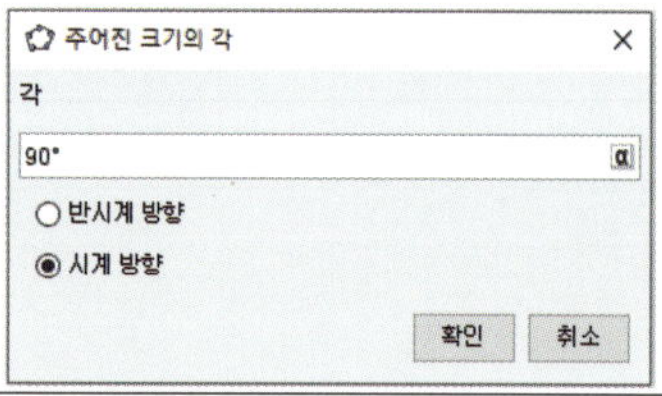 	
5 ~ 8		– 네 선분 AB, BA′, A′B′, B′A 작도하기 (방법)각각의 선분을 구성하는 두 점을 차례로 클릭하여 4개의 선분을 작도한다. ▸ 명령어를 이용하여 작도할 수도 있다. * 명령어: 선분[A,B], 선분[B,A′], 선분[A′,B′], 선분[B′,A]	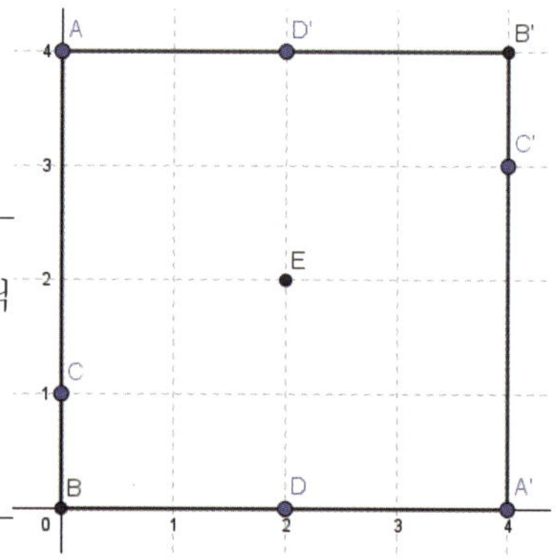
9 ~ 10		– 두 점 C, D 작도하기 (방법)내분점 명령어를 이용하여 작도한다. * 명령어: 1/4A+3/4B, 1/2B+1/2A′ ▸ 점으로부터 대상을 확대( ) 도구와 중점( ) 도구를 이용하여 작도할 수도 있다.	
11		– 두 점 A, A′의 중점 E 작도하기 (방법)두 점 A, A′을 차례로 클릭한다. ▸ 명령어를 이용하여 작도할 수도 있다. * 명령어: 중점[A,A′]	
12 ~ 13		– 두 점 C, D의 점 E에 대한 점대칭 점 C′, D′ 작도하기 (방법) ‘점에 대하여 대칭’ 도구를 클릭한 후, 대칭시키고자 하는 점 C와 점대칭 기준점 E를 차례로 클릭한다. 같은 방법으로 점 D를 대칭시킨다. ▸ 명령어를 이용하여 작도할 수도 있다. * 명령어: 대칭[C,E], 대칭[D,E]	

<표 II-3-1>의 구성단계 13에서 점 A를 클릭하여 움직이면 정사각형의 길이가 점 A의 위치에 의하여 변화되고 결정됨을 확인할 수 있다. 또한 네 점 C, D, C′, D′도 점 A의 위치의 변화에 따라 같이 움직임을 확인할 수 있다.

〈표 II-3-2〉 [문제II-3]의 평면도형 작도 과정(구성단계 14~15)

구성단계	도구	작도 과정	화면상의 작도 상태
		• 격자(▦)와 좌표축(┴)을 모두 보이지 않게 설정하고, '대상 보이기(대상 보이기)' 기능을 활용하여 점 E를 보이지 않게 설정하기 • 여섯 개의 점 A′, B′, C, D, C′, D′의 이름을 오른쪽 그림과 같이 각각 C, D, E, F, G, H로 변경하기 ▸ 변경하고자 하는 점에서 마우스 우클릭을 이용하여 각각의 점들의 설정사항(기본)의 '이름' 란에서 이름을 변경하고, '캡션' 란에 아래와 같이 입력한다. '레이블 보이기'는 캡션으로 설정한다. * 캡션 명령어: $\LARGE\rm{%n}$	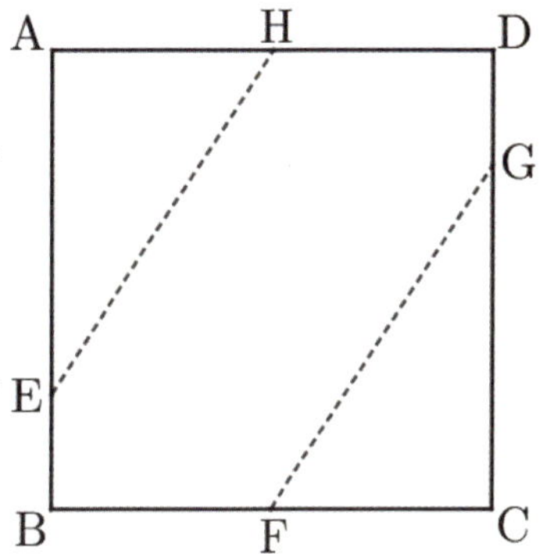
14 ~ 15	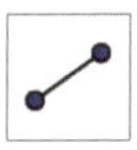	– 두 선분 EH, FG를 작도하고 설정사항(선스타일)에서 점선으로 변경하기 (방법) 각각의 선분을 구성하는 두 점을 차례로 클릭하여 2개의 선분을 작도한다. ▸ 명령어를 이용하여 작도할 수도 있다. * 명령어: 선분[E,H], 선분[F,G]	

[문제II-3]에 제시된 두 그림 중 입체도형 작도하기

입체도형을 작도하기 전에 <표 II-3-2>에서 작도한 평면도형 파일을 복사하여 원본 파일(파일명: 문제II-3_구성단계15_평면도형)은 그대로 보관하고, 복사한 파일에서 새로운 작도를 진행한다.

〈표 II-3-3〉 [문제II-3]의 입체도형 작도 과정(구성단계 16~19)

구성단계	도구	작도 과정	화면상의 작도 상태
16 ~ 17	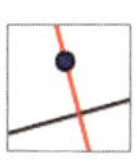	– 점 A를 지나고 선분 EH에 수직인 직선 l과 점 C를 지나고 선분 FG에 수직인 직선 m 작도하기 (방법) 점 A와 선분 EH(j)를 차례로 클릭한다. 점 C와 선분 FG(k)를 차례로 클릭한다. ▸ 명령어를 이용하여 작도할 수도 있다. * 명령어: 수직선[A, j], 수직선[C, k]	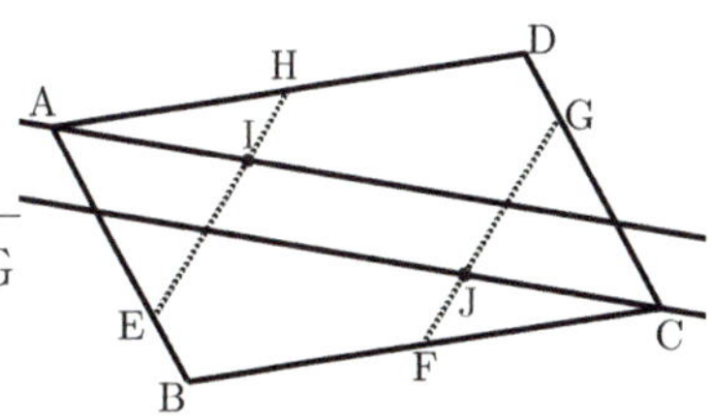
18 ~ 19	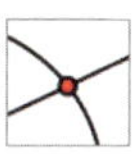	– 직선 l과 선분 EH(j)의 교점 I, 직선 m과 선분 FG(k)의 교점 J 작도하기 (방법) 직선 l과 선분 EH(j)를 차례로 클릭한다. 직선 m과 선분 FG(k)를 차례로 클릭한다. ▸ 명령어를 이용하여 작도할 수도 있다. * 명령어: 교점[l, j], 교점[m, k]	

〈표 Ⅱ-3-4〉 [문제Ⅱ-3]의 입체도형 작도 과정(구성단계 20~25)

구성단계	도구	작도 과정	화면상의 작도 상태
20 ~ 21		- 중심이 I이고 점 A를 지나는 구 a, 중심이 J이고 점 C를 지나는 구 b 작도하기 (방법)점 I와 점 A를 차례로 클릭한다. 점 J와 점 C를 차례로 클릭한다. ▶ 명령어를 이용하여 작도할 수도 있다. * 명령어: 구[I,A], 구[J,C]	
22 ~ 23	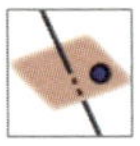	- 점 I를 지나고 선분 EH(j)에 수직인 평면 p와 점 J를 지나고 선분 FG(k)에 수직인 평면 q 작도하기 (방법)점 I와 선분 EH를 차례로 클릭한다. 점 J와 선분 FG를 차례로 클릭한다. ▶ 명령어를 이용하여 작도할 수도 있다. * 명령어: 수직평면[I,j], 수직평면[J,k]	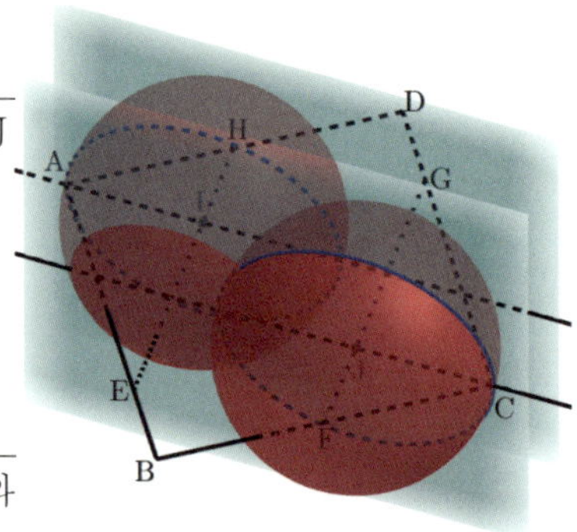
24 ~ 25	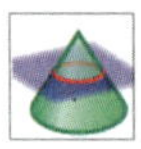	- 구 a와 평면 p가 만나서 생기는 교선(원) c, 구 b와 평면 q가 만나서 생기는 교선(원) d 작도하기 (방법)구 a와 평면 p를 차례로 클릭한다. 구 b와 평면 q를 차례로 클릭한다. ▶ 명령어를 이용하여 작도할 수도 있다. * 명령어: 교선[a, p], 교선[b, q]	

〈그림 Ⅱ-3-1〉 [문제Ⅱ-3]의 입체도형 작도 과정 GeoGebra 화면(구성단계 25)

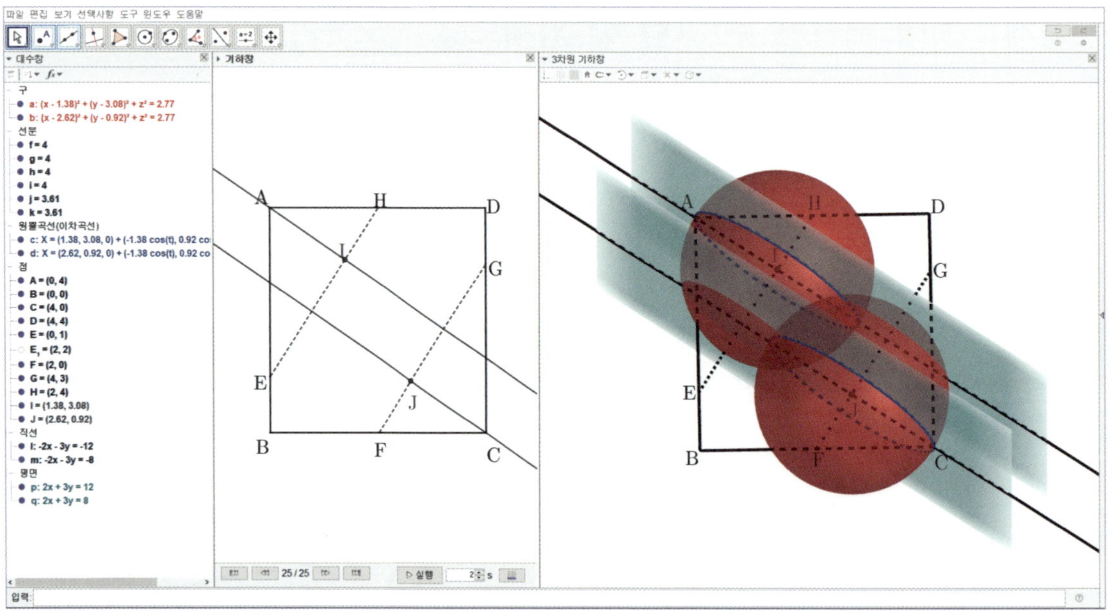

〈표 II-3-5〉 [문제II-3]의 입체도형 작도 과정(구성단계 26~41)

구성단계	도구	작도 과정	화면상의 작도 상태
		• '대상 보이기(대상 보이기)' 기능을 활용하여 두 구 a, b와 두 평면 p, q를 보이지 않게 설정하기	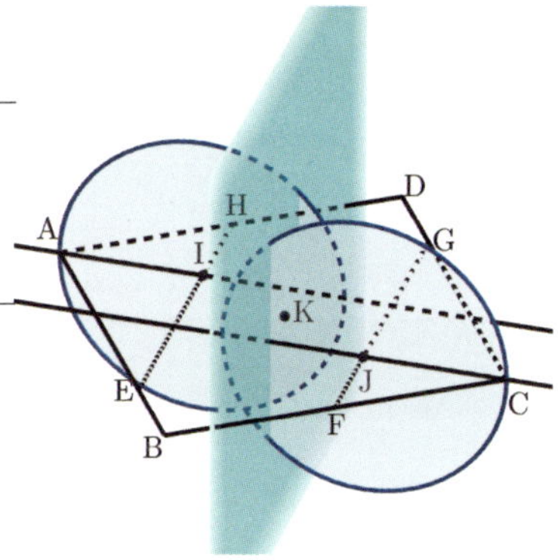
26		- 두 점 I, J의 중점 K 작도하기 (방법)두 점 I, J를 차례로 클릭한다. ▸ 명령어를 이용하여 작도할 수도 있다. * 명령어: 중점[I, J]	
27		- 점 K를 지나고 직선 l(또는 m)에 수직인 평면 r 작도하기 (방법)점 K와 직선 l을 차례로 클릭한다. ▸ 명령어를 이용하여 작도할 수도 있다. * 명령어: 수직평면[K,l]	
28 ~ 29		- 평면 r과 두 원뿔곡선 c, d와의 교점 작도하기 (방법)평면 r과 원뿔곡선 c를 차례로 클릭한다. 평면 r과 원뿔곡선 d를 차례로 클릭한다. ▸ 명령어를 이용하여 작도할 수도 있다. * 명령어: 교점[r, c], 교점[r, d]	
		• '대상 보이기(대상 보이기)' 기능을 활용하여 평면 r, 직선 l과 m, 두 원뿔곡선 c와 d, 세 점 I, J, K를 보이지 않게 설정하기 ▸ 구성단계 28에서 평면 r과 원뿔곡선 c의 교점을 작도하면 두 점 L, M이 생성된다. 여기서 문제 상황에 필요한 점 M 이외에 평면 ABCD에 대칭인 점 L은 '대상 보이기(대상 보이기)' 기능을 활용하여 보이지 않게 설정한다. 같은 방법으로 평면 r과 원뿔곡선 d의 두 교점 중 N도 보이지 않게 설정한다.	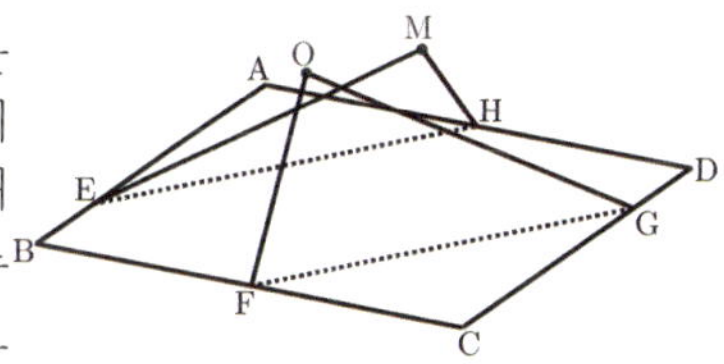
30 ~ 33		- 네 선분 ME, MH, OF, OG 작도하기 (방법)각각의 선분을 구성하는 두 점을 차례로 클릭하여 4개의 선분을 작도한다. ▸ 명령어를 이용하여 작도할 수도 있다. * 명령어: 선분[M,E], 선분[M,H] 선분[O,F], 선분[O,G]	
		• '대상 보이기(대상 보이기)' 기능을 활용하여 네 선분 AB(f), BC(g), CD(h), DA(i)를 보이지 않게 설정하기	
34 ~ 41		- 8개의 선분 AE, EB, BF, FC, CG, GD, DH, HA를 작도하고, 네 선분 AE, FC, CG, HA는 설정사항(선스타일)에서 점선으로 변경하기 (방법)각각의 선분을 구성하는 두 점을 차례로 클릭하여 8개의 선분을 작도한다. ▸ 명령어를 이용하여 작도할 수도 있다. * 명령어: 선분[A,E], 선분[E,B] 등	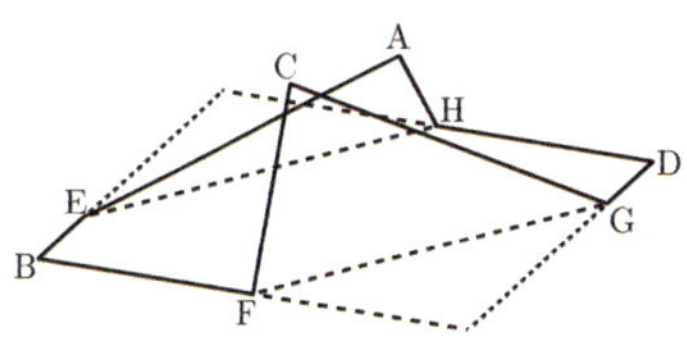
		• '대상 보이기(대상 보이기)' 기능을 활용하여 두 점 A, C를 보이지 않게 설정하고, 두 점 M, O의 이름을 각각 A, C로 변경하고 캡션 설정하기 ▸ 두 점 M, O의 이름을 먼저 변경하면 기존의 두 점 A, C의 이름이 각각 A_1, C_1로 자동 변경되는 것을 확인할 수 있다.	

[문제Ⅱ-3] 정답 확인하기

정사영의 넓이를 확인하기 전에 <표 Ⅱ-3-5>에서 작도한 입체도형 파일을 복사하여 원본 파일은 그대로 저장(파일명: 문제Ⅱ-3_구성단계41_입체도형)하여 보관하고, 복사한 파일에서 새로운 작도를 진행한다.

<표 Ⅱ-3-6> [문제Ⅱ-3]의 정사영의 넓이 확인 과정(구성단계 42~50)

구성단계	도구	작도 과정	화면상의 작도 상태
42	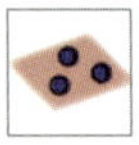	– 세 점 C, F, G를 지나는 평면 작도하기 (방법)평면을 구성하는 세 점 C, F, G를 차례로 클릭한다. ▸ 명령어를 이용하여 작도할 수도 있다. * 명령어: 평면[C,F,G]	
43 ~ 44	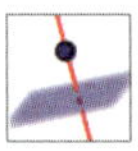	– 삼각형 AEH의 평면 CFG 위로의 정사영을 작도하기 위하여 두 점 E, H를 지나고 평면 p_1에 수직인 두 직선 n_1, q_1 작도하기 (방법)점 E와 평면 p_1을 차례로 클릭하여 직선 n_1을, 점 H와 평면 p_1을 차례로 클릭하여 직선 q_1을 작도한다. ▸ 명령어를 이용하여 작도할 수도 있다. * 명령어: 수직선[E,p_1], 수직선[H,p_1]	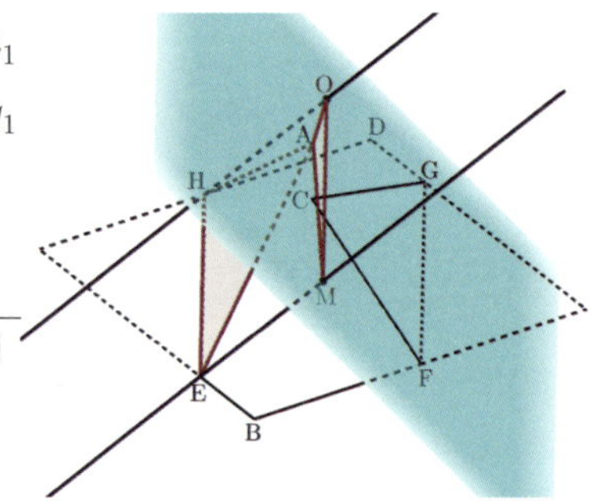
45 ~ 46		– 두 직선 n_1, q_1과 평면 p_1의 두 교점 M, O 작도하기 (방법)직선 n_1과 평면 p_1을 차례로 클릭한다. 직선 q_1과 평면 p_1을 차례로 클릭한다. ▸ 명령어를 이용하여 작도할 수도 있다. * 명령어: 교점[n_1, p_1], 교점[q_1, p_1]	
47 ~ 48	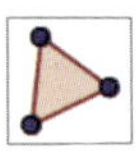	– 삼각형 AEH와 삼각형 AEH의 평면 CFG 위로의 정사영인 삼각형 AMO 작도하기 (방법)두 삼각형 AEH, AMO을 구성하는 세 점을 차례로 클릭한다. ▸ 명령어를 이용하여 작도할 수도 있다. * 명령어: 다각형[A,E,H], 다각형[A,M,O]	
49 ~ 50		– 두 삼각형 AEH, AMO의 넓이 확인하기 ▸ 두 삼각형 AEH, AMO의 넓이는 이미 대수창에서 다음과 같이 확인할 수 있다. 삼각형 t1 = 3 t2 = 0.33 ▸ 무리수화(또는 분수화) 명령어를 이용하면 두 삼각형의 넓이가 기하창에 나타난다. * 명령어: 무리수화[t1], 무리수화[t2][9]	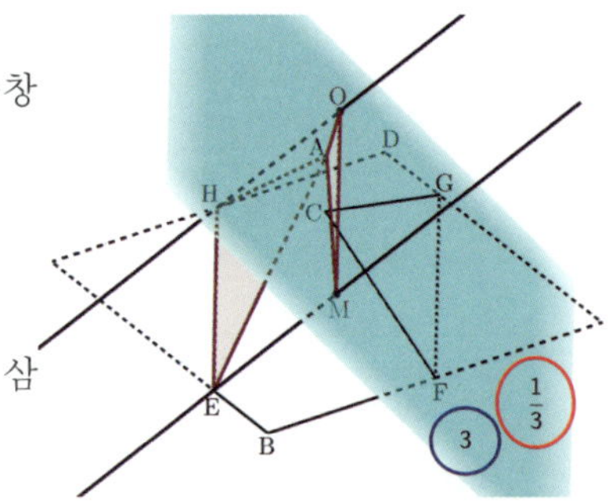

9) [문제Ⅱ-3]의 문제 상황에서 정사영(삼각형 AMO)의 넓이가 유리수이기 때문에 무리수화 명령어가 아닌 분수화 명령어를 사용하는 것도 가능하다.

<표 II-3-6>에서 [문제 II-3]의 정사영의 넓이를 확인하였다. 이제 두 평면이 이루는 이면각의 크기를 α로 설정하고 $\cos\alpha$의 값을 확인해 보자. <표 II-3-6>에서 작도한 입체도형 파일을 복사하여 원본 파일은 그대로 저장(파일명: 문제 II-3_구성단계50_입체도형)하여 보관하고, 복사한 파일에서 새로운 작도를 진행한다.

〈표 II-3-7〉 [문제 II-3]의 이면각의 크기 확인 과정(구성단계 51~57)

구성단계	도구	작도 과정	화면상의 작도 상태
		• <표 II-3-6>의 구성단계 42에서 작도한 평면 p_1은 '대상 보이기(대상 보이기)' 기능을 활용하여 보이지 않게 설정하고 <표 II-3-4>의 구성단계 22 작도한 평면 p는 보이게 설정하기 평면 ○ p: 2x + 3y = 12 ● p_1: 3.72x - 2.48y + 4z = 7.44 ➡ 평면 ● p: 2x + 3y = 12 ○ p_1: 3.72x - 2.48y + 4z = 7.44	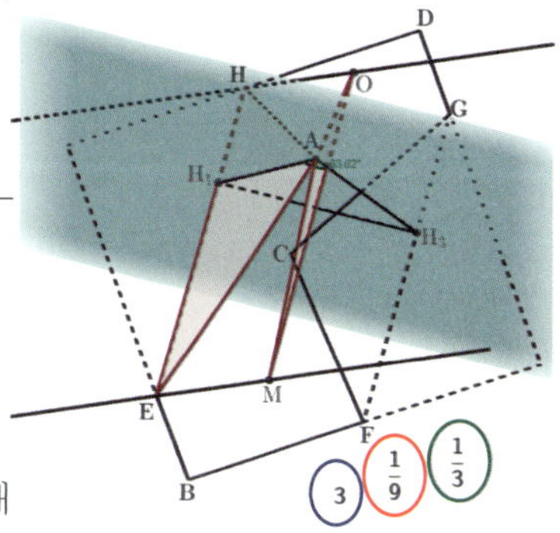
51 ~ 52	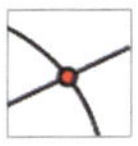	- 평면 p와 두 선분 EH, FG가 만나는 두 점 작도하기 (방법)평면 p와 선분 EH(j)를 차례로 클릭한다. 평면 p와 선분 FG(k)를 차례로 클릭한다. ▸ 명령어를 이용하여 작도할 수도 있다. * 명령어: 교점[p, j], 교점[p, k] ▸ 두 교점은 각각 P, Q로 명명되지만, 문항의 해설에 제시된 그림과 일치시키기 위하여 이름을 각각 H_1, H_3으로 변경한다.	
53 ~ 55		- 세 선분 AH_1, AH_3, H_1H_3 작도하기 (방법)각각의 선분을 구성하는 두 점을 차례로 클릭하여 3개의 선분을 작도한다. ▸ 명령어를 이용하여 작도할 수도 있다. * 명령어: 선분[A,H_1], 선분[A,H_3], 선분[H_1,H_3]	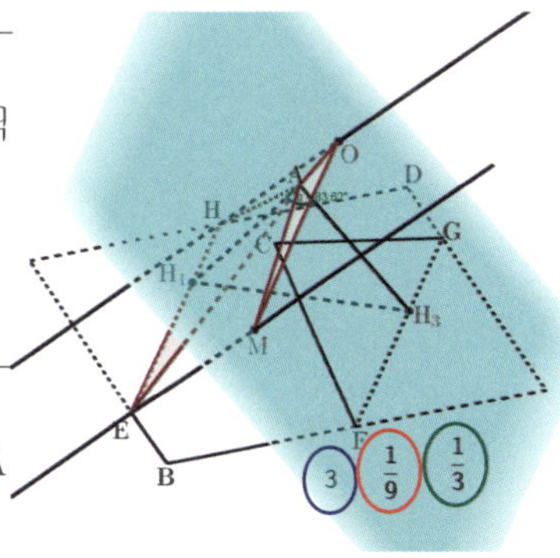
56	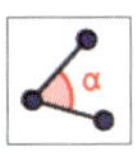	- $\angle H_1AH_3(\alpha)$ 작도하기 (방법)각을 구성하는 세 점을 차례로 클릭한다. 점 A는 반드시 두 번째로 클릭한다. ▸ 명령어를 이용하여 작도할 수도 있다. * 명령어: 각[H_1,A,H_3]	
57		- 두 평면 AEH, CGF가 이루는 이면각의 크기 확인하기 ▸ $\angle H_1AH_3(\alpha)$의 크기는 이미 대수창에서 다음과 같이 확인할 수 있다. 각 ● $\alpha = 83.62°$ ▸ 무리수화 명령어를 이용하면 $\angle H_1AH_3(\alpha)$에 대한 cos값 $\frac{1}{9}$이 기하창에 나타난다. * 명령어: 무리수화[cos(α)]	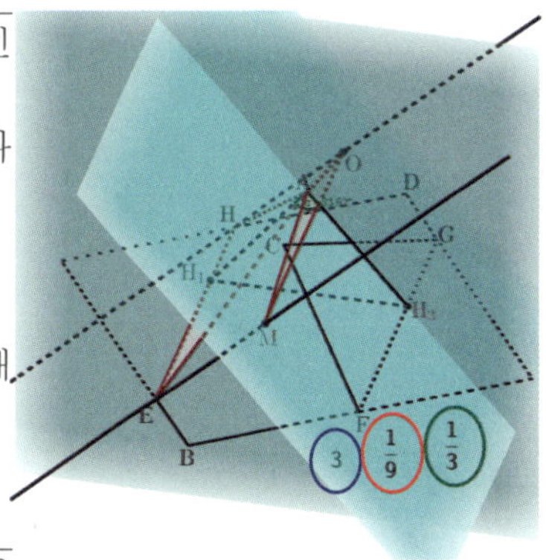
		• 오른쪽 캡처 화면에서 세 가지 그림은 위쪽부터 각각 평면 p만 보이게 설정한 경우, 평면 p_1만 보이게 설정한 경우, 두 평면 모두 보이게 설정한 경우이다.	

[문제Ⅱ-3]에서 점 A의 위치에 따른 변화 확인하기

[문제Ⅱ-1]과 [문제Ⅱ-2]에서는 정다각형의 한 변의 길이를 슬라이더를 이용하여 설정한 후 슬라이더의 값에 따른 변화를 확인하였다. [문제Ⅱ-3]에서 두 점 A, B 작도 시 초기 설정값을 각각 $(0,4)$, $(0,0)$으로 설정하고, 정사각형의 또 다른 두 점 C, D를 두 점 A, B에 의존하여 작도하였기 때문에 점 A를 클릭하여 움직임으로써 정사각형의 한 변의 길이를 자유롭게 조정할 수 있다.

격자(▦)와 좌표축(⊥)을 설정한 후, 〈표 Ⅱ-3-7〉까지 완성한 파일에서 '대상 보이기(대상 보이기)' 기능을 활용하여 점 $A_1(0, 4)$[10]을 보이게 설정한다. 이제 〈표 Ⅱ-3-8〉과 같이 점 A_1의 위치에 따라 $\cos\alpha$의 값은 변하지 않지만, 삼각형 AEH의 넓이와 그 정사영의 넓이가 변함을 확인할 수 있다.

〈표 Ⅱ-3-8〉 점 $A(A_1)$에 위치에 따른 이면각의 크기와 정사영의 넓이

점 A의 위치	3차원 기하창 화면	삼각형 AEH의 넓이	$\cos\alpha$	정사영의 넓이
$A(0,6)$	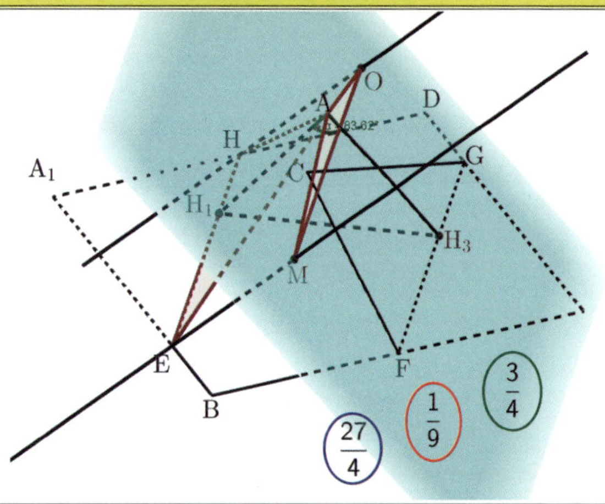	$\frac{27}{4}$	$\frac{1}{9}$	$\frac{3}{4}$
$A(0,8)$	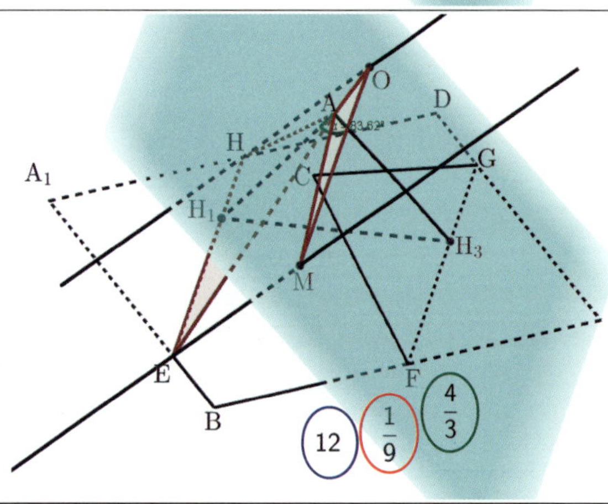	12	$\frac{1}{9}$	$\frac{4}{3}$

10) 〈표 Ⅱ-3-5〉의 구성단계 41 이후 새로운 점 M의 이름을 A로 변경하였기 때문에 기존의 점 A의 이름이 A_1로 변경된 상태이다.

[문제Ⅱ-3]에서 두 점 E, F의 위치에 따른 변화 확인하기

[문제Ⅱ-3]에서 두 점 E, F는 각각 두 선분 AB, BC의 내분점이다. 정사각형 ABCD의 한 변의 길이 뿐만 아니라 두 점 E, F의 위치까지 조정하며 삼각형 AEH의 넓이와 그 정사영의 넓이의 변화를 확인해 보자.

<표 Ⅱ-3-1>의 구성단계 12~13에서 두 점 G(C′), H(D′)는 각각 두 점 E(C), F(D)를 정사각형의 중심에 대칭이 되도록 작도하였기 때문에 두 점 G, H는 두 점 E, F의 위치에 의하여 자동적으로 결정되어진다. <표 Ⅱ-3-8>에서는 점 A_1의 위치에 따라 삼각형 AEH의 넓이와 그 정사영의 넓이에만 변화가 존재하지만, <표 Ⅱ-3-9>에서는 두 점 E, F의 위치의 변화가 $\cos\alpha$의 값까지 변화시킴을 확인할 수 있다. 예를 들어, 현재 점 E는 두 점 A_1, B를 3:1로 내분하는 점이다. 대수창에서 점 E를 더블 클릭하거나 마우스 우클릭을 이용하면 <그림 Ⅱ-3-2>와 같이 재정의 창과 설정사항을 확인할 수 있다. 두 개의 창 중 하나에서 내분점의 수치를 조정할 수 있다.

<그림 Ⅱ-3-2> 점 E의 재정의 창과 설정사항

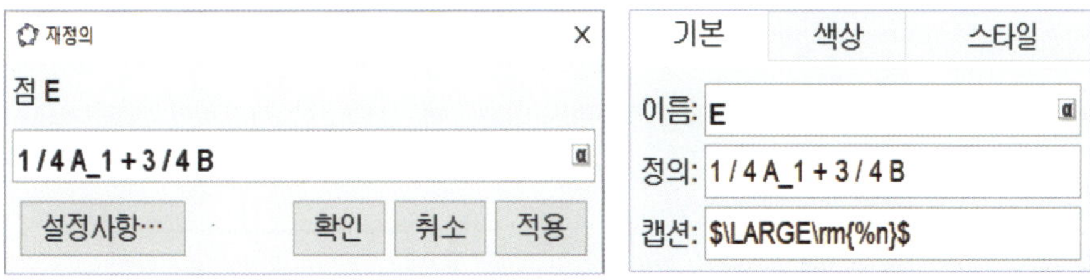

<표 Ⅱ-3-9> 세 점 A, E, F에 따른 $\cos\alpha$의 값과 정사영의 넓이의 변화

A(0,6), E(0,3), F(1,0)	A(0,5), E(0,1), F(2,0)
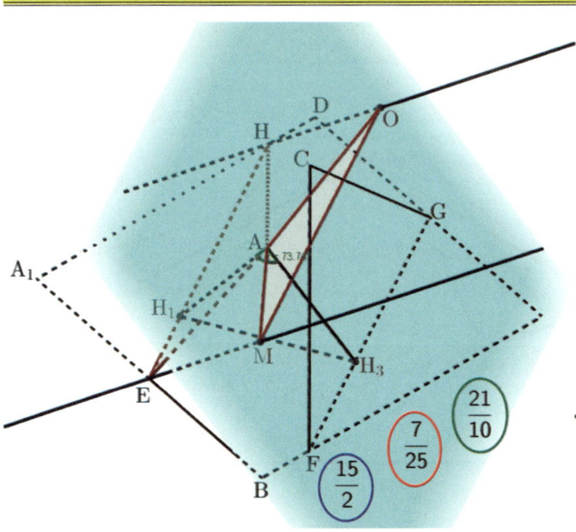	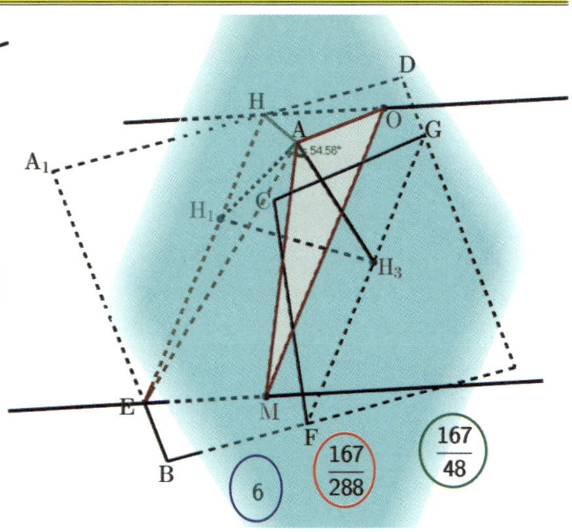

답이 간단하다고 하여 계산 과정이 간단하다고 단정할 수는 없으므로 문항을 완성하기 위해서는 반드시 학생의 입장에서 계산을 해보는 것이 바람직할 것이다. 〈표 Ⅱ-3-9〉의 왼쪽 상황은 정사각형의 한 변의 길이가 6일 때, 중점(E)과 1:5로 내분하는 점(F)으로 설정한 상황이고, 〈표 Ⅱ-3-9〉의 오른쪽 상황은 정사각형의 한 변의 길이가 5일 때, 4:1로 내분하는 점(E)과 2:3으로 내분하는 점(F)으로 설정한 상황이다. 〈표 Ⅱ-3-9〉의 두 상황을 〈표 Ⅱ-3-10〉과 같이 문항으로 재구성할 수 있다.

〈표 Ⅱ-3-10〉 세 점 A, E, F의 위치에 따른 [문제Ⅱ-3]의 재구성

<table>
<tr><th>A(0,6), E(0,3), F(1,0)</th><th>A(0,5), E(0,1), F(2,0)</th></tr>
<tr><td>그림과 같이 한 변의 길이가 6인 정사각형 ABCD 모양의 종이가 있다. 두 선분 AB, CD의 중점을 각각 E, G라 하고, 두 선분 BC, DA를 1:5로 내분하는 점을 각각 F, H라 하자.
이 종이에서 두 선분 EH, FG를 접는 선으로 하여 점 A와 점 C 사이의 거리가 최소가 되도록 두 삼각형 AEH, CGF를 접어 올렸을 때, 삼각형 AEH의 평면 CGF 위로의 정사영의 넓이는 $\frac{q}{p}$이다. $p+q$의 값을 구하시오. (단, 종이의 두께는 고려하지 않으며, p와 q는 서로소인 자연수이다.)
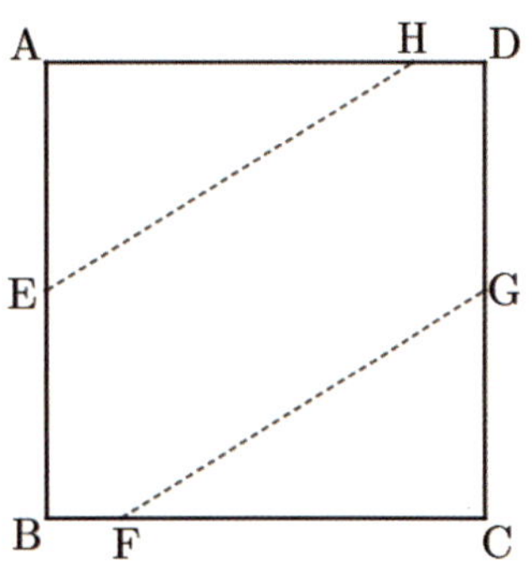

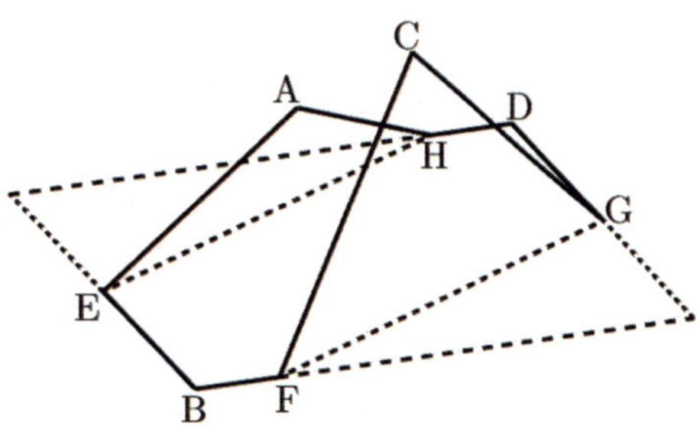
</td><td>그림과 같이 한 변의 길이가 5인 정사각형 ABCD 모양의 종이가 있다. 두 선분 AB, CD를 4:1로 내분하는 점을 각각 E, G라 하고, 두 선분 BC, DA를 2:3으로 내분하는 점을 각각 F, H라 하자.
이 종이에서 두 선분 EH, FG를 접는 선으로 하여 점 A와 점 C 사이의 거리가 최소가 되도록 두 삼각형 AEH, CGF를 접어 올렸을 때, 삼각형 AEH의 평면 CGF 위로의 정사영의 넓이는 $\frac{q}{p}$이다. $p+q$의 값을 구하시오. (단, 종이의 두께는 고려하지 않으며, p와 q는 서로소인 자연수이다.)
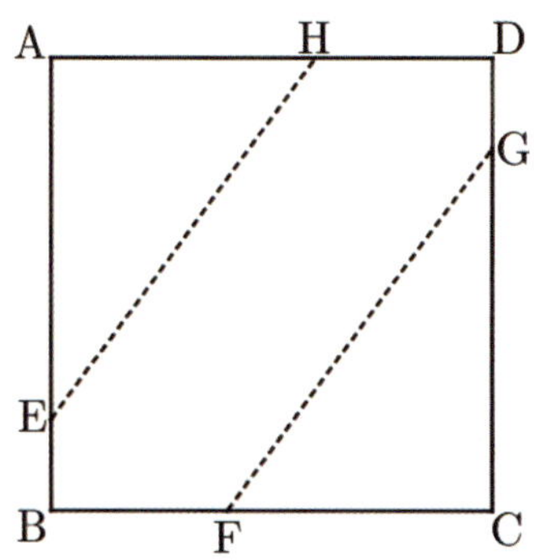

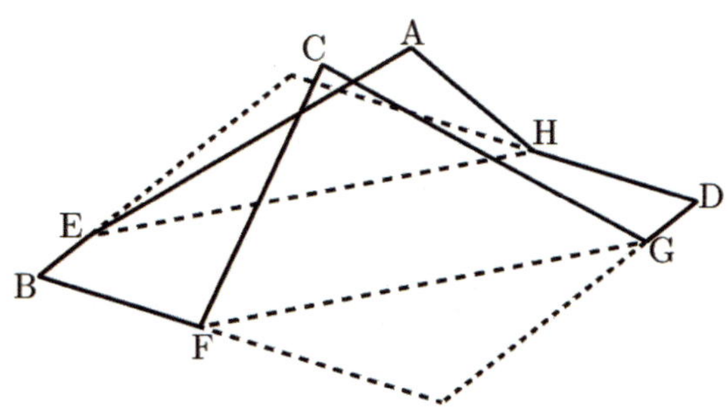
</td></tr>
</table>

[문제II-3] 교수·학습 상황에서 최단거리 시뮬레이션하기

[문제II-3]에 대한 교수·학습 상황에서 최단거리가 되는 두 점 A와 C에 대한 학생들의 이해도를 증진시킬 수 있는 방법을 소개하고자 한다. [문제II-3]에 제시된 입체도형 제작을 위해 사용된 파일(파일명: 문제II-3_구성단계41_입체도형)을 다시 복사하여 보관하고, 복사한 파일에서 새로운 작도를 진행한다.

〈표 II-3-11〉 [문제II-3]의 상황 시뮬레이션을 위한 추가 작도 과정(구성단계 42~47)

구성단계	도구	작도 과정	화면상의 작도 상태
		• '대상 보이기(대상 보이기)' 기능을 활용하여 두 원뿔곡선 c, d를 보이게 설정하기	
42 ~ 43		- 두 원뿔곡선(원) c, d 위에 두 점 작도하기 (방법)원뿔곡선 c를 클릭하여 점 M을 작도하고, 원뿔곡선 d를 클릭하여 점 O를 작도한다. ▸ 명령어를 이용하여 작도할 수도 있다. * 명령어: 점[c], 점[d]	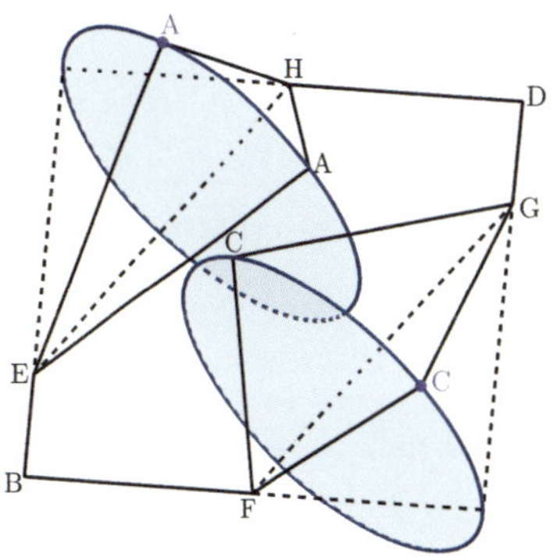
44 ~ 47		- 네 선분 ME, MH, OF, OG 작도하기 (방법)각각의 선분을 구성하는 두 점을 차례로 클릭하여 4개의 선분을 작도한다. ▸ 명령어를 이용하여 작도할 수도 있다. * 명령어: 선분[M,E], 선분[M,H], 선분[O,F], 선분[O,G]	
		• 두 점 M, O의 이름을 오른쪽 그림과 같이 A, C로 변경하기 ▸ 변경하고자 하는 점에서 '캡션' 란에 아래와 같이 각각 입력한다. '레이블 보이기'는 캡션으로 설정한다. * 캡션 명령어: $\LARGE\rm{A}$ $\LARGE\rm{C}$	

기존에 사용한 캡션 명령어 '$\LARGE\rm{%n}$'은 설정사항의 이름란에 명시된 대상의 고유 이름을 그대로 유지하며 글자체를 변경하는 것이다. 그러나 〈표 II-3-11〉에서 사용되는 캡션 명령어 '$\LARGE\rm{A}$'은 기존의 속성(대수창의 이름)은 그대로 유지하며 기하창에 표시되는 이름만을 변경하는 캡션 명령어이다. 예를 들어, 점 M은 〈그림 II-3-3〉의 대수창에 보여지는 것처럼 그대로 점 M으로 나타나지만 기하창에는 점 A로 나타남을 확인할 수 있다.

〈표 II-3-11〉에서 작성한 GeoGebra 파일을 이용하여 최단거리가 되는 두 점 A와 C의 위치를 학생들에게 〈표 II-3-12〉와 같이 다양한 투영 각도에서 시각적으로 제시해 주는 것이 가능하다.

〈그림 Ⅱ-3-3〉 [문제Ⅱ-3]의 입체도형 작도 과정 GeoGebra 화면(구성단계 47)

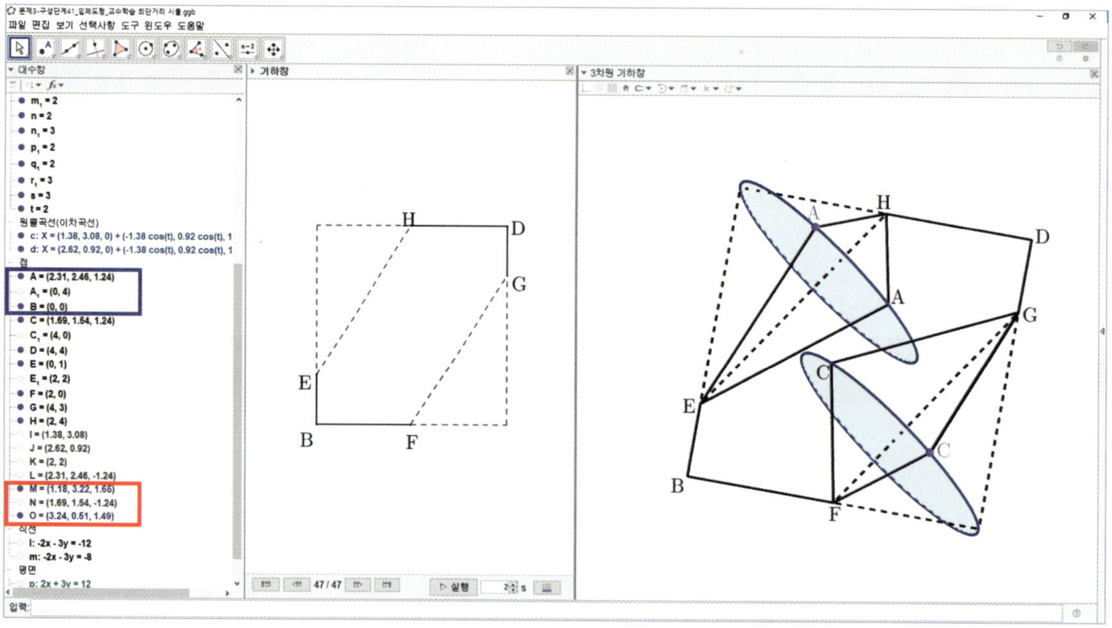

GeoGebra를 활용한 교수 · 학습 상황 또는 문항을 제작하는 과정에서 3차원 입체도형의 제시 방향은 3차원 기하창 회전() 도구와 기하창 이동() 도구를 이용하여 제작자가 대상을 회전 또는 평행이동하면서 원하는 투영 방향으로 설정할 수 있다. 3차원 기하창에서 기하창 이동() 도구를 클릭한 후 3차원 기하창을 클릭하면 화면의 상하() 이동과 좌우() 이동을 위한 아이콘이 나타나며, 클릭 시마다 교대로 아이콘은 변경된다.

〈표 Ⅱ-3-12〉 [문제Ⅱ-3]의 최단거리 시뮬레이션하기

초기 정사각형 ABCD에 수직이 되도록 투영	두 원뿔곡선 c, d에 수직이 되도록 투영
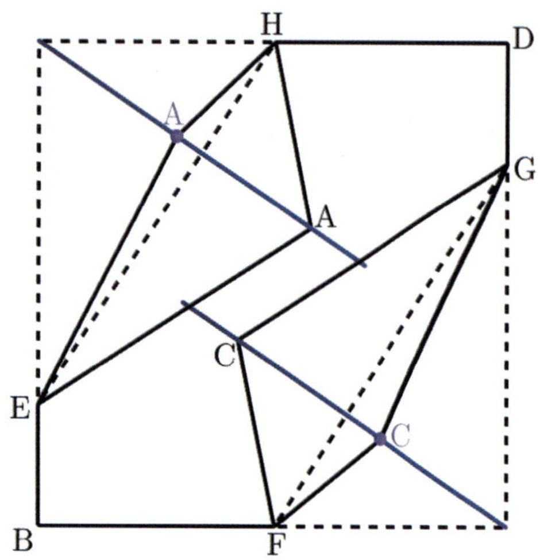	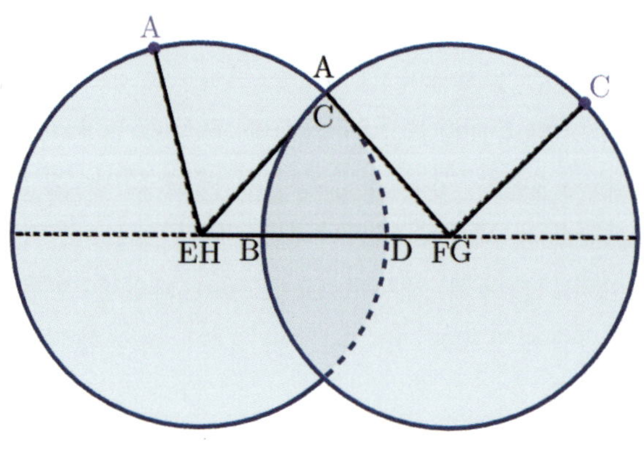

문제Ⅱ-4

그림과 같이 한 변의 길이가 $4\sqrt{3}$인 정삼각형 BCD를 밑면으로 하고 세 모서리 AB, AC, AD의 길이가 각각 $8\sqrt{3}$인 삼각뿔 ABCD가 있다.
점 B를 중심으로 하고 반지름의 길이가 $4\sqrt{3}$인 구가 세 모서리 AB, AC, AD와 만나는 점을 각각 P, Q, R라 할 때, 삼각형 BCD의 평면 PQR 위로의 정사영의 넓이는 $\frac{q}{p}\sqrt{31}$이다. $p+q$의 값을 구하시오. (단, p와 q는 서로소인 자연수이다.)

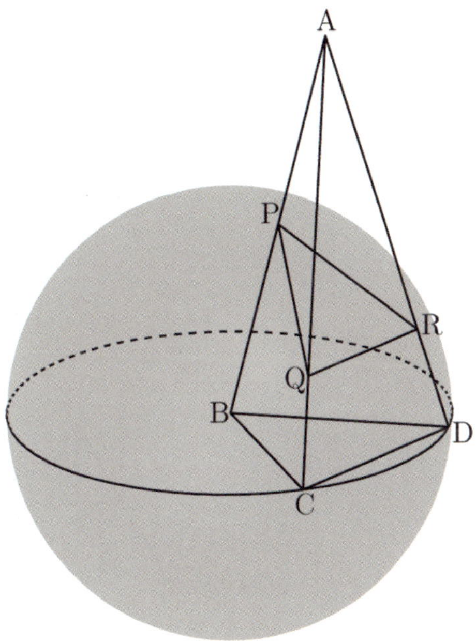

해설

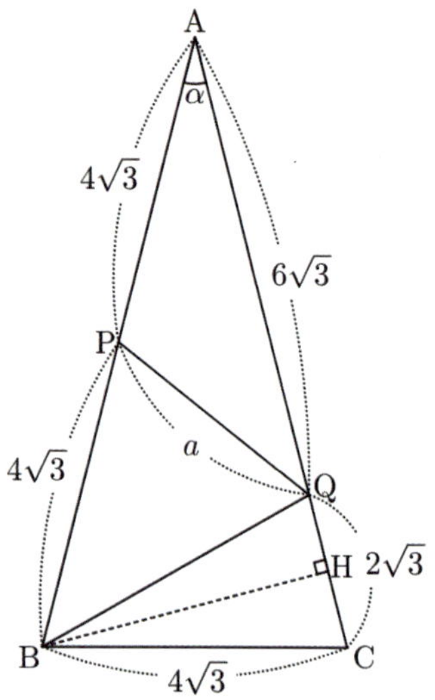

삼각형 ABC에서 $\angle BAC=\alpha$라 하면

$\overline{AB}=\overline{AC}=8\sqrt{3}$, $\overline{BC}=4\sqrt{3}$ 이므로 $\cos\alpha=\dfrac{7}{8}$ 이다.

두 삼각형 ABC와 BCQ가 닮음이므로 $\overline{QC}=2\sqrt{3}$ 이고, 삼각형 APQ에서 $\overline{PQ}=a$라 하면 코사인법칙에 의하여

$$\frac{7}{8}=\frac{(4\sqrt{3})^2+(6\sqrt{3})^2-a^2}{2\times4\sqrt{3}\times6\sqrt{3}},$$
$$a=\sqrt{30}$$

이다.

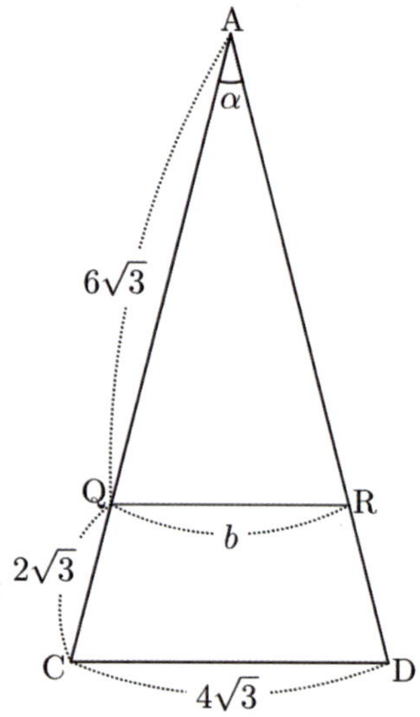

두 삼각형 ACD와 AQR가 닮음이므로 $\overline{QR}=b$라 하면

$$8\sqrt{3}:4\sqrt{3}=6\sqrt{3}:b,\ b=3\sqrt{3}$$

이다.

삼각형 PQR에서 선분 QR의 중점을 M이라 하면 피타고라스 정리에 의하여 $\overline{PM}=\dfrac{\sqrt{93}}{2}$ 이다.

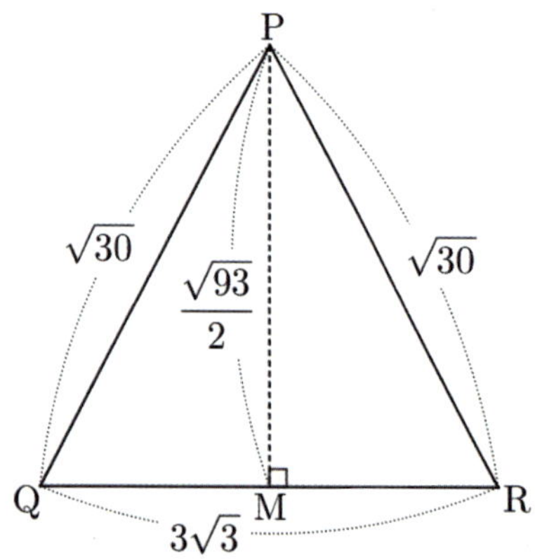

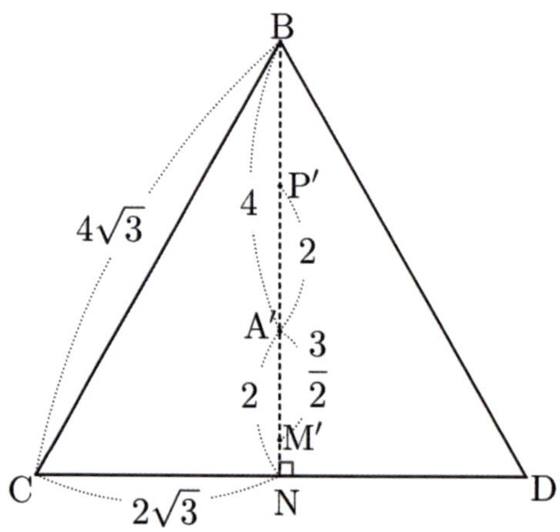

세 점 A, P, M의 평면 BCD 위로의 정사영을 각각 A′, P′, M′이라 하면, $\overline{A'P'}=2$, $\overline{A'M'}=\dfrac{3}{2}$ 이므로 $\overline{P'M'}=\dfrac{7}{2}$ 이다. 두 평면 BCD, PQR이 이루는 각을 β라 하면

$\cos\beta=\dfrac{\frac{7}{2}}{\frac{\sqrt{93}}{2}}=\dfrac{7}{\sqrt{93}}$ 이다. 그러므로 삼각형 BCD의 평면 PQR 위로의 정사영의 넓이는

$12\sqrt{3}\times\dfrac{7}{\sqrt{93}}=\dfrac{84}{31}\sqrt{31}$ 이다. 따라서 $p+q=115$ 이다.

(별해) 세 점 A, B, N을 지나는 평면의 단면을 이용하여 풀이할 수 있다.

[문제II-4]에 제시된 입체도형 작도하기

〈표 II-4-1〉 [문제II-4]의 입체도형 작도 과정(구성단계 1~8)

구성단계	도구	작도 과정	화면상의 작도 상태
1 ~ 2		- 중심이 원점이고 반지름의 길이가 $4\sqrt{3}$ 인 원 c 작도하기 (방법)원점에 중심을 클릭하면 점 A가 작도되고 동시에 아래와 같이 반지름 입력창이 생성된다. 입력창에 반지름의 길이를 4sqrt(3)이라 입력한다.  ▸ 명령어를 이용하여 작도할 수도 있다. * 명령어: 원[A, 4sqrt(3)] ▸ [문제II-1]과 [문제II-2]에서 정사각형의 한 변의 길이를 슬라이더를 이용하여 설정한 것과 같이 반지름의 길이를 슬라이더를 이용하여 설정할 수도 있다. ▸ 대수창에서 원 c를 더블 클릭하면 아래와 같이 재정의 창이 나타난다. 여기서 반지름의 길이를 재정의할 수도 있다. 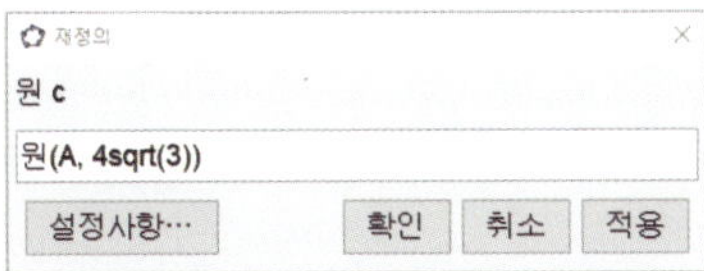	
3		- 원 c 위에 임의의 점 작도하기 (방법)원 c를 클릭하여 임의의 점 B를 작도한다. ▸ 명령어를 이용하여 작도할 수도 있다. * 명령어: 점[c]	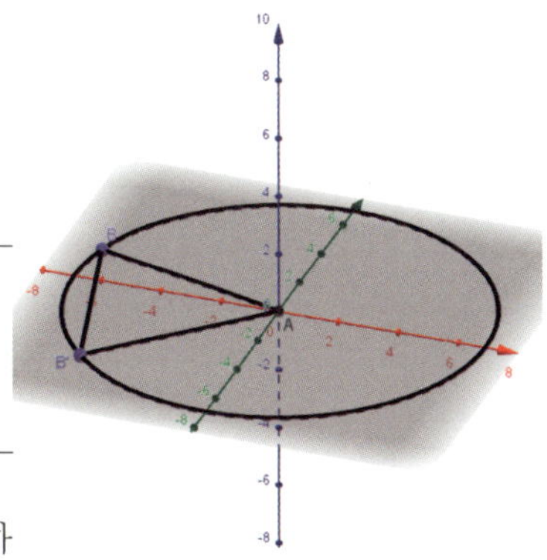
4 ~ 5	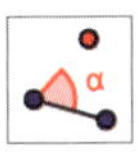	- 점 B를 60° 회전한 점 B′ 작도하기 (방법) '주어진 크기의 각' 도구를 클릭하고 회전하고자 하는 점과 회전의 중심이 되는 점을 차례로 클릭하면 아래와 같은 창이 생성된다. 원하는 각도를 입력하고 방향을 설정한 후 확인 버튼을 클릭한다. 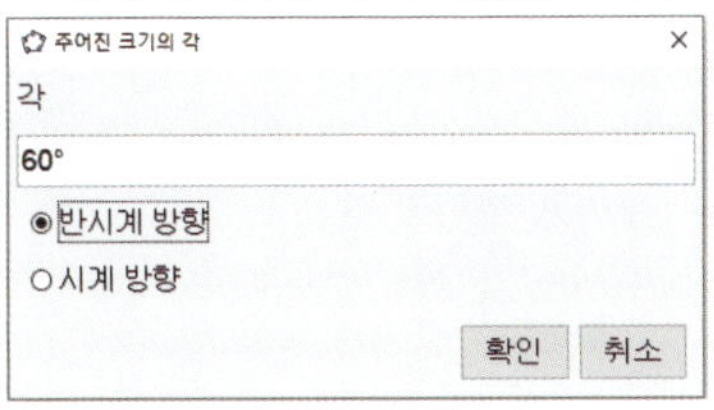 ▸ 명령어를 이용하여 작도할 수도 있다. * 명령어: 회전[B,60°,A] 또는 회전[B,pi/3,A]	
6 ~ 8	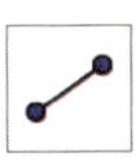	- 세 선분 AB, BB′, B′A 작도하기 (방법)각각의 선분을 구성하는 두 점을 차례로 클릭하여 3개의 선분을 작도한다. ▸ 명령어를 이용하여 작도할 수도 있다. * 명령어: 선분[A,B], 선분[B,B′], 선분[B′,A]	

〈표 Ⅱ-4-2〉 [문제Ⅱ-4]의 입체도형 작도 과정(구성단계 9~16)

구성 단계	도구	작도 과정	화면상의 작도 상태
9		– 세 점 A, B, B′을 지나는 원 d 작도하기 (방법)세 점 A, B, B′을 차례로 클릭한다. ▸ 명령어를 이용하여 작도할 수도 있다. * 명령어: 원[A,B,B′]	
10		– 원 d의 중심 C 작도하기 (방법)원 d 클릭한다. ▸ 명령어를 이용하여 작도할 수도 있다. * 명령어: 중심[d] ▸ 중심 C가 삼각형 ABB′의 무게중심이므로 구성단계 9~10을 명령어를 이용하여 한 번에 실행할 수 있다. * 명령어: (A+B+B')/3	
11	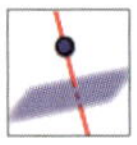	– 점 C를 지나고 xy평면에 수직인 직선 i 작도하기 (방법)점 C와 xy평면을 차례로 클릭한다. ▸ 명령어를 이용하여 작도할 수도 있다. * 명령어: 수직선[C, xOy평면]	
12		– 중심이 A이고 반지름의 길이가 $8\sqrt{3}$인 구 a 작도하기 (방법)점 A에 중심을 클릭하면 아래와 같이 반지름 입력창이 생성된다. 입력창에 반지름의 길이를 $2f$(선분 AB의 길이의 2배)라 입력한다.  ▸ 명령어를 이용하여 작도할 수도 있다. * 명령어: 구[A,$2f$] ▸ 반지름 입력창에 8sqrt(3)이라 입력하는 것도 가능하다. 그러나 입력창에 $2f$라 입력한 이유는 추후 밑면의 삼각형의 길이를 변화시킬 때 모선의 길이가 자동으로 변할 수 있도록 하기 위함이다.	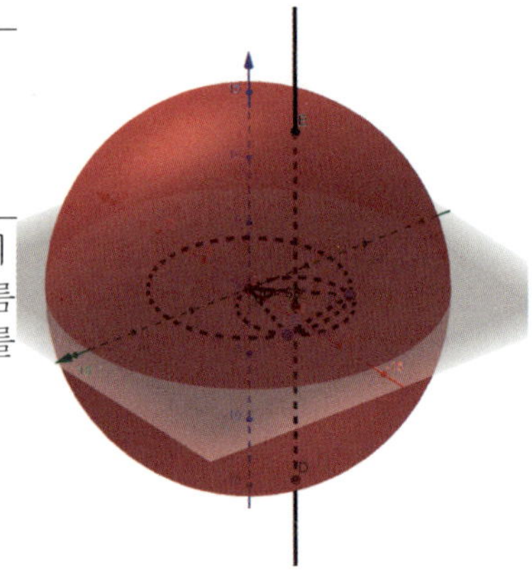
13		– 직선 i와 구 a의 두 교점 D, E 작도하기 (방법)직선 i와 구 a를 차례로 클릭한다. ▸ 명령어를 이용하여 작도할 수도 있다. * 명령어: 교점[i,a]	
		• ‘3차원 기하창’에서 마우스의 우클릭을 이용하여 3차원 좌표축( )과 xy 평면( )을 보이지 않게 설정하기 • ‘대상 보이기(대상 보이기)’ 기능을 활용하여 각 α, 구 a, 원뿔곡선 d, 직선 i, 두 점 C, D를 보이지 않게 설정하기 • 네 점 A, B, B′, E의 이름을 오른쪽 그림과 같이 B, C, D, A로 변경하기 ▸ 변경하고자 하는 점에서 마우스 우클릭을 이용하여 각각의 점들의 설정사항(기본)의 ‘이름’ 란에서 이름을 변경하고, ‘캡션’ 란에 아래와 같이 입력한다. ‘레이블 보이기’는 캡션으로 설정한다. * 캡션 명령어: $\LARGE\rm{%n}$	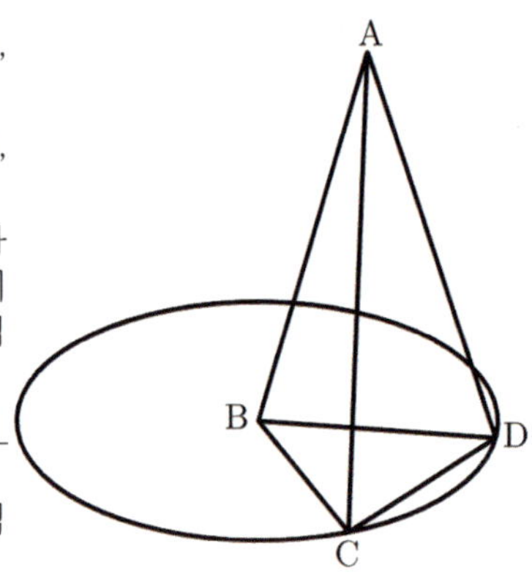
14 ~ 16	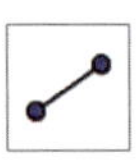	– 세 선분 AB, AC, AD 작도하기 (방법)각각의 선분을 구성하는 두 점을 차례로 클릭하여 3개의 선분을 작도한다. ▸ 명령어를 이용하여 작도할 수도 있다. * 명령어: 선분[A,B], 선분[A,C], 선분[A,D]	

〈표 II-4-3〉 [문제II-4]의 입체도형 작도 과정(구성단계 17~23)

구성단계	도구	작도 과정	화면상의 작도 상태
17		- 중심이 B이고 점 C를 지나는 구 b 작도하기 (방법)점 B와 점 C를 차례로 클릭한다. ▸ 명령어를 이용하여 작도할 수도 있다. * 명령어: 구[B,C]	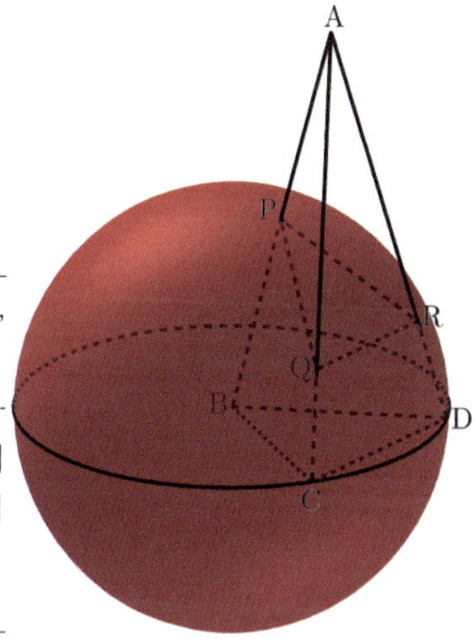
18 ~ 20		- 구 b와 세 선분 AB, AC, AD의 세 교점 작도하기 (방법)구 b와 선분 AB(j)를 차례로 클릭한다. 구 b와 선분 AC(k)를 차례로 클릭한다. 구 b와 선분 AD(l)를 차례로 클릭한다. ▸ 명령어를 이용하여 작도할 수도 있다. * 명령어: 교점[b, j], 교점[b, k], 교점[b, l]	
		• 세 점 E, F, H의 이름을 오른쪽 그림과 같이 P, Q, R로 변경하기 ▸ 변경하고자 하는 점에서 마우스 우클릭을 이용하여 각각의 점들의 설정사항(기본)의 '이름' 란에서 이름을 변경하고, '캡션' 란에 아래와 같이 입력한다. '레이블 보이기'는 캡션으로 설정한다. * 캡션 명령어: `$\LARGE\rm{%n}$`	
21 ~ 23		- 세 선분 PQ, QR, PR 작도하기 (방법)각각의 선분을 구성하는 두 점을 차례로 클릭하여 3개의 선분을 작도한다. ▸ 명령어를 이용하여 작도할 수도 있다. * 명령어: 선분[P,Q], 선분[Q,R], 선분[R,P]	

〈표 II-4-3〉의 구성단계 18~20에서 구 b와 세 선분 AB(j), AC(k), AD(l)의 교점을 작도하는 과정에서 구 b와 선분 AB(j)의 교점은 점 P(E)로 유일하게 결정된다. 그러나 구 b와 두 선분 AC(k), AD(l)의 교점은 〈그림 II-4-1〉과 같이 점 Q(F)와 점 R(H) 이외에 각 선분의 끝점인 C, D의 위치에 한 개씩 더 생성된다.

〈그림 II-4-1〉 〈표 II-4-3〉의 구성단계 18~20에서 추가로 생성된 점

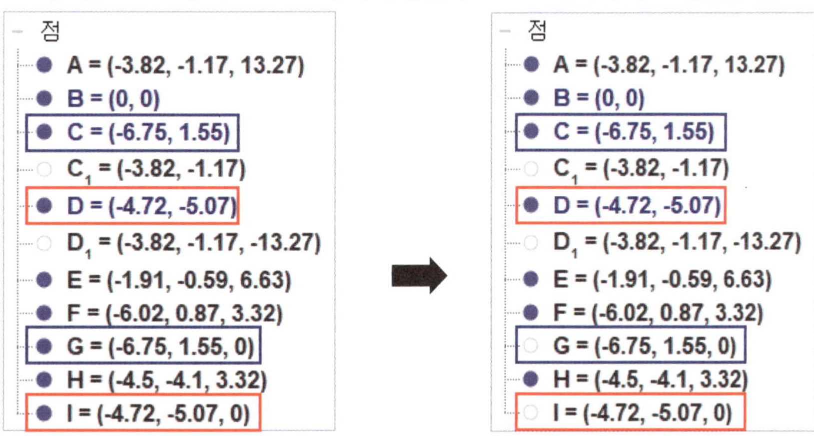

추가로 생성된 두 점은 〈그림 II-4-1〉과 같이 '대상 보이기(대상 보이기)' 기능이나 대수창을 이용하여 보이지 않도록 설정한다. 추가로 생성된 두 점 G, I를 보이지 않게 설정하지 않고 삭제할 경우 구성단계 18~20에서 생성된 두 점 Q(F), R(H)도 같이 삭제되므로 주의해야 한다.

[문제II-4]에 제시된 입체도형의 설정사항 재설정하기

GeoGebra는 대상의 설정사항을 통하여 대상의 스타일을 변경할 수 있다. 많은 대상의 스타일을 동시에 변경하고자 할 때는 3가지의 방법을 활용할 수 있다.

첫째, 스타일 복사( ) 도구를 활용하는 방법이다. 스타일을 변경하고자 하는 대상 중 하나를 선택하여 스타일을 변경한 후, 스타일 복사 도구를 활용하여 다른 대상들의 스타일까지 변경하는 것이다(〈표 II-1-6〉 참고).

둘째, 키보드의 Ctrl 키(Ctrl)를 이용하는 방법이다. Ctrl 키를 누른 상태에서 마우스로 변경하고자 하는 대상을 차례로 클릭한 후, 마우스 우클릭 통하여 대상들의 설정사항에서 일괄적으로 스타일을 변경할 수 있다.

셋째, 동일 유형 대상의 설정사항을 일괄적으로 변경하는 방법이다. 예를 들어 모든 선분의 설정사항을 변경하고자 한다면 아래 그림과 같이 대수창에서 선분에 마우스를 위치한 후 우클릭을 이용하여 설정사항에서 스타일을 변경할 수 있다.

〈그림 II-4-2〉 동일 유형 대상의 설정사항 변경 방법

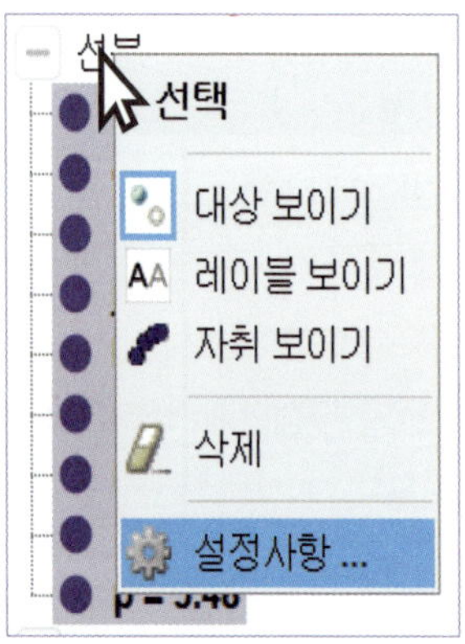

〈표 II-4-4〉는 [문제II-4]의 입체도형의 작도에 사용된 대상들의 설정사항을 변경하여 전후를 캡처한 그림이다. 전체적으로 두 가지 사항을 변경하였다.

〈표 II-4-4〉 [문제II-4]의 입체도형의 설정사항 변경 비교

설정사항 변경 전	설정사항 변경 후
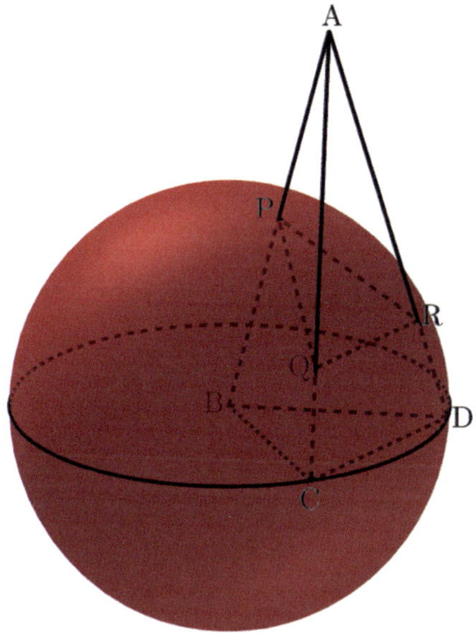	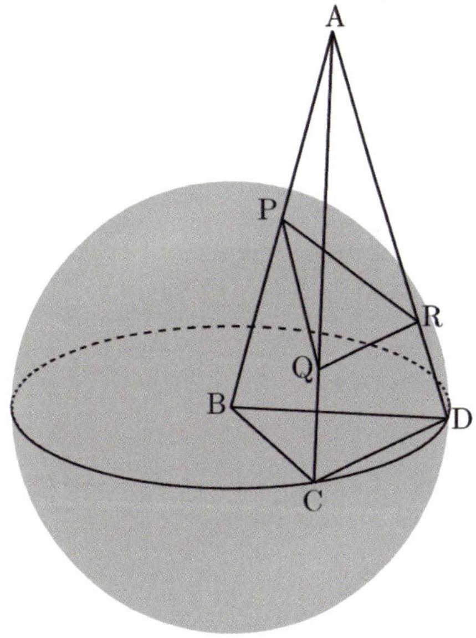

첫째, GeoGebra의 3차원 기하창에서 특정 입체도형의 내부에 존재하는 또 다른 대상은 <표 II-4-4>의 왼쪽 그림과 같이 점선으로 표현된다. 선분의 설정사항(스타일)에서 <그림 II-4-3>과 같이 선분의 스타일을 '점선' 에서 '변경되지 않음' 으로 변경하였으며, 9개의 선분과 원의 선 굵기를 4로 변경하였다.

〈그림 II-4-3〉 [문제II-4] 입체도형에서 선분과 구의 스타일 설정사항

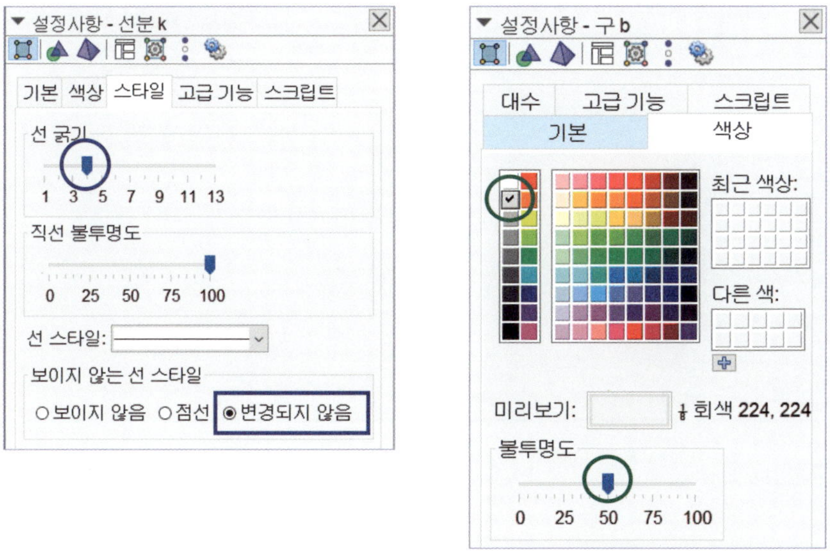

둘째, 구의 설정사항에서 <그림 II-4-3>과 같이 색상을 변경하고 불투명도를 50으로 설정하였다. 학생의 입장에서 그림에 대한 이해도가 높을 것으로 판단되는 스타일로 제작자가 설정할 수 있다.

[문제Ⅱ-4] 정답 확인하기

정사영의 넓이를 확인하기 전에 <표 Ⅱ-4-3>에서 작도한 입체도형 파일을 복사하여 원본 파일은 그대로 저장(파일명: 문제Ⅱ-4_구성단계23_입체도형)하여 보관하고, 복사한 파일에서 새로운 작도를 진행한다.

〈표 Ⅱ-4-5〉 [문제Ⅱ-4]의 정사영의 넓이 확인 과정(구성단계 24~32)

구성단계	도구	작도 과정	화면상의 작도 상태
24	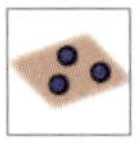	- 세 점 P, Q, R를 지나는 평면 q 작도하기 (방법)평면을 구성하는 세 점을 차례로 클릭한다. ▶ 명령어를 이용하여 작도할 수도 있다. * 명령어: 평면[P,Q,R]	
25~27	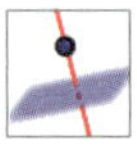	- 삼각형 BCD의 평면 PQR 위로의 정사영을 작도하기 위하여 세 점 B, C, D를 지나고 평면 q에 수직인 세 직선 r, s, t 작도하기 (방법)점 B와 평면 q를 차례로 클릭하여 직선 r을, 점 C와 평면 q를 차례로 클릭하여 직선 s를, 점 D와 평면 q를 차례로 클릭하여 직선 t를 작도한다. ▶ 명령어를 이용하여 작도할 수도 있다. * 명령어: 수직선[B,q], 수직선[C,q], 수직선[D,q]	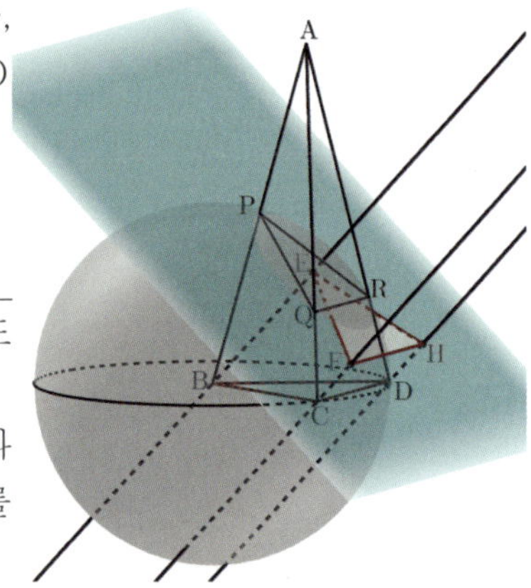
28~30	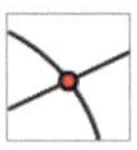	- 세 직선 r, s, t와 평면 q의 세 교점 E, F, H 작도하기 (방법)직선 r과 평면 q를 차례로 클릭한다. 직선 s와 평면 q를 차례로 클릭한다. 직선 t와 평면 q를 차례로 클릭한다. ▶ 명령어를 이용하여 작도할 수도 있다. * 명령어: 교점[r,q], 교점[s,q], 교점[t,q]	
31~32	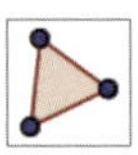	- 삼각형 BCD와 삼각형 BCD의 평면 PQR 위로의 정사영인 삼각형 EFH 작도하기 (방법)두 삼각형 BCD, EFH를 구성하는 세 점을 차례로 클릭한다. ▶ 명령어를 이용하여 작도할 수도 있다. * 명령어: 다각형[B,C,D], 다각형[E,F,H]	

〈표 II-4-6〉 [문제 II-4]의 정사영의 넓이 확인 과정(구성단계 33~38)

구성단계	도구	작도 과정	화면상의 작도 상태
33 ~ 34		- 두 삼각형 BCD, EFH의 넓이 확인하기 ▸ 두 삼각형 BCD, EFH의 넓이는 이미 대수창에서 다음과 같이 확인할 수 있다. 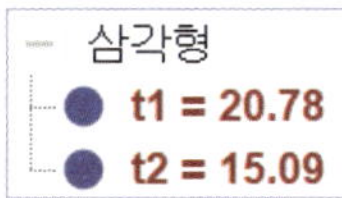 ▸ 무리수화(또는 분수화) 명령어를 이용하면 두 사각형의 넓이가 기하창에 나타난다. * 명령어: 무리수화[$t1$], 무리수화[$t2$]	
35		- 삼각형 EFH의 넓이 재확인하기 ▸ <표 II-1-6>에서 다룬 바와 같이 GeoGebra에서는 복합 개체로 이루어진 무리수는 무리수화 명령어가 적용되지 않으며, 일정 크기가 넘는 수치도 무리수화 명령어가 적용되지 않는다. ▸ 삼각형 EFH의 넓이의 $\frac{1}{12}$배를 확인하고자 한다면 다음과 같이 명령어를 재입력하면 오른쪽 그림과 같이 확인할 수 있다. * 명령어: 무리수화[$t2/12$]	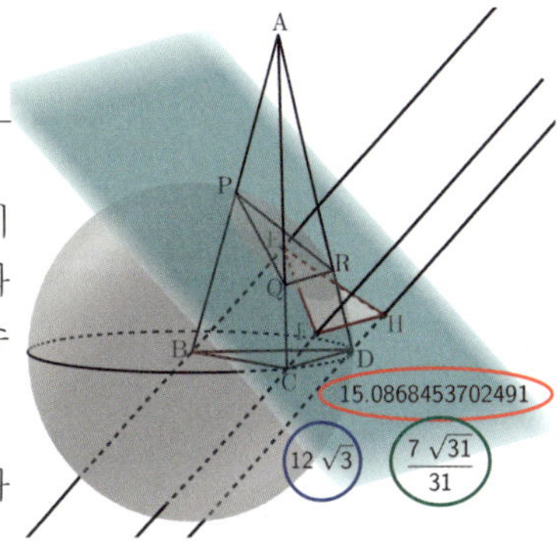
		• '3차원 기하창' 에서 마우스의 우클릭을 이용하여 xy 평면(▱)을 보이게 설정한다.	
36	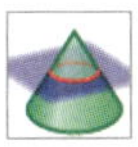	- 평면 q와 xy평면의 교선 g_1 작도하기 (방법)평면 q와 xy평면을 차례로 클릭한다. ▸ 명령어를 이용하여 작도할 수도 있다. * 명령어: 교선[q, xOy평면]	
37 ~ 38	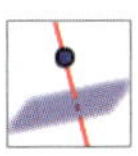	- 평면 q와 xy평면이 이루는 이면각을 찾기 위하여 점 B를 지나고 직선 g_1에 수직인 직선과 P를 지나고 직선 g_1에 수직인 직선 작도하기 (방법)점 B와 직선 g_1을 차례로 클릭하여 직선 i_1을, 점 P와 직선 g_1을 차례로 클릭하여 직선 j_1을 작도한다. ▸ 명령어를 이용하여 작도할 수도 있다. * 명령어: 수직선[B,g_1], 수직선[P,g_1]	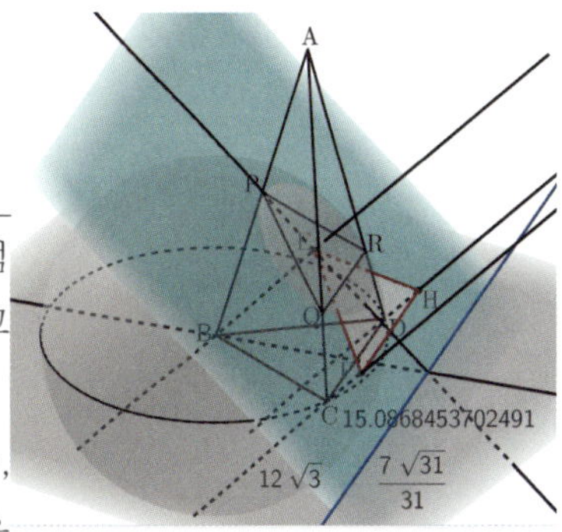

〈표 Ⅱ-4-7〉 [문제Ⅱ-4]의 이면각의 크기 확인 과정(구성단계 36~41)

구성단계	도구	작도 과정	화면상의 작도 상태
39	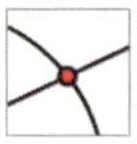	– 두 직선 i_1, j_1의 교점 J 작도하기 (방법)두 직선 i_1, j_1을 차례로 클릭한다. ▸ 명령어를 이용하여 작도할 수도 있다. ＊ 명령어: 교점[i_1, j_1]	
40	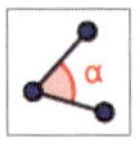	– ∠PJB(β) 작도하기 (방법)각을 구성하는 세 점을 차례로 클릭한다. 점 J는 반드시 두 번째로 클릭한다. ▸ 명령어를 이용하여 작도할 수도 있다. ＊ 명령어: 각[P,J,B]	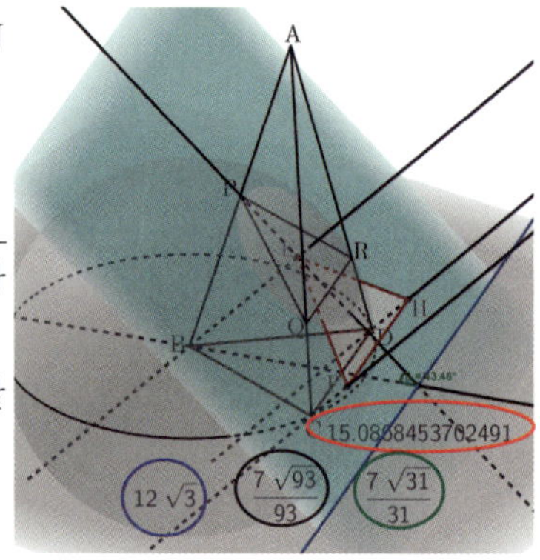
41		– 두 평면 BCD, PQR가 이루는 이면각의 크기 확인하기 ▸ ∠PJB(β)의 크기는 이미 대수창에서 다음과 같이 확인할 수 있다. 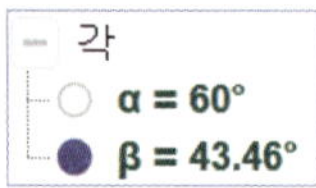 ▸ 무리수화 명령어를 이용하면 ∠PJB(β)에 대한 cos값 $\frac{7\sqrt{93}}{93}$이 기하창에 나타난다. ＊ 명령어: 무리수화[cos(β)]	

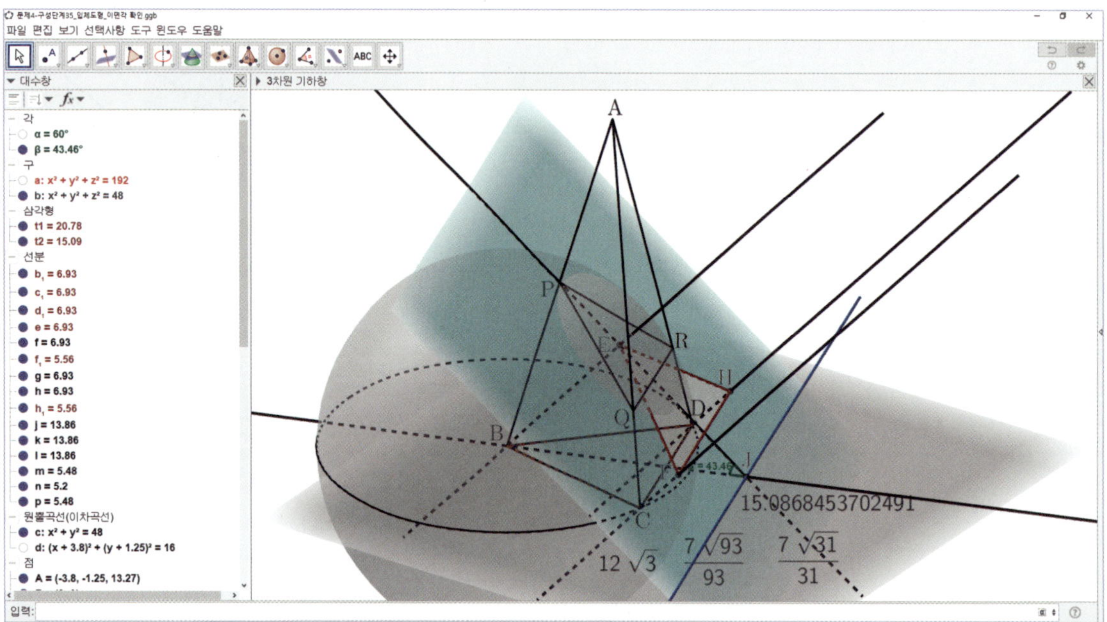

〈그림 Ⅱ-4-4〉 [문제Ⅱ-4]의 이면각의 크기 확인 과정 GeoGebra 화면(구성단계 41)

[문제Ⅱ-4]에서 삼각형 BCD의 한 변의 길이에 따른 변화 확인하기

[문제Ⅱ-4]에서 정삼각형 BCD의 한 변의 길이는 $4\sqrt{3}$으로 초깃값을 설정하였다. 이를 위하여 <표 Ⅱ-4-1>의 구성단계 1~2에서 원뿔곡선 c의 반지름의 길이를 $4\sqrt{3}$으로 작도하였다. 2차원 기하창(또는 대수창)에서 원뿔곡선 c를 더블 클릭하면 <그림 Ⅱ-4-5>와 같이 원뿔곡선 c의 재정의 창이 활성화된다.

〈그림 Ⅱ-4-5〉 원뿔곡선 c의 재정의 창

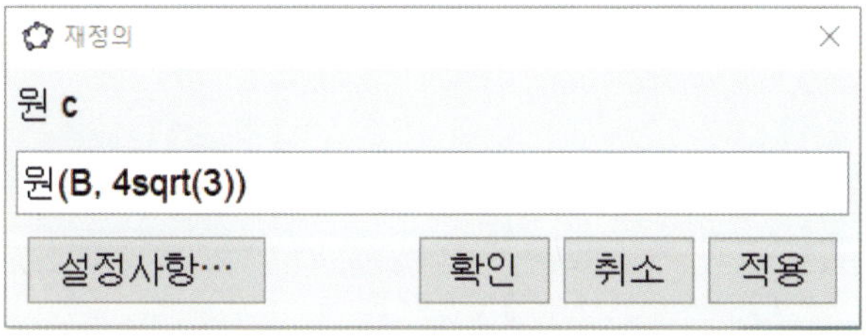

원의 반지름의 길이을 $2\sqrt{3}$, $\sqrt{3}$, … 과 같이 입력하면 입력값에 따라 이면각의 크기는 변하지 않지만, 두 삼각형 BCD, EFH의 넓이가 변함을 확인할 수 있다.

문제Ⅱ-5

한 변의 길이가 $4\sqrt{3}$ 인 정사면체 ABCD와 이 사면체의 네 꼭짓점을 모두 지나는 구 S가 있다. 꼭짓점 A에서 평면 BCD에 내린 수선의 발을 H라 하고, 선분 AH를 $1:3$으로 내분하는 점을 P라 하자. 점 P를 지나고 선분 BH에 평행한 직선이 구 S와 만나는 두 점 중 점 B와 가까운 점을 Q라 하고, 점 Q에서 구 S에 접하는 평면을 α라 하자. 삼각형 BCD의 평면 α 위로의 정사영의 넓이가 k일 때, k^2의 값을 구하시오.

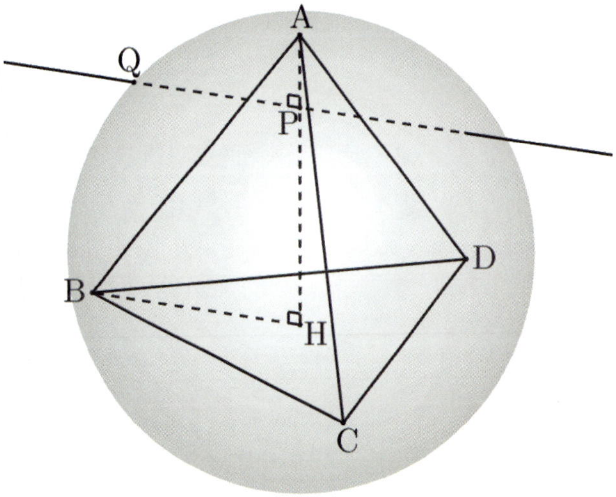

해설

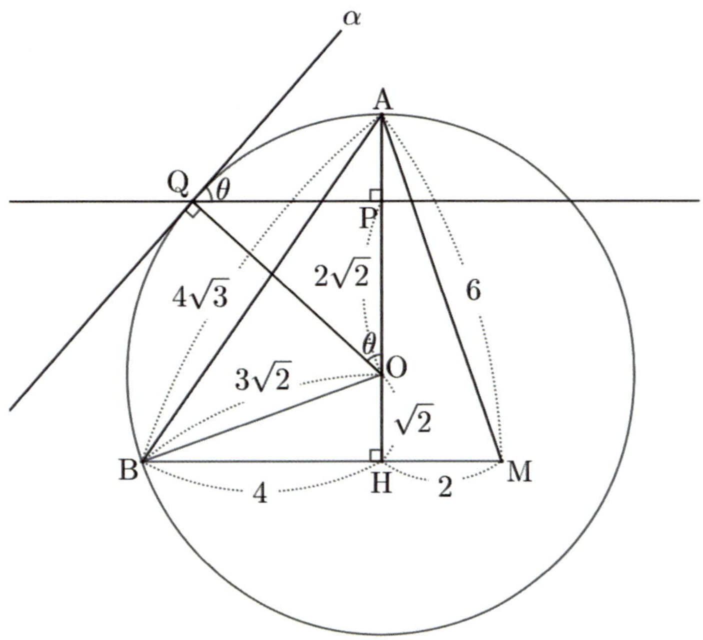

선분 CD의 중점을 M이라 하면, 점 H가 삼각형 BCD의 무게중심이므로 $\overline{BH}=4$, $\overline{HM}=2$ 이다.

구 S의 중심을 O라 하면 두 삼각형 MAB, OAB가 이등변삼각형이므로

$$\angle MAH = \angle OBH$$

이다. 또한 $\angle AHM = \angle BHO = \frac{\pi}{2}$ 이므로 두 삼각형 AMH, BOH는 닮음이다.

그러므로 $\overline{OH}=\sqrt{2}$ 이다.

주어진 조건에 의하여 점을 P는 AH를 $1:3$으로 내분하는 점이므로 $\overline{OP}=2\sqrt{2}$ 이다.

평면 BCD와 평면 α가 이루는 각을 θ라 하면 $\cos\theta=\frac{2}{3}$ 이다.

삼각형 BCD의 넓이가 $\frac{\sqrt{3}}{4}\times(4\sqrt{3})^2=12\sqrt{3}$ 이므로 삼각형 BCD의 평면 α 위로의 정사영의 넓이는 $12\sqrt{3}\times\frac{2}{3}=8\sqrt{3}$ 이다.

따라서 $k^2=192$ 이다.

[문제II-5]에 제시된 입체도형 작도하기

〈표 II–5–1〉 [문제II–5]의 입체도형 작도 과정(구성단계 1~7)

구성단계	도구	작도 과정	화면상의 작도 상태
1 ~ 2		– 반지름의 길이가 4인 원 c 작도하기 (방법)2차원 기하창에 한 지점(원점)을 클릭하면 첫 번째 점(A)이 생성됨과 동시에 아래와 같이 입력창이 나타난다. 입력창에 반지름의 길이를 4로 입력한다.  ▸ 명령어를 이용하여 작도할 수도 있다. * 명령어: (0,0), 원[A, 4] ▸ 반지름의 길이를 4로 입력한 이유는 반지름의 길이가 4인 원에 내접하는 정삼각형의 한 변의 길이가 $4\sqrt{3}$이 되기 때문이다. ▸ '원' 도구 이외에도 직접 점의 좌표를 입력하거나, 정다각형, 정다면체, 슬라이더 등 다양한 방법으로 작도를 시작할 수 있다.	
3		– 원 c 위에 임의의 점 B 작도하기 (방법)원 c를 클릭하여 임의의 점 B를 작도한다. ▸ 명령어를 이용하여 작도할 수도 있다. * 명령어: 점[c]	
4 ~ 7	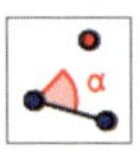	– 점 B를 120° 회전한 점 B′과 점 B를 240° 회전한 점 B'_1 작도하기 (방법) '주어진 크기의 각' 도구를 클릭하고 회전하고자 하는 점과 회전의 중심이 되는 점을 차례로 클릭하면 아래와 같은 창이 생성된다. 원하는 각도를 입력하고 방향을 설정한 후 [확인] 버튼을 클릭한다. 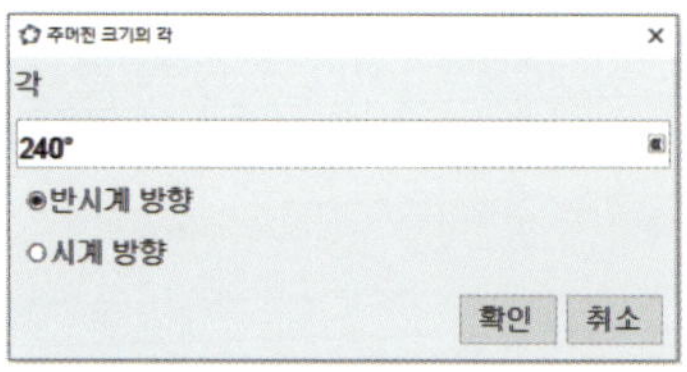 ▸ 명령어를 이용하여 작도할 수도 있다. * 명령어: 회전[B,2pi/3,A], 회전[B,4pi/3,A] ▸ 입력창에 좌표를 직접 입력할 수도 있다. 예를 들어, 점 B의 좌표를 (−4, 0)으로 설정하였다면 240° 회전한 점의 좌표는 (2, 2sqrt(3))이다.	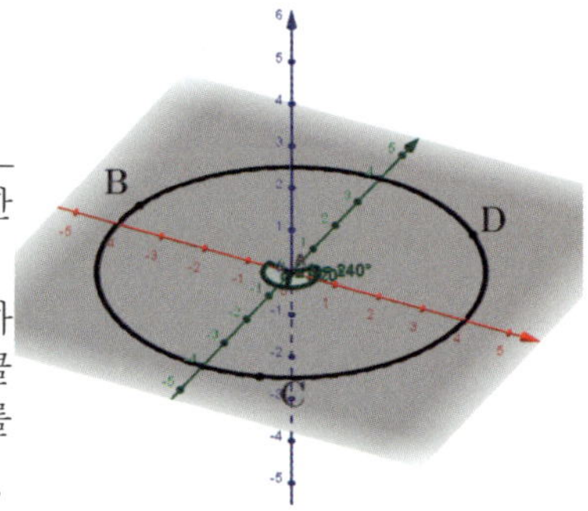
		• 두 점 B′, B'_1의 이름을 오른쪽 그림과 같이 C, D로 변경하기 ▸ 변경하고자 하는 점에서 마우스 우클릭을 이용하여 각각의 점들의 설정사항(기본)의 '이름' 란에서 이름을 변경하고, '캡션' 란에 아래와 같이 입력한다. '레이블 보이기'는 캡션으로 설정한다. * 캡션 명령어: $\LARGE\rm{%n}$	

〈표 II-5-2〉 [문제 II-5]의 입체도형 작도 과정(구성단계 8~17)

구성단계	도구	작도 과정	화면상의 작도 상태
8 ~ 10		- 세 선분 BC, CD, DB 작도하기 (방법)각각의 선분을 구성하는 두 점을 차례로 클릭하여 3개의 선분을 작도한다. ▸ 명령어를 이용하여 작도할 수도 있다. * 명령어: 선분[B,C], 선분[C,D], 선분[D,B]	
11		- 중심이 B이고 반지름의 길이가 $4\sqrt{3}$인 구 a 작도하기 (방법)점 B에 중심을 클릭하면 아래와 같이 반지름 입력창이 생성된다. 정사면체를 만들기 위하여 입력창에 반지름의 길이를 f(선분 BC의 길이)로 입력한다.  ▸ 명령어를 이용하여 작도할 수도 있다. * 명령어: 구[B,f] ▸ 반지름 입력창에 4sqrt(3)이라 입력하는 것도 가능하다. 그러나 입력창에 f라 입력한 이유는 추후 원 c의 반지름의 길이를 변화시킬 때 정사면체의 길이가 자동으로 변할 수 있도록 하기 위함이다.	
12		- z축과 구 a의 두 교점 E, F 작도하기 (방법)z축과 구 a를 차례로 클릭한다. ▸ 명령어를 이용하여 작도할 수도 있다. * 명령어: 교점[z축, a] ▸ z축과의 교점을 입력창에 직접 입력할 수도 있다. 원 c의 중심이 원점이므로 정사면체의 성질을 이용하면 교점의 좌표가 (0, 0, 4sqrt(2))임을 알 수 있다.	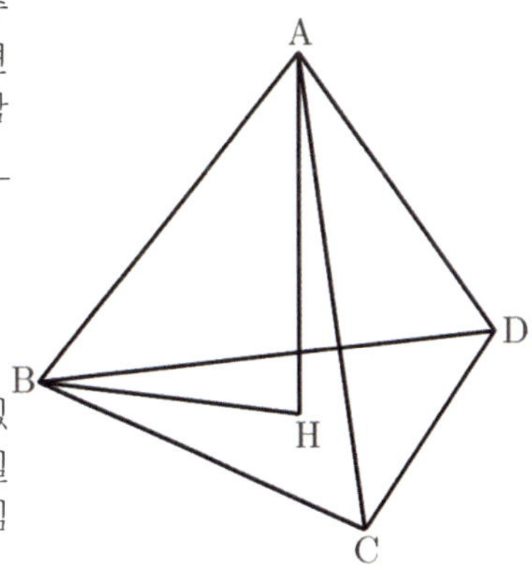
		• '3차원 기하창' 에서 마우스의 우클릭을 이용하여 3차원 좌표축( )과 xy평면( )을 보이지 않게 설정하기 • '대상 보이기(대상 보이기)' 기능을 활용하여 각 α와 β, 구 a, 점 E, 원뿔곡선 c를 보이지 않게 설정하기 • 두 점 F, A의 이름을 오른쪽 그림과 같이 A, H로 변경하기 ▸ 변경하고자 하는 점에서 마우스 우클릭을 이용하여 각각의 점들의 설정사항(기본)의 '이름' 란에서 이름을 변경하고, '캡션' 란에 아래와 같이 입력한다. '레이블 보이기' 는 캡션으로 설정한다. * 캡션 명령어: $\LARGE\rm{%n}$	
13 ~ 17		- 다섯 개의 선분 AB, AC, AD, AH, BH 작도하기 (방법)각각의 선분을 구성하는 두 점을 차례로 클릭하여 5개의 선분을 작도한다. ▸ 명령어를 이용하여 작도할 수도 있다. * 명령어: 선분[A,B] 등	

〈표 Ⅱ-5-3〉 [문제Ⅱ-5]의 입체도형 작도 과정(구성단계 18~23)

구성단계	도구	작도 과정	화면상의 작도 상태
18 ~ 20		– 선분 AH를 4등분하는 점 작도하기 (방법)두 점 A와 H를 차례로 클릭하여 선분 AH의 중점 F를 작도한다. 같은 방법으로 선분 AF의 중점 G와 선분 FH의 중점 I를 작도한다. ▸ 명령어를 이용하여 작도할 수도 있다. * 명령어: 중점[A,H], 중점[A,F], 중점[F,H] ▸ 실질적으로 필요한 점은 선분 AH를 3:1로 내분하는 점과 1:3으로 내분하는 점이므로 내분 명령어를 직접 사용하여 작도하는 것도 가능하다. * 명령어: 1/4A+3/4H, 3/4A+1/4H	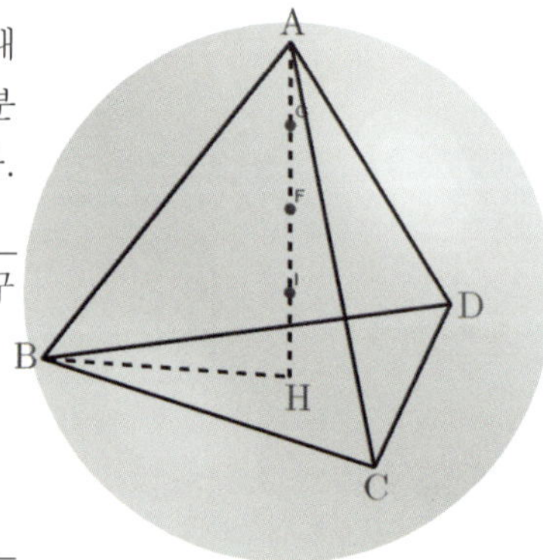
21		– 중심이 I이고 점 A(or B or C or D)를 지나는 구 b 작도하기 (방법)점 I와 점 A를 차례로 클릭한다. ▸ 명령어를 이용하여 작도할 수도 있다. * 명령어: 구[I,A]	
		• 정사면체를 구성하는 6개의 선분의 설정사항(스타일)에서 스타일을 '점선'에서 '변경되지 않음'으로 변경하고 6개의 선분과 원의 선 굵기를 4로 변경하기(<그림 Ⅱ-4-2> 참고) • 구 b의 설정사항(색상)에서 색상(옅은 회색)을 선택하고 불투명도를 25로 조정하기(<그림 Ⅱ-4-3> 참고)	
22	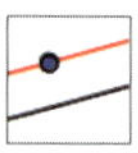	– 점 G를 지나고 선분 BH에 평행한 직선 n 작도하기 (방법)점 G와 선분 BH(m)를 차례로 클릭한다. ▸ 명령어를 이용하여 작도할 수도 있다. * 명령어: 직선[G,m]	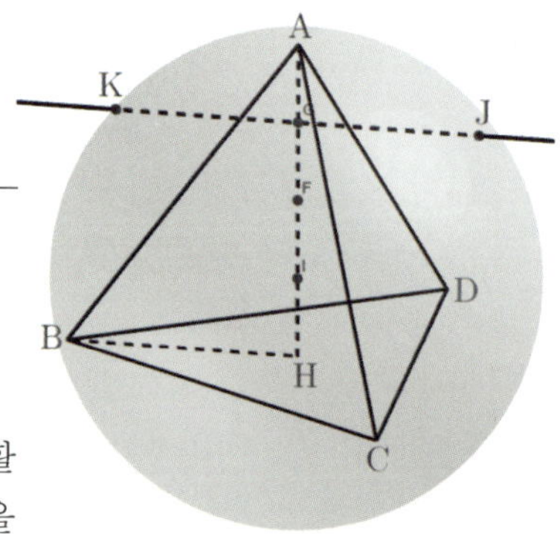
23	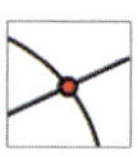	– 구 b와 직선 n의 교점 K(J) 작도하기 (방법)구 b와 직선 n을 차례로 클릭한다. ▸ 명령어를 이용하여 작도할 수도 있다. * 명령어: 교점[b, n] ▸ 교점의 위치에 마우스를 가까이 하면 교점이 활성화되므로 활성화 위치에서 구 b와 직선 n을 동시에 클릭하여 작도할 수도 있다.	

〈표 Ⅱ-2-3〉의 구성단계 27과 〈표 Ⅱ-2-4〉의 구성단계 36에서 언급한 바와 같이 구와 선분의 교점과 같이 한 구성단계에서 두 교점이 작도되는 경우, 작도 상황에 따라 점의 이름 순서가 달라질 수 있다. 〈표 Ⅱ-5-3〉의 구성단계 23에서 두 교점 중 점 B와 가까운 위치에 점 K, 점 B와 먼 위치에 점 J가 작도된 상태이다.

두 점의 위치가 반대로 명명된 경우, 점 B와 가까운 위치의 점을 K로, 점 B와 먼 위치에 점 J로 이름을 변경하고 다음 단계를 진행하도록 한다. 이름 변경 시 반드시 두 점을 모두 변경해야 한다. 점 J의 이름만 K로 변경한 경우, 기존의 점 K는 K_1로 변경되기 때문에 다음 구성단계에서 생성되는 새로운 점의 이름은 L이 아닌 J가 되기 때문이다.

물론 필자가 작성한 구성단계를 따라가는 상황이 아니라, 개인적으로 작도를 진행하는 과정이라면 이러한 일련의 행위는 전혀 고려하지 않아도 된다. 또한 전체적인 구성 과정을 이해한 상태라면 구성단계에 나타난 대상들의 이름을 무시하고 작도를 진행할 수도 있다.

〈표 II-5-4〉 [문제II-5]의 입체도형 작도 과정(구성단계 24~25)

구성단계	도구	작도 과정	화면상의 작도 상태
		• '대상 보이기(대상 보이기)' 기능을 활용하여 세 점 F, I, J를 보이지 않게 설정하기 • 두 점 G, K의 이름을 오른쪽 그림과 같이 P, Q로 변경하기 ▸ 변경하고자 하는 점에서 마우스 우클릭을 이용하여 각각의 점들의 설정사항(기본)의 '이름' 란에서 이름을 변경하고, '캡션' 란에 아래와 같이 입력한다. '레이블 보이기'는 캡션으로 설정한다. * 캡션 명령어: $\LARGE\rm{%n}$	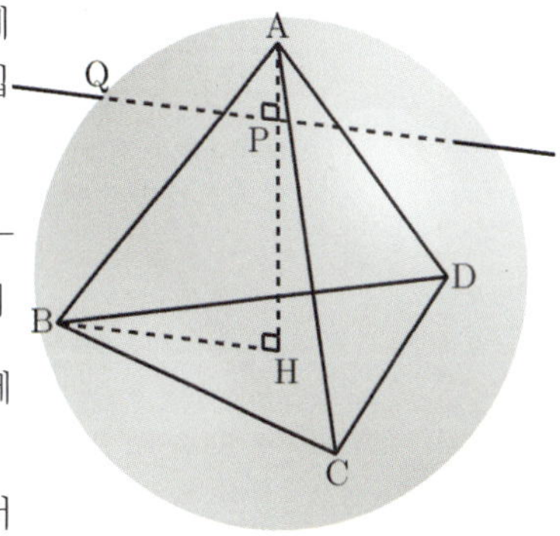
24 ~ 25	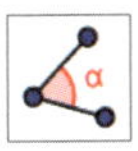	– '각' 도구를 활용하여 $\angle APQ = \angle AHB = \frac{\pi}{2}$ 나타내기 (방법) '각' 도구를 클릭하고 세 점 A, P, Q와 세 점 A, H, B를 차례로 클릭한다. ∠APQ, ∠AHB에 대한 설정사항 '기본' 탭에서 레이블을 제거하고, '색상' 탭에서 색은 검정, 불투명도는 0으로, '스타일' 탭에서 사이즈는 25로 설정한다. ▸ 명령어를 이용하여 작도할 수도 있다. * 명령어: 각[A,P,Q], 각[A,H,B]	

[문제Ⅱ-5] 정답 확인하기

정사영의 넓이를 확인하기 전에 <표 Ⅱ-5-4>에서 작도한 입체도형 파일을 복사하여 원본 파일은 그대로 저장(파일명: 문제Ⅱ-5_구성단계25_입체도형)하여 보관하고, 복사한 파일에서 새로운 작도를 진행한다.

〈표 Ⅱ-5-5〉 [문제Ⅱ-5]의 정사영의 넓이 확인 과정(구성단계 26~33)

구성단계	도구	작도 과정	화면상의 작도 상태
		• 대수창에서 점 I를 보이게 설정하기 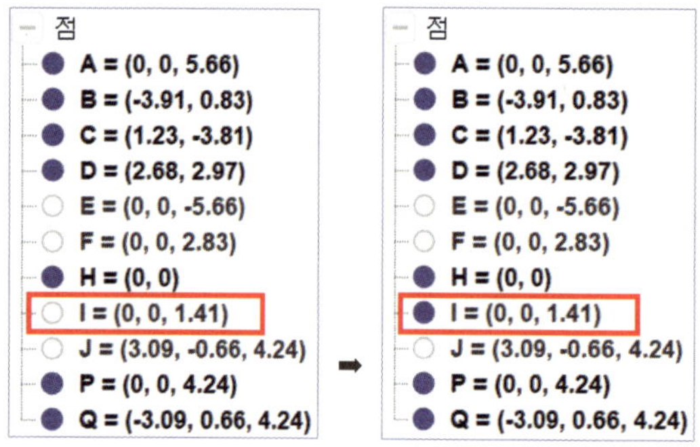 • 점 I의 이름을 오른쪽 그림과 같이 O로 변경하기 ▸ 변경하고자 하는 점에서 마우스 우클릭을 이용하여 각각의 점들의 설정사항(기본)의 '이름' 란에서 이름을 변경하고, '캡션' 란에 아래와 같이 입력한다. '레이블 보이기'는 캡션으로 설정한다. * 캡션 명령어: $\LARGE\rm{%n}$	
26		– 선분 OQ 작도하기 (방법)선분을 구성하는 두 점을 차례로 클릭한다. ▸ 명령어를 이용하여 작도할 수도 있다. * 명령어: 선분[O,Q]	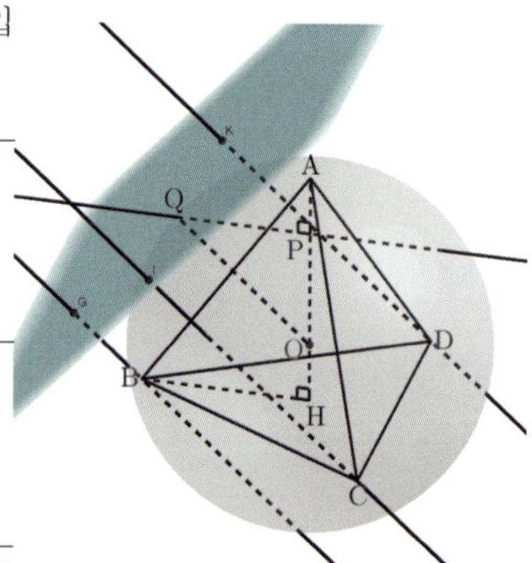
27	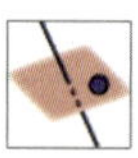	– 점 Q를 지나고 선분 OQ에 수직인 평면 q 작도하기 (방법)점 Q와 선분 OQ(p)를 차례로 클릭한다. ▸ 명령어를 이용하여 작도할 수도 있다. * 명령어: 수직평면[Q,p]	
28 ~ 30	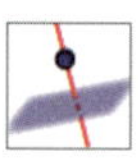	– 삼각형 BCD의 평면 q 위로의 정사영을 작도하기 위하여 세 점 B, C, D를 지나고 평면 q에 수직인 세 직선 r, s, t 작도하기 (방법)점 B와 평면 q를 차례로 클릭하여 직선 r을, 점 C와 평면 q를 차례로 클릭하여 직선 s를, 점 D와 평면 q를 차례로 클릭하여 직선 t를 작도한다. ▸ 명령어를 이용하여 작도할 수도 있다. * 명령어: 수직선[B,q], 수직선[C,q], 수직선[D,q]	
31 ~ 33	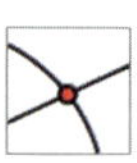	– 세 직선 r, s, t와 평면 q의 세 교점 G, I, K 작도하기 (방법)직선 r과 평면 q를 차례로 클릭한다. 직선 s와 평면 q를 차례로 클릭한다. 직선 t와 평면 q를 차례로 클릭한다. ▸ 명령어를 이용하여 작도할 수도 있다. * 명령어: 교점[r,q],교점[s,q],교점[t,q]	

〈표 II-5-6〉 [문제II-5]의 정사영의 넓이 확인 과정(구성단계 34~37)

구성단계	도구	작도 과정	화면상의 작도 상태
		• 오른쪽 그림과 같이 세 점 G, I, K의 캡션 설정하기 ▸ 변경하고자 하는 점에서 '캡션' 란에 아래와 같이 각각 입력한다. '레이블 보이기'는 캡션으로 설정한다. ＊ 캡션 명령어: $\LARGE\rm{%n}$	
34 ~ 35		– 삼각형 BCD와 삼각형 BCD의 평면 q 위로의 정사영인 삼각형 GIK 작도하기 (방법)두 삼각형 BCD, GIK를 구성하는 세 점을 차례로 클릭한다. ▸ 명령어를 이용하여 작도할 수도 있다. ＊ 명령어: 다각형[B,C,D], 다각형[G,I,K]	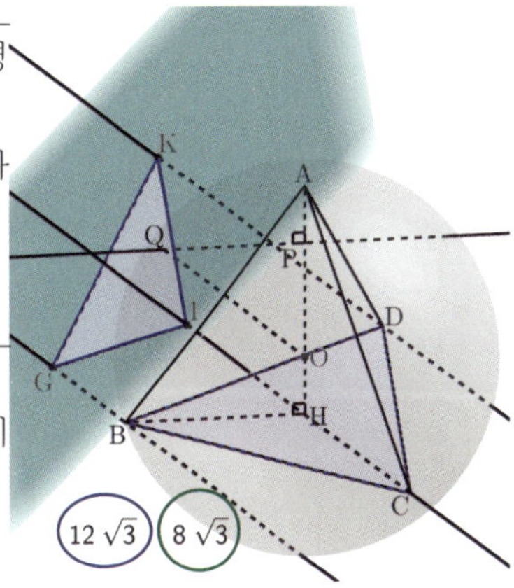
36 ~ 37		– 두 삼각형 BCD, GIK의 넓이 확인하기 ▸ 두 삼각형 BCD($t1$), GIK($t2$)의 넓이는 이미 대수창에서 다음과 같이 확인할 수 있다. 삼각형 t1 = 20.78 t2 = 13.86 ▸ 무리수화 명령어를 이용하면 두 사각형의 넓이가 기하창에 나타난다. ＊ 명령어: 무리수화[$t1$], 무리수화[$t2$]	

〈그림 II-5-1〉 [문제II-5]의 정사영의 넓이 확인 과정 GeoGebra 화면(구성단계 37)

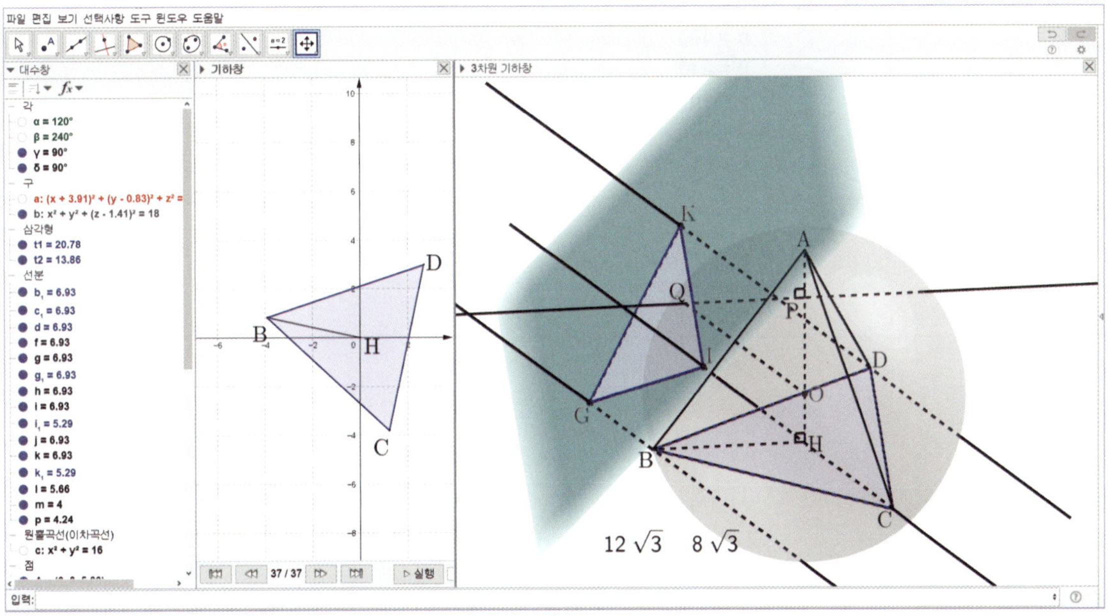

〈표 II-5-7〉 [문제 II-5]의 이면각의 크기 확인 과정(구성단계 38~42)

구성단계	도구	작도 과정	화면상의 작도 상태
38 ~ 39	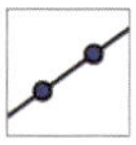	– 두 점 B와 H를 지나는 직선 e, 두 점 G와 Q를 지나는 직선 f_1 작도하기 (방법)두 점 B와 H를 차례로 클릭한다. 두 점 G와 Q를 차례로 클릭한다. ▶ 명령어를 이용하여 작도할 수도 있다. * 명령어: 직선[B,H], 직선[G,Q]	
40		– 두 직선 e와 f_1의 교점 L 작도하기 (방법)두 직선 e와 f_1을 차례로 클릭한다. ▶ 명령어를 이용하여 작도할 수도 있다. * 명령어: 교점[e,f_1] ▶ 교점의 위치에 마우스를 가까이 하면 교점이 활성화되므로 활성화 위치에서 두 직선 e와 f_1을 동시에 클릭하여 작도할 수도 있다.	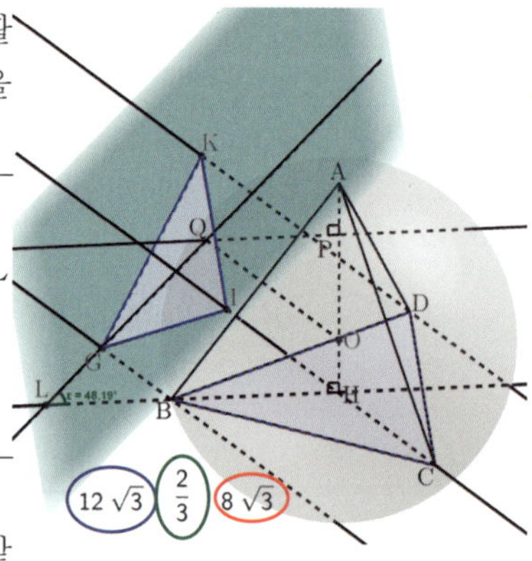
41	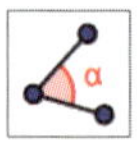	– ∠BLG(ϵ) 작도하기 (방법)각을 구성하는 세 점을 차례로 클릭한다. 점 L은 반드시 두 번째로 클릭한다. ▶ 명령어를 이용하여 작도할 수도 있다. * 명령어: 각[B,L,G]	
42		– 두 평면 BCD, GIK가 이루는 이면각의 크기 확인하기 ▶ ∠BLG(ϵ)의 크기는 이미 대수창에서 다음과 같이 확인할 수 있다. – 각 α = 120° β = 240° γ = 90° δ = 90° ε = 48.19° ▶ 무리수화(분수화) 명령어를 이용하면 ∠BLG(ϵ)에 대한 cos값 $\frac{2}{3}$가 기하창에 나타난다. * 명령어: 무리수화[cos(ϵ)]	

〈표 II-5-7〉에서는 엄밀한 증명없이 이면각을 설정하고 그 크기를 확인하였다. 교수 · 학습 상황이라면 학생들에게 보다 구체적으로 이면각을 제시해 줄 필요가 있다. 예를 들어, 〈그림 II-5-2〉는 두 평면 BCD, GIK가 만나서 생기는 교선을 작도하고 두 직선 BL, GL이 그 교선과 수직임을 보인 상황이다. 추가적으로 삼각형 BCD의 평면 α 위로의 정사영인 삼각형 GIK를 구하기 위하여 사용하였던 세 직선은 '대상 보이기(대상 보이기)' 기능을 활용하여 보이지 않게 한 후 선분으로 연결하여 그림의 복잡도를 낮추었다.

〈그림 II-5-2〉 [문제II-5]의 교수 · 학습 상황에서 이면각 설명 과정 GeoGebra 화면

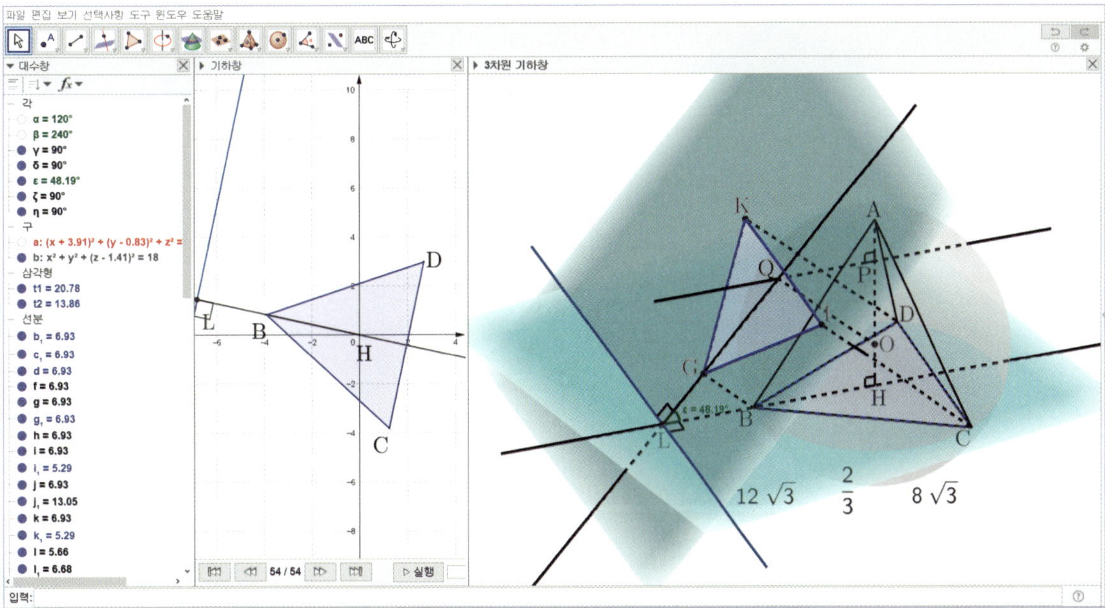

또한 [문제II-5]의 〈해설〉에 주어진 그림과 같이 선분 CD의 중점 M과 세 점 A, B, M을 지나는 평면을 작도하여 ∠AOQ가 두 평면 BCD, GIK가 이루는 이면각 ϵ과 동일함을 보다 쉽게 설명하는 데 활용할 수도 있다.

[문제II-5]에서 삼각형 BCD의 한 변의 길이에 따른 변화 확인하기

[문제II-5]에서 정삼각형 BCD의 한 변의 길이는 $4\sqrt{3}$으로 초깃값을 설정하였다. 이를 위하여 〈표 II-5-1〉의 구성단계 1~2에서 원뿔곡선 c의 반지름의 길이를 4로 작도하였다. 2차원 기하창(또는 대수창)에서 원뿔곡선 c를 더블 클릭하면 〈그림 II-5-3〉과 같이 원뿔곡선 c의 재정의 창이 활성화된다.

〈그림 II-5-3〉 원뿔곡선 c의 재정의 창

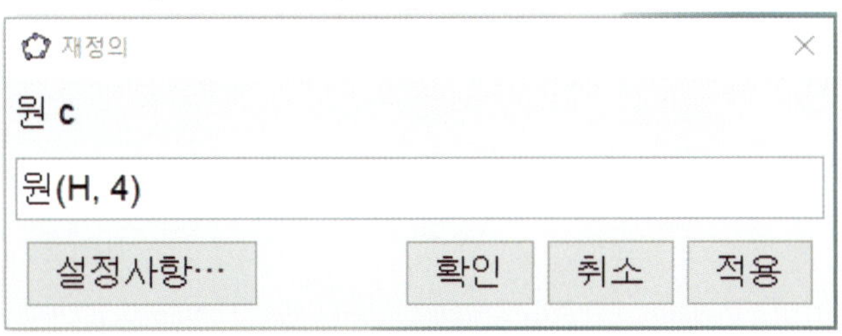

원의 반지름의 길이를 2, 8, … 과 같이 입력하면 입력값에 따라 이면각의 크기는 변하지 않지만 두 삼각형 BCD, GIK의 넓이가 변함을 확인할 수 있다.

문제 Ⅱ-6

그림과 같이 한 모서리의 길이가 6인 정팔면체 ABCDEF가 있다. 직선 BC를 포함하고 평면 ADE에 수직인 평면이 두 선분 AD, AE와 만나는 점을 각각 P, Q라 하고, 선분 PQ의 중점을 M이라 할 때, 〈보기〉에서 옳은 것만을 있는 대로 고른 것은?

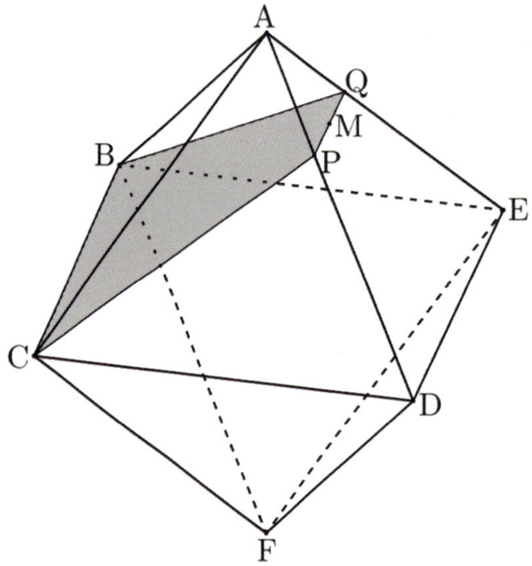

〈보 기〉

ㄱ. 사각형 BCPQ의 넓이는 $8\sqrt{6}$ 이다.

ㄴ. 선분 MF의 길이는 $\sqrt{51}$ 이다.

ㄷ. 사각형 BCPQ의 평면 PQF 위로의 정사영의 넓이는 $\frac{30\sqrt{51}}{17}$ 이다.

① ㄱ ② ㄱ, ㄴ ③ ㄱ, ㄷ
④ ㄴ, ㄷ ⑤ ㄱ, ㄴ, ㄷ

해설

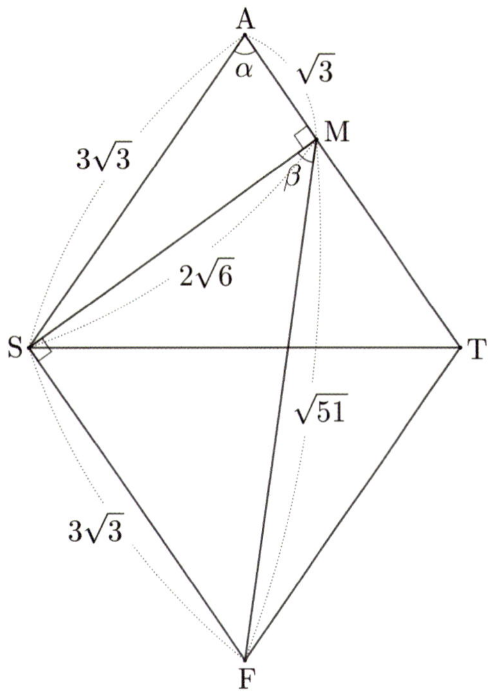

두 선분 BC, DE의 중점을 각각 S, T라 하자.

ㄱ. (참)

삼각형 AST에서 $\angle SAT=\alpha$라 하면 $\cos\alpha=\dfrac{1}{3}$이므로 $\overline{MS}=2\sqrt{6}$이다.

그러므로 사각형 BCPQ의 넓이는 $\dfrac{1}{2}\times(2+6)\times2\sqrt{6}=8\sqrt{6}$이다.

ㄴ. (참)

삼각형 MSF가 직각삼각형이므로 $\overline{MF}=\sqrt{51}$이다.

ㄷ. (거짓)

삼각형 MSF에서 $\angle FMS=\beta$라 하면 $\cos\beta=\dfrac{2\sqrt{2}}{\sqrt{17}}$이므로 사각형 BCPQ의 평면 PQF

위로의 정사영의 넓이는 $8\sqrt{6}\times\dfrac{2\sqrt{2}}{\sqrt{17}}=\dfrac{32\sqrt{51}}{17}$이다.

따라서 옳은 것은 ㄱ, ㄴ 이다.

[문제Ⅱ-6]에 제시된 입체도형 작도하기

[문제Ⅱ-6]은 합답형 문항이다. 공간도형을 비롯한 다양한 수학 문항에서 합답형 문항의 구성은 접근 아이디어가 다소 어려운 경우, 순차적으로 문제해결 과정을 'ㄱ, ㄴ, ㄷ' 순으로 구성하거나 전자의 조건을 해결함으로써 후자의 해결 아이디어를 도출하게끔 구성하는 출제 방식이다. [문제Ⅱ-6]에서 'ㄷ' 만을 독자적으로 문항을 구성할 수도 있으나 문항의 난도를 고려하여 합답형으로 구성하였다.

〈표 Ⅱ-6-1〉 [문제Ⅱ-6]의 입체도형 작도 과정(구성단계 1~19)

<table>
<tr><th>구성
단계</th><th>도구</th><th>작도 과정</th><th>화면상의 작도 상태</th></tr>
<tr><td>1</td><td>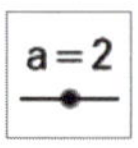
</td><td>- 정사각형 BCDE의 한 변의 길이를 '슬라이더' 도구를 이용하여 설정하기
(방법) '슬라이더' 도구를 클릭한 후 2차원 기하창을 클릭하면 아래와 같은 입력창이 나타난다. 정수 n을 설정하고 확인 버튼을 클릭한다.
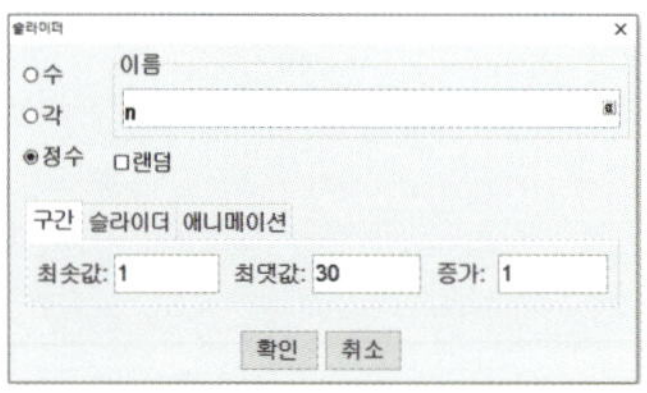

▸ n의 값에 따라 사각형 BCPQ와 그 정사영의 넓이 조절이 가능하다.</td><td rowspan="2">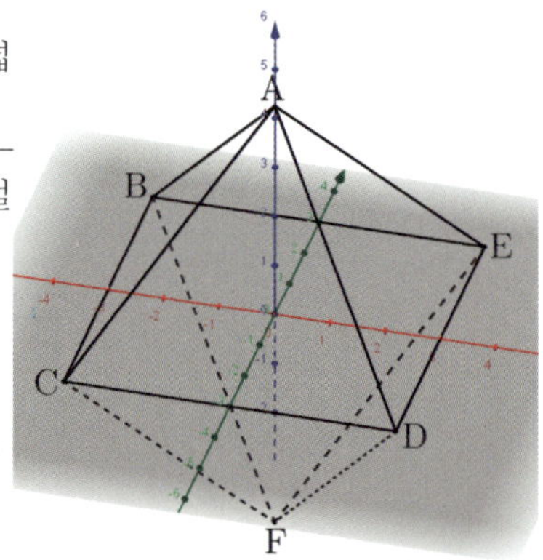
</td></tr>
<tr><td>2
~
7</td><td>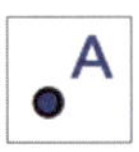
</td><td>- 여섯 개의 점 A, B, C, D, E, F 작도하고 캡션 설정하기
(방법)입력창에 아래 명령어를 입력한다.
* 명령어: A (0, 0, n*sqrt(2))
B (−n, n, 0)
C (−n, −n, 0)
D (n, −n, 0)
E (n, n, 0)
F (0, 0, −n*sqrt(2))
▸ 초깃값(한 변의 길이=6)을 고정할 경우, xy평면 위의 네 점은 격자(▦)와 좌표축(⊥)을 설정한 후 마우스로 직접 클릭하여 작도하는 것도 가능하다.</td></tr>
<tr><td>8
~
19</td><td>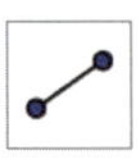</td><td>- 정팔면체 ABCDEF를 구성하는 12개의 선분 작도하기
(방법)선분을 구성하는 두 점을 차례로 클릭한다.
▸ 명령어를 이용하여 작도할 수도 있다.
* 명령어: 선분[A,B] 등</td><td></td></tr>
</table>

〈표 II-6-2〉 [문제II-6]의 입체도형 작도 과정(구성단계 20~29)

구성단계	도구	작도 과정	화면상의 작도 상태
20		- 세 점 A, D, E를 지나는 평면 p_1 작도하기 (방법)평면을 구성하는 세 점을 차례로 클릭한다. ▸ 명령어를 이용하여 작도할 수도 있다. * 명령어: 평면[A,D,E]	
21 ~ 22		- 두 점 B, C를 지나고 평면 p_1에 수직인 두 직선 t, a 작도하기 (방법)점 B와 평면 p_1을 차례로 클릭하여 직선 t를, 점 C와 평면 p_1을 차례로 클릭하여 직선 a를 작도한다. ▸ 명령어를 이용하여 작도할 수도 있다. * 명령어: 수직선[B,p_1], 수직선[C,p_1]	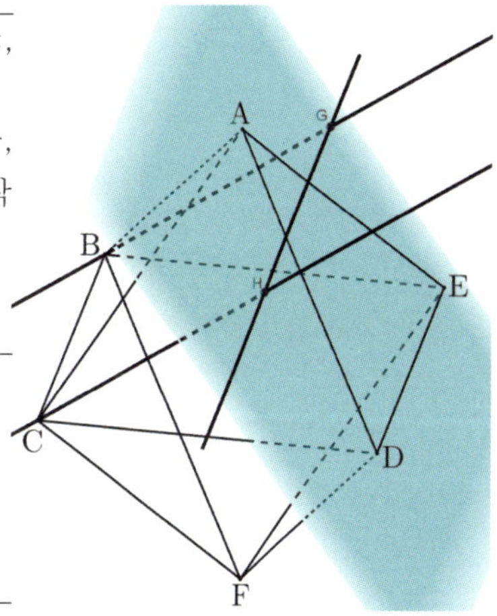
23 ~ 24		- 두 직선 t, a와 평면 p_1의 두 교점 G, H 작도하기 (방법)직선 t과 평면 p_1을 차례로 클릭한다. 직선 a와 평면 p_1를 차례로 클릭한다. ▸ 명령어를 이용하여 작도할 수도 있다. * 명령어: 교점[t,p_1], 교점[a,p_1]	
25		- 두 점 G와 H를 지나는 직선 b 작도하기 (방법)두 점 G와 H를 차례로 클릭한다. ▸ 명령어를 이용하여 작도할 수도 있다. * 명령어: 직선[G,H]	
26 ~ 27		- 직선 b와 두 선분 AD(h), AE(i)와의 두 교점 I, J 작도하기 (방법)직선 b와 선분 AD(h)를 차례로 클릭한다. 직선 b와 선분 AE(i)를 차례로 클릭한다. ▸ 명령어를 이용하여 작도할 수도 있다. * 명령어: 교점[b,h], 교점[b,i]	
28		- 두 점 I, J의 중점 K 작도하기 (방법)두 점 I, J를 차례로 클릭한다. ▸ 명령어를 이용하여 작도할 수도 있다. * 명령어: 중점[I, J]	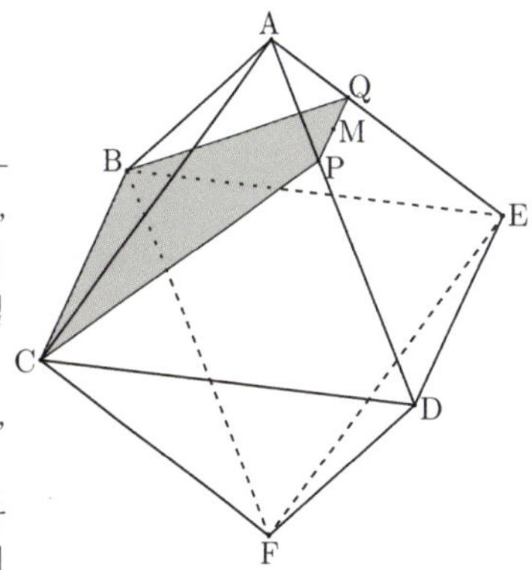
		• '대상 보이기(대상 보이기)' 기능을 활용하여 평면 p_1, 두 점 G, H와 세 직선 a, b, t를 보이지 않게 설정하기 • 세 선분 BE, EF, FB의 설정사항(선스타일)에서 점선으로 변경하기 • 세 점 I, J, K의 이름을 오른쪽 그림과 같이 P, Q, M으로 변경하기 ▸ 변경하고자 하는 점에서 마우스 우클릭을 이용하여 각각의 점들의 설정사항(기본)의 '이름' 란에서 이름을 변경하고, '캡션' 란에 아래와 같이 입력한다. '레이블 보이기'는 캡션으로 설정한다. * 캡션 명령어: $\LARGE\rm{%n}$	
29		- 사각형 BCPQ 작도하기 (방법)사각형 BCPQ를 구성하는 네 점을 차례로 클릭한다. ▸ 명령어를 이용하여 작도할 수도 있다. * 명령어: 다각형[B,C,P,Q] ▸ 사각형 BCPQ의 설정사항에서 색상을 조정한다.	

[문제Ⅱ-6] 정답 확인하기

정사영의 넓이를 확인하기 전에 <표 Ⅱ-6-2>에서 작도한 입체도형 파일을 복사하여 원본 파일은 그대로 저장(파일명: 문제Ⅱ-6_구성단계29_입체도형)하여 보관하고, 복사한 파일에서 새로운 작도를 진행한다.

[문제Ⅱ-6]의 ㄱ과 ㄴ에서 요구하는 사각형 BCPQ의 넓이와 선분 MF의 길이는 <표 Ⅱ-6-3>과 같이 무리수화 명령어를 이용하여 간단하게 확인할 수 있다.

〈표 Ⅱ-6-3〉 [문제Ⅱ-6]의 정답(ㄱ, ㄴ) 확인 과정(구성단계 30~32)

구성단계	도구	작도 과정	화면상의 작도 상태
30		– 사각형 BCPQ의 넓이 확인하기 ▸ 사각형 BCPQ($q1$)의 넓이는 이미 대수창에서 다음과 같이 확인할 수 있다. – 사각형 ● q1 = 19.5959179423 ▸ 무리수화 명령어를 이용하면 사각형의 넓이가 기하창에 나타난다. * 명령어: 무리수화[$q1$]	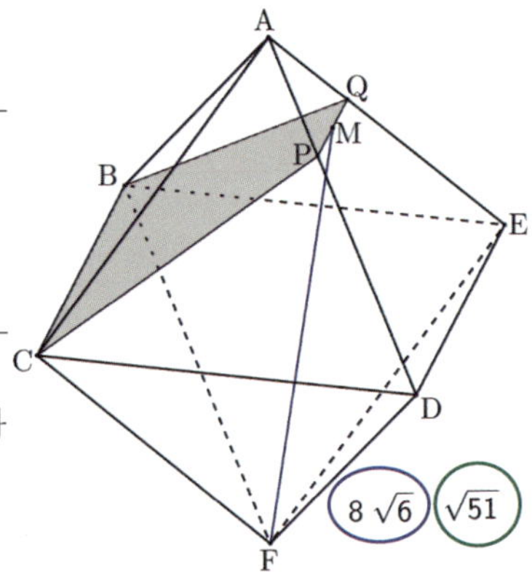
31		– 선분 MF(d) 작도하기 (방법)선분을 구성하는 두 점을 차례로 클릭한다. ▸ 명령어를 이용하여 작도할 수도 있다. * 명령어: 선분[M,F]	
32		– 선분 MF의 길이 확인하기 ▸ 선분 MF(d)의 길이는 이미 대수창에서 다음과 같이 확인할 수 있다. – 선분 ● b_1 = 6 ● c = 5.2915026221 ● d = 7.1414284285 ● f = 6 ▸ 무리수화 명령어를 이용하면 선분의 길이가 기하창에 나타난다. * 명령어: 무리수화[d]	

<표 Ⅱ-6-2>에서 세 선분 BE, EF, FB는 설정사항(선스타일)에서 점선으로 변경하였고 <표 Ⅱ-6-3>까지 설정사항이 유지되고 있다. GeoGebra 3차원 기하창에서 어떤 대상의 색상의 불투명도가 0보다 클 때, 그 대상의 안이나 뒤에 존재하는 직선과 선분은 점선으로 나타난다. 그러나 제작자가 문제 상황에 따라 <그림 Ⅱ-6-1>과 같이 '보이지 않는 선스타일' 기능을 이용하여 제시되는 그림의 상황을 변경할 수 있다. 예를 들어, 세 선분 BE, EF, FB는 설정사항(선스타일)에서 다시 실선으로 변경한 후 '보이지 않는 선스타일' 기능에서 3가지 유형에 따른 차이점을 살펴보자.

〈그림 II-6-1〉 선스타일에 대한 설정사항

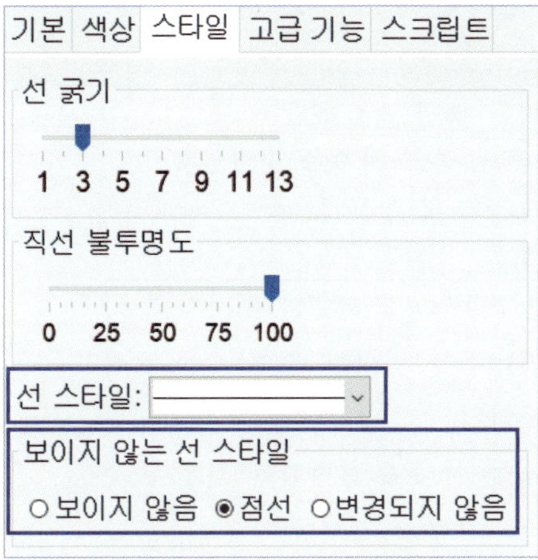

〈표 II-6-4〉는 세 선분 BE, EF, FB의 '보이지 않는 선 스타일'에 따른 기하창 화면이다. 첫 번째 그림은 '보이지 않음'을 선택한 경우로 사각형 BCPQ 뒤에 가려진 두 선분의 일부가 보이지 않는다. 두 번째 그림은 '점선'을 선택한 경우로 사각형 BCPQ 뒤에 가려진 두 선분의 일부가 점선으로 나타난다. 세 번째 그림은 '변경되지 않음'을 선택한 경우이다.

〈표 II-6-4〉 선분의 '보이지 않는 선 스타일'에 따른 3차원 기하창 화면

보이지 않음	점선	변경되지 않음
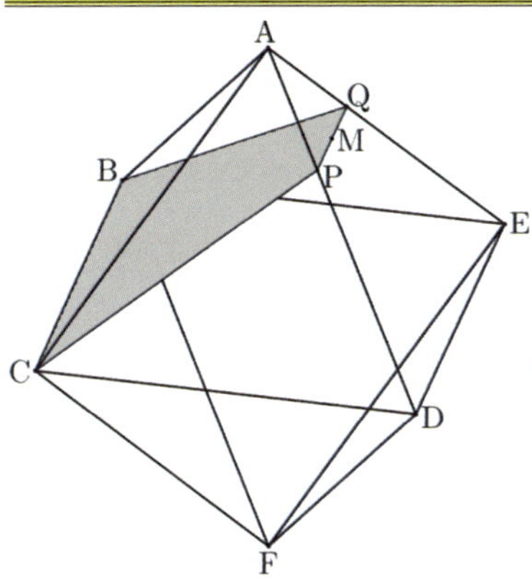	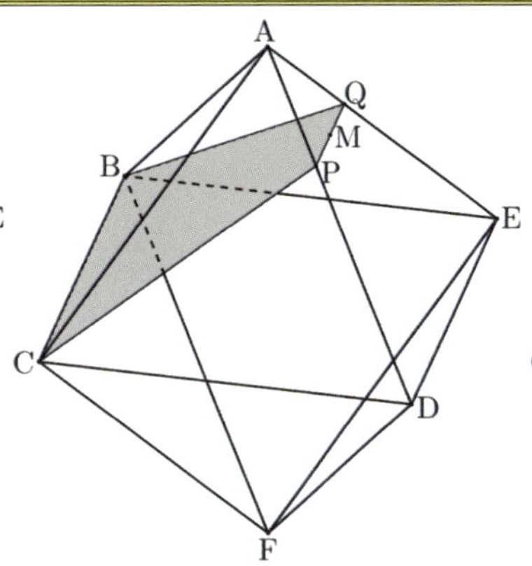	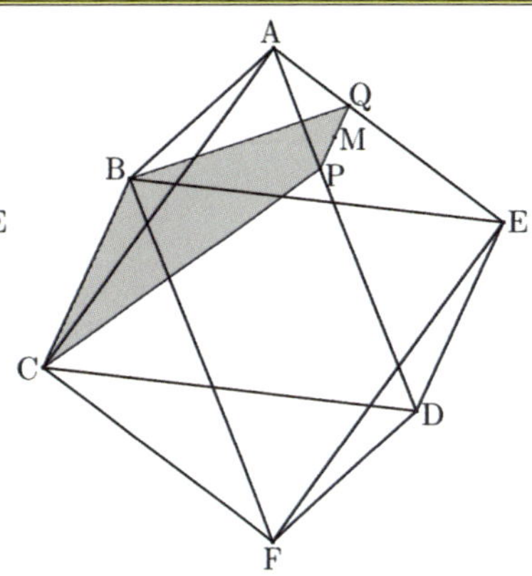

〈표 II-6-5〉 [문제 II-6]의 정사영의 넓이 확인 과정(구성단계 33~40)

구성 단계	도구	작도 과정	화면상의 작도 상태
33		– 세 점 P, Q, F를 지나는 평면 작도하기 (방법)평면을 구성하는 세 점을 차례로 클릭한다. ▸ 명령어를 이용하여 작도할 수도 있다. * 명령어: 평면[P,Q,F]	
34 ~ 35		– 사각형 BCPQ의 평면 PQF (r_1) 위로의 정사영을 작도하기 위하여 두 점 B, C를 지나고 평면 r_1에 수직인 두 직선 e, f_1 작도하기 (방법)점 B와 평면 r_1을 차례로 클릭하여 직선 e를, 점 C와 평면 r_1을 차례로 클릭하여 직선 f_1을 작도한다. ▸ 명령어를 이용하여 작도할 수도 있다. * 명령어: 수직선[B, r_1], 수직선[C, r_1]	
36 ~ 37		– 두 직선 e, f_1과 평면 r_1의 두 교점 I, J 작도하기 (방법)직선 e와 평면 r_1을 차례로 클릭한다. 직선 f_1과 평면 r_1을 차례로 클릭한다. ▸ 명령어를 이용하여 작도할 수도 있다. * 명령어: 교점[e, r_1], 교점[f_1, r_1]	
38		– 사각형 BCPQ의 평면 PQF 위로의 정사영인 사각형 IJPQ 작도하기 (방법)사각형 IJPQ를 구성하는 네 점을 차례로 클릭한다. ▸ 명령어를 이용하여 작도할 수도 있다. * 명령어: 다각형[I,J,P,Q]	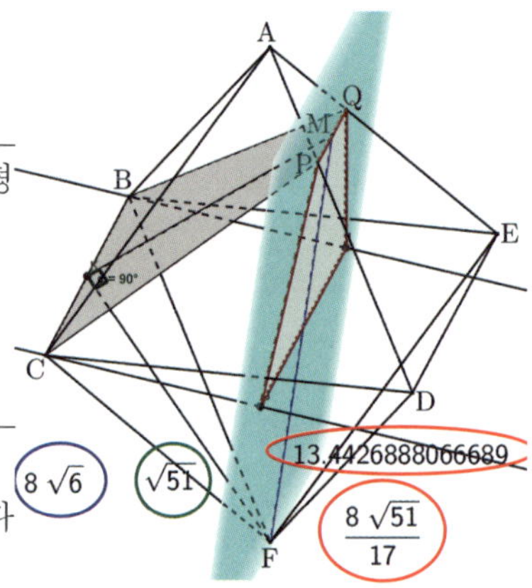
39		– 사각형 IJPQ의 넓이 확인하기 ▸ 사각형 IJPQ($q2$)의 넓이는 이미 대수창에서 다음과 같이 확인할 수 있다. 사각형 q1 = 19.5959179423 q2 = 13.4426888067 ▸ 무리수화 명령어를 이용하면 사각형의 넓이가 기하창에 나타난다. * 명령어: 무리수화[$q2$]	
40		– 사각형 IJPQ의 넓이 재확인하기 ▸ <표 II-1-6>에서 다룬 바와 같이 GeoGebra에서는 복합 개체로 이루어진 무리수는 무리수화 명령어가 적용되지 않으며, 일정 크기가 넘는 수치도 무리수화 명령어가 적용되지 않는다. ▸ 사각형 IJPQ의 넓이의 $\frac{1}{4}$배를 확인하고자 한다면 다음과 같이 명령어를 재입력하면 오른쪽 그림과 같이 확인할 수 있다. * 명령어: 무리수화[$q2/4$]	

〈표 II-6-6〉 [문제 II-6]의 이면각의 크기 확인 과정(구성단계 41~46)

구성 단계	도구	작도 과정	화면상의 작도 상태
41	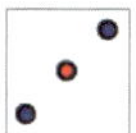	- 선분 BC(j)의 중점 K 작도하기 (방법)두 점 B, C를 차례로 클릭하거나 선분 BC(j)를 클릭한다. ▸ 명령어를 이용하여 작도할 수도 있다. * 명령어: 중점[B,C] 또는 중점[j]	
42 ~ 43		- 두 선분 KM(g_1), KF(h_1) 작도하기 (방법)선분을 구성하는 두 점을 차례로 클릭한다. ▸ 명령어를 이용하여 작도할 수도 있다. * 명령어: 선분[K,M], 선분[K,F]	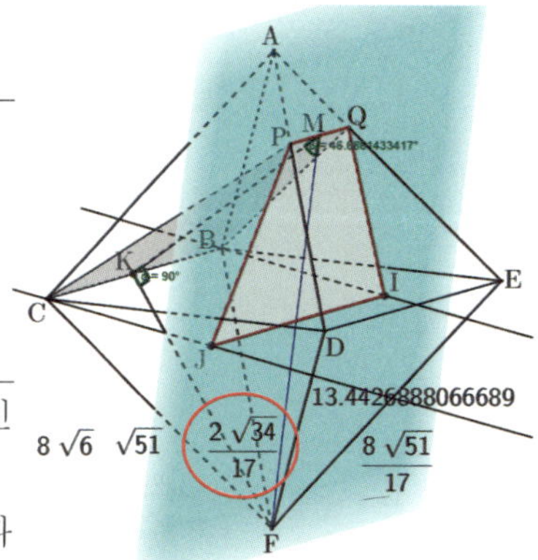
44 ~ 45	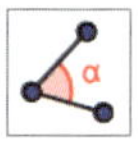	- ∠FKM(α)$=\frac{\pi}{2}$, ∠KMF(β) 작도하기 (방법)각을 구성하는 세 점을 차례로 클릭한다. ▸ 명령어를 이용하여 작도할 수도 있다. * 명령어: 각[F,K,M], 각[K,M,F]	
46		- 두 평면 BCPQ, IJPQ가 이루는 이면각의 크기 확인하기 ▸ ∠KMF(β)의 크기는 이미 대수창에서 다음과 같이 확인할 수 있다. - 각 ● α = 90° ● β = 46.6861433417° ▸ 무리수화 명령어를 이용하면 ∠KMF(β)에 대한 cos값 $\frac{2\sqrt{34}}{17}$가 기하창에 나타난다. * 명령어: 무리수화[cos(β)]	

문제 Ⅱ-7

좌표공간의 구

$$S:(x-2\sqrt{3})^2+(y-2\sqrt{3})^2+(z+2)^2=16$$

에 대하여 구 S와 xy평면이 만나서 생기는 원을 C_1, 구 S와 zx평면이 만나서 생기는 원을 C_2라 하자. 원 C_1 위의 점 중에서 원점 O까지의 거리가 최대인 점을 P, 원 C_2 위의 점 중에서 원점 O까지의 거리가 최대인 점을 Q라 하고, 점 Q에서 x축에 내린 수선의 발을 H라 하자. 삼각형 OPH의 평면 OPQ 위로의 정사영의 넓이가 $a\sqrt{15}+b\sqrt{30}$일 때, $100ab$의 값을 구하시오. (단, a와 b는 유리수이다.)

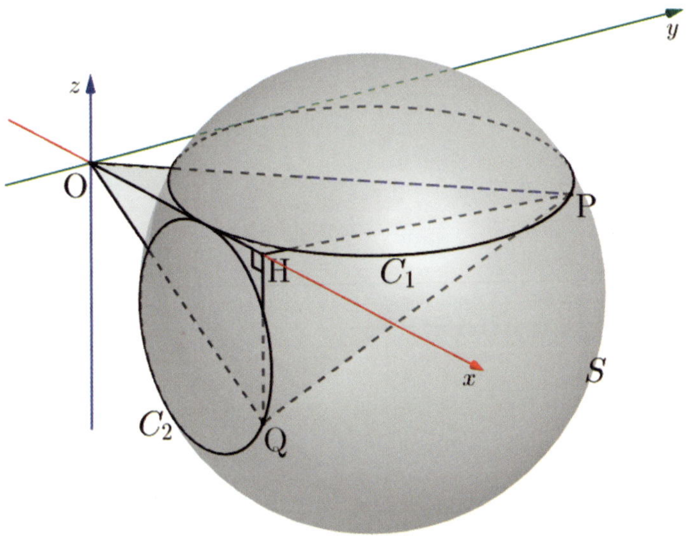

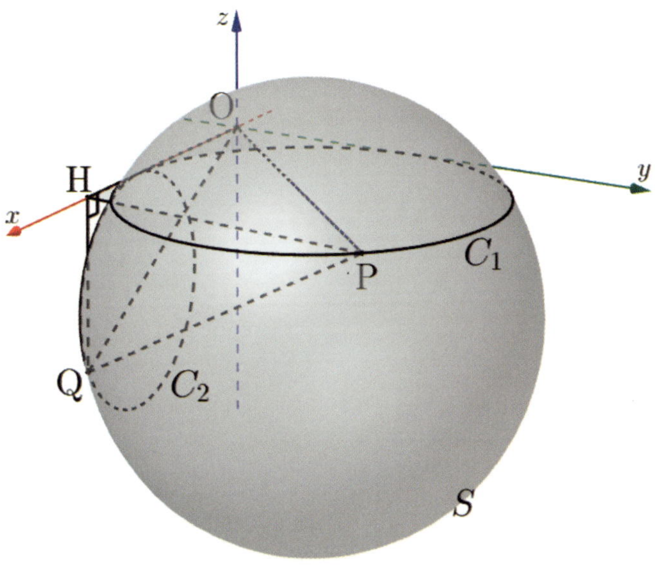

해설

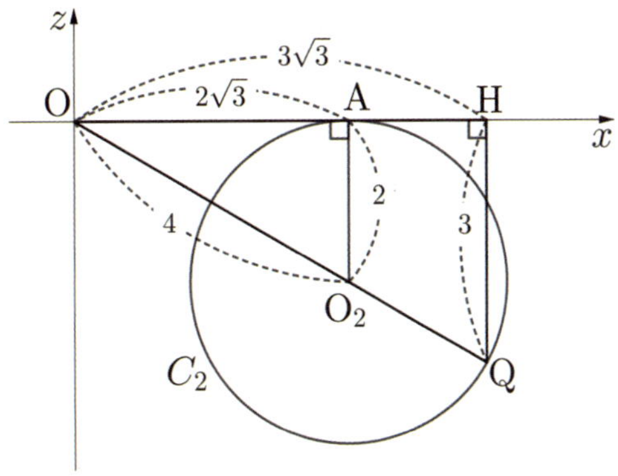

구 S와 zx평면이 만나서 생기는 원 C_2의 중심을 O_2라 하고 원 C_2와 x축이 만나는 점을 A라 하자.

중심 O_2의 좌표가 $(2\sqrt{3}, 0, -2)$이므로 $\overline{OA}=2\sqrt{3}$, $\overline{AO_2}=2$이다. 또한 $\overline{O_2Q}=2$이므로 닮음비에 의하여 $\overline{OH}=3\sqrt{3}$, $\overline{HQ}=3$이다.

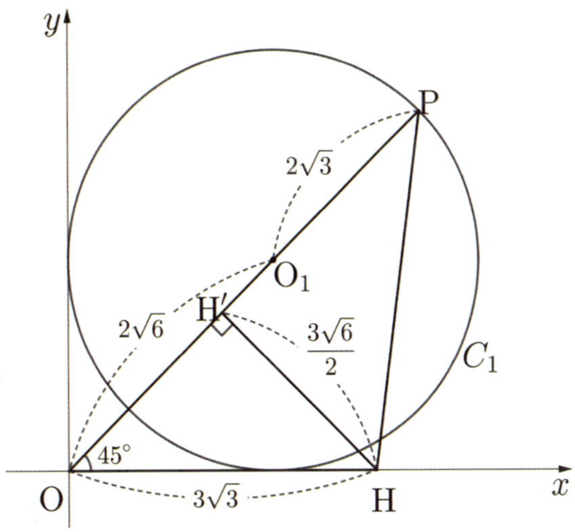

구 S와 xy평면이 만나서 생기는 원 C_1의 중심을 O_1이라 하면 중심 O_1의 좌표가 $(2\sqrt{3}, 2\sqrt{3}, 0)$이므로 $\overline{OO_1}=2\sqrt{6}$, $\overline{O_1P}=2\sqrt{3}$이다.

점 H에서 선분 OP에 내린 수선의 발을 H′이라 하면 $\overline{HH'}=\dfrac{3\sqrt{6}}{2}$이다.

그러므로 삼각형 OPH의 넓이는 $\dfrac{1}{2}\times(2\sqrt{3}+2\sqrt{6})\times\dfrac{3\sqrt{6}}{2}=\dfrac{18+9\sqrt{2}}{2}$이다.

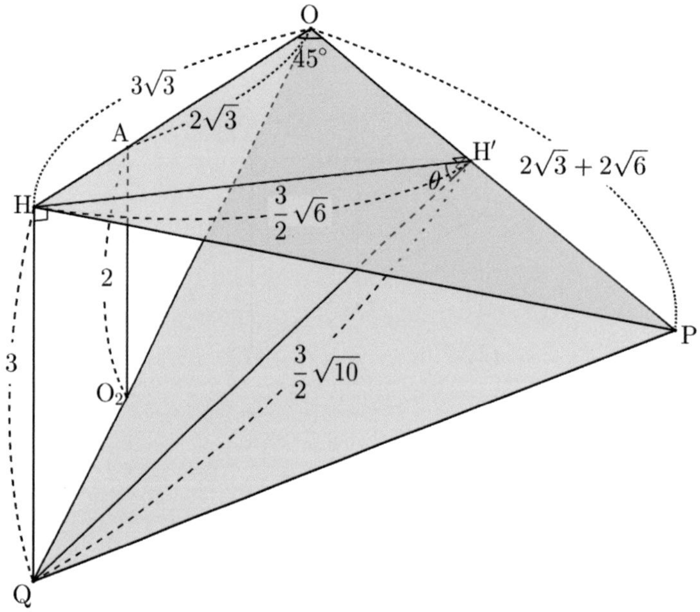

삼각형 HQH′에서 $\overline{HQ}=3$, $\overline{HH'}=\frac{3\sqrt{6}}{2}$이므로 $\overline{QH'}=\frac{3\sqrt{10}}{2}$이다.

그러므로 삼각형 OPH와 삼각형 OPQ가 이루는 각을 θ라 하면

$$\cos\theta=\frac{\frac{3\sqrt{6}}{2}}{\frac{3\sqrt{10}}{2}}=\frac{\sqrt{15}}{5}$$

이다. 삼각형 OPH의 평면 OPQ 위로의 정사영의 넓이는

$$\frac{18+9\sqrt{2}}{2}\times\frac{\sqrt{15}}{5}=\frac{9}{5}\sqrt{15}+\frac{9}{10}\sqrt{30}$$

이다. 따라서 $100ab=162$이다.

[문제II-7]에 제시된 입체도형 작도하기

3차원의 공간도형 문제 상황에서 그림(입체도형)을 제시할 때, [문제II-7]과 같이 다양한 투영 방향으로 제시가 가능하다. 어떠한 투영 방향으로 입체도형을 제시하느냐에 따라 학생들의 문항에 대한 접근도도 달라질 수 있다. 심지어 [문제II-7]의 경우 그림을 제시하지 않아도 되는 상황이다. 아마도 그림이 제시된다면 학생들이 문제 상황을 보다 쉽게 파악할 수 있을 것이다.

〈표 II-7-1〉 [문제II-7]의 입체도형 작도 과정(구성단계 1~5)

구성단계	도구	작도 과정	화면상의 작도 상태
1		- 구 $S: (x-2\sqrt{3})^2+(y-2\sqrt{3})^2+(z+2)^2=16$ 작도하기 (방법)입력창에 다음과 같이 입력한다. * 명령어: (x-2sqrt(3))^2+(y-2sqrt(3))^2+(z+2)^2=16 ▸ 구 $S(eq1)$의 중심 (2sqrt(3),2sqrt(3),-2)를 직접 입력하여 점을 작도한 후, 구(구: 중심과 반지름) 도구와 반지름을 이용하여 작도할 수도 있으며, 구 $S(eq1)$의 중심이 되는 좌표와 x축 또는 y축과 만나는 점의 좌표인 (2sqrt(3),0,0) 또는 (0,2sqrt(3),0)을 작도한 후 구(구: 중심과 점) 도구를 이용하여 작도할 수도 있다.	
2		- 원점 O 작도하기 (방법)3차원 기하창에서 원점의 위치를 클릭하여 작도하고 이름을 O로 변경하기 ▸ 변경하고자 하는 점에서 마우스 우클릭을 이용하여 각각의 점들의 설정사항(기본)의 '이름' 란에서 이름을 변경하고, '캡션' 란에 아래와 같이 입력한다. '레이블 보이기'는 캡션으로 설정한다. * 캡션 명령어: $\LARGE\rm{%n}$ ▸ 명령어를 이용하여 작도할 수도 있다. * 명령어: 교점[x축,y축] 또는 교점[x축,z축] ▸ 입력창에 (0,0,0)을 입력하면 점 A(0,0,0)이 생성되고, 입력창에 점 이름까지 포함하여 O(0,0,0)을 입력하면 점의 이름이 O로 생성된다.	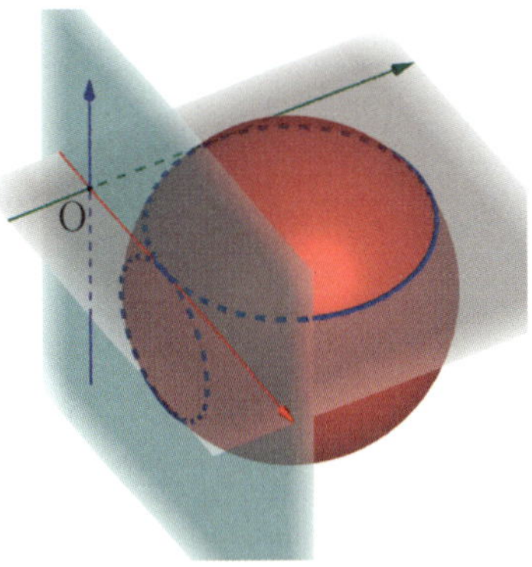
3	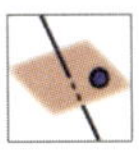	- 원점 O를 지나고 y축에 수직인 평면 작도하기 (방법)원점 O와 y축을 차례로 클릭한다. ▸ 명령어를 이용하여 작도할 수도 있다. * 명령어: 수직평면[O,y축] ▸ 입력창에 평면의 방정식 $y=0$을 입력하여 작도할 수도 있다.	
4~5	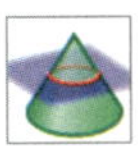	- 구 S와 xy평면, zx평면과의 두 교선(원) 작도하기 (방법)구 S와 xy평면을 차례로 클릭한다. 구 S와 zx평면(p)을 차례로 클릭한다. ▸ 명령어를 이용하여 작도할 수도 있다. * 명령어: 교선[xOy평면, $eq1$], 교선[p, $eq1$]	

〈표 Ⅱ-7-2〉 [문제Ⅱ-7]의 입체도형 작도 과정(구성단계 6~19)

구성단계	도구	작도 과정	화면상의 작도 상태
6 ~ 7		– 두 원뿔곡선 c, d의 중심 작도하기 (방법)두 원뿔곡선 c, d를 각각 클릭한다. ▸ 명령어를 이용하여 작도할 수도 있다. * 명령어: 중심[c], 중심[d]	
8 ~ 9		– 원점 O와 두 원의 중심 A, B를 각각 지나는 두 직선 f, g 작도하기 (방법)원점 O와 중심 A를 차례로 클릭한다. 원점 O와 중심 B를 차례로 클릭한다. ▸ 명령어를 이용하여 작도할 수도 있다. * 명령어: 직선[O,A], 직선[O,B]	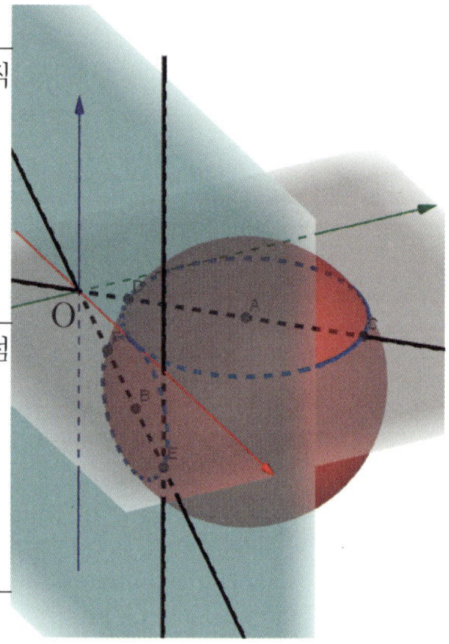
10 ~ 11		– 직선 f와 원뿔곡선 c, 직선 g와 원뿔곡선 d의 교점 작도하기 (방법)직선 f와 원뿔곡선 c를 차례로 클릭한다. 직선 g와 원뿔곡선 d를 차례로 클릭한다. ▸ 명령어를 이용하여 작도할 수도 있다. * 명령어: 교점[f, c], 교점[g, d]	
12	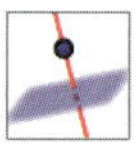	– 점 E를 지나고 xy평면에 수직인 직선 h 작도하기 (방법)점 E와 xy평면을 차례로 클릭한다. ▸ 명령어를 이용하여 작도할 수도 있다. * 명령어: 수직선[E, xOy평면]	
13		– 직선 h와 x축과의 교점 작도하기 (방법)직선 h와 x축을 차례로 클릭한다. ▸ 명령어를 이용하여 작도할 수도 있다. * 명령어: 교점[h, x축] ▸ 교점의 위치에 마우스를 가까이 하면 교점이 활성화되므로 활성화 위치에서 직선 h와 x축을 동시에 클릭하여 작도할 수도 있다.	
		• '대상 보이기(대상 보이기)' 기능을 활용하여 세 직선 f, g, h, 평면 p, 네 점 A, B, D, F를 보이지 않게 설정하기 • '3차원 기하창' 에서 마우스의 우클릭을 이용하여 xy평면( )을 보이지 않게 설정하기 • 세 점 C, E, G의 이름을 오른쪽 그림과 같이 P, Q, H로 변경하기 ▸ 변경하고자 하는 점에서 마우스 우클릭을 이용하여 각각의 점들의 설정사항(기본)의 '이름' 란에서 이름을 변경하고, '캡션' 란에 아래와 같이 입력한다. '레이블 보이기' 는 캡션으로 설정한다. * 캡션 명령어: $\LARGE\rm{%n}$	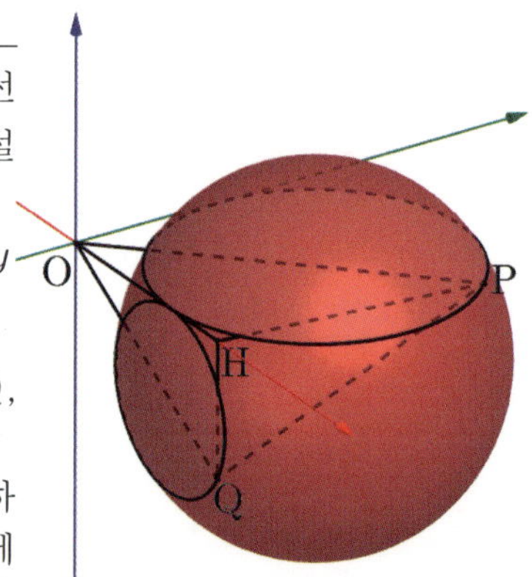
14 ~ 19		– 6개의 선분 OH, OP, OQ, HP, HQ, PQ 작도하기 (방법)선분을 구성하는 두 점을 차례로 클릭한다. ▸ 명령어를 이용하여 작도할 수도 있다. * 명령어: 선분[O,H] 등	

〈표 II-7-3〉 [문제II-7]의 입체도형 작도 과정(구성단계 20~23)

구성단계	도구	작도 과정	화면상의 작도 상태
20	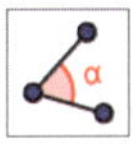	– '각' 도구를 활용하여 $\angle \mathrm{OHQ}=\frac{\pi}{2}$ 나타내기 (방법) '각' 도구를 클릭하고 세 점 O, H, Q를 차례로 클릭한다. ∠OHQ에 대한 설정사항 '기본' 탭에서 레이블을 제거하고, '색상' 탭에서 색은 검정, 불투명도는 0으로, '스타일' 탭에서 사이즈는 25로 설정한다(<표 II-1-3> 구성단계 18 참고). ▸ 명령어를 이용하여 작도할 수도 있다. * 명령어: 각[O,H,Q]	
21 ~ 23		– '텍스트' 도구를 활용하여 C_1, C_2, S 나타내기 (방법) '텍스트' 도구를 클릭하고 기하창을 클릭하면 아래의 왼쪽과 같은 텍스트 입력창이 생성된다. 입력하고자 하는 식을 입력창에 입력하고 그림과 같이 'LaTeX 수식' 에 체크한 후 확인 버튼을 클릭한다. ▸ 글자의 크기는 마우스의 우클릭을 이용하여 텍스트의 설정사항에서 조절할 수 있다. 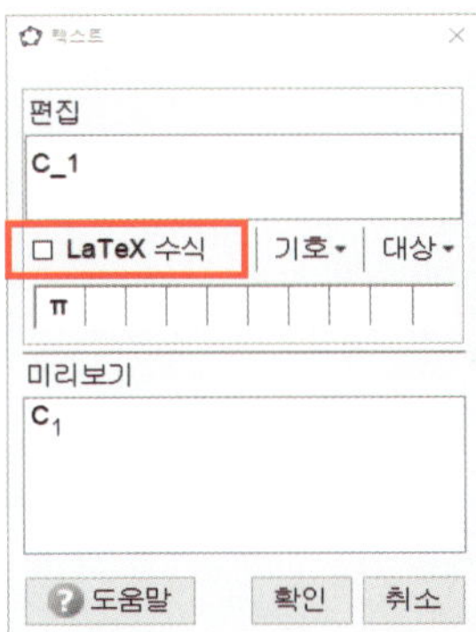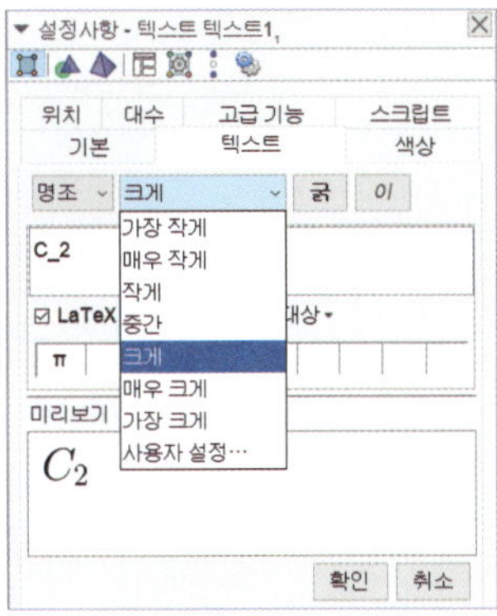 ▸ x축, y축, z축을 나타내는 문자 또한 동일한 방법으로 작성할 수 있다.	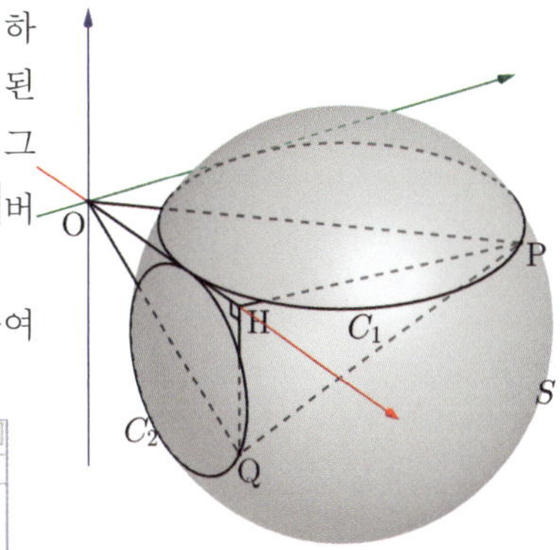
		• 구 $eq1$의 설정사항(색상)에서 색상(옅은 회색)을 선택하고 불투명도를 50으로 조정하기(<그림 II-4-3> 참고)	

〈그림 Ⅱ-7-1〉 x축, y축, z축의 설정사항 변경 전·후 화면

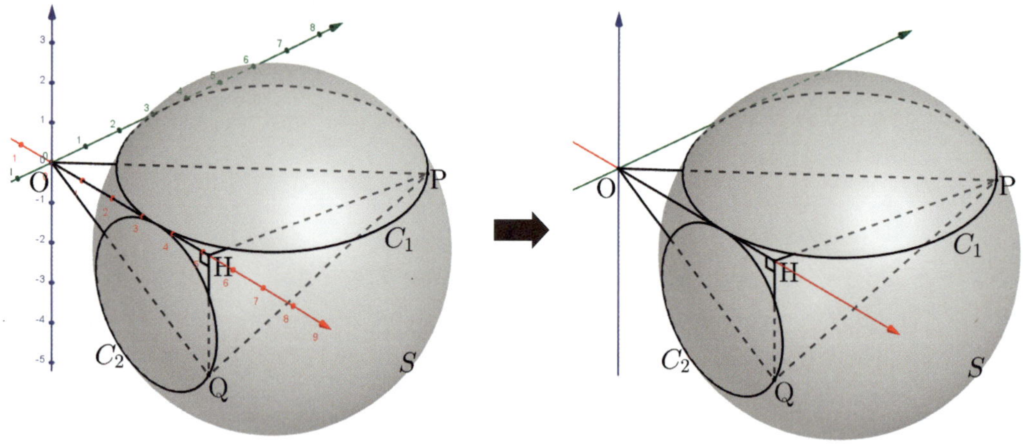

〈그림 Ⅱ-7-1〉과 같이 그림에서 x축, y축, z축의 형태는 유지하면서 축에 설정되어 있는 숫자와 눈금을 없애기 위해서는 기하창에서 마우스 우클릭을 하여 〈그림 Ⅱ-7-2〉의 왼쪽 그림과 같이 기하창 설정사항을 클릭한 후, 〈그림 Ⅱ-7-2〉의 오른쪽 그림과 같이 '숫자 보이기'에서 체크를 없애고 '눈금'에서 표시가 없는 축 상태를 클릭하면 된다.

〈그림 Ⅱ-7-2〉 축의 숫자와 눈금에 대한 설정사항

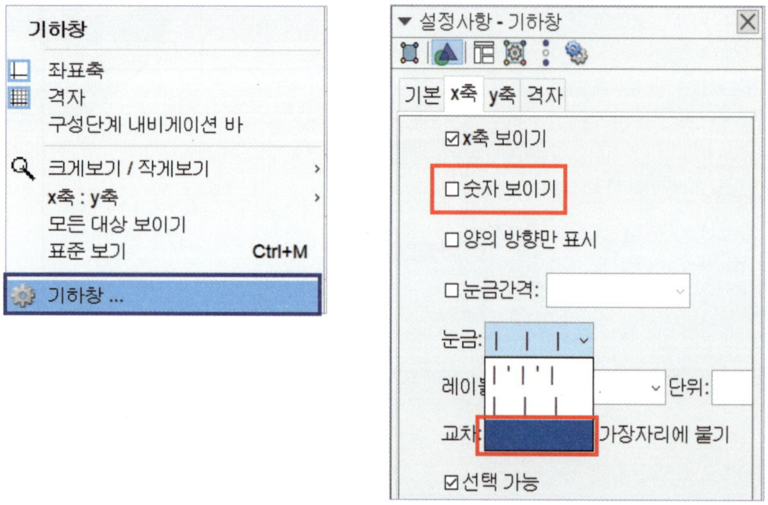

GeoGebra는 기하창에서 스크롤을 이용할 경우 좌표의 간격이 자동으로 확대·축소된다. 화면에 나타난 눈금의 간격을 화면의 확대·축소에 관계없이 유지하고자 한다면 〈그림 Ⅱ-7-2〉의 오른쪽 그림의 '눈금간격'에서 간격을 임의로 설정하여 고정할 수 있다. 또한 삼각함수나 삼각함수가 포함된 함수를 사용하는 경우 간격을 π, $\frac{\pi}{2}$, …와 같이 설정할 수도 있다.

[문제II-7] 정답 확인하기

정사영의 넓이를 확인하기 전에 <표 II-7-3>에서 작도한 입체도형 파일을 복사하여 원본 파일은 그대로 저장(파일명: 문제II-7_구성단계23_입체도형)하여 보관하고, 복사한 파일에서 새로운 작도를 진행한다.

〈표 II-7-4〉 [문제II-7]의 정답 확인 과정(구성단계 24~31)

구성단계	도구	작도 과정	화면상의 작도 상태
24		– 세 점 O, P, Q를 지나는 평면 작도하기 (방법)평면을 구성하는 세 점을 차례로 클릭한다. ▶ 명령어를 이용하여 작도할 수도 있다. * 명령어: 평면[O,P,Q]	
25		– 삼각형 OPH의 평면 OPQ 위로의 정사영을 작도하기 위하여 점 H를 지나고 평면 OPQ(q)에 수직인 직선 r 작도하기 (방법)점 H와 평면 q를 차례로 클릭한다. ▶ 명령어를 이용하여 작도할 수도 있다. * 명령어: 수직선[H,q]	
26		– 직선 r와 평면 q의 교점 C 작도하기 (방법)직선 r와 평면 q를 차례로 클릭한다. ▶ 명령어를 이용하여 작도할 수도 있다. * 명령어: 교점[r,q]	
27 ~ 28		– 삼각형 OPH와 삼각형 OPH의 평면 OPQ 위로의 정사영인 삼각형 OPC 작도하기 (방법)두 삼각형 OPH, OPC를 구성하는 각각의 세 점을 차례로 클릭한다. ▶ 명령어를 이용하여 작도할 수도 있다. * 명령어: 다각형[O,P,H], 다각형[O,P,C]	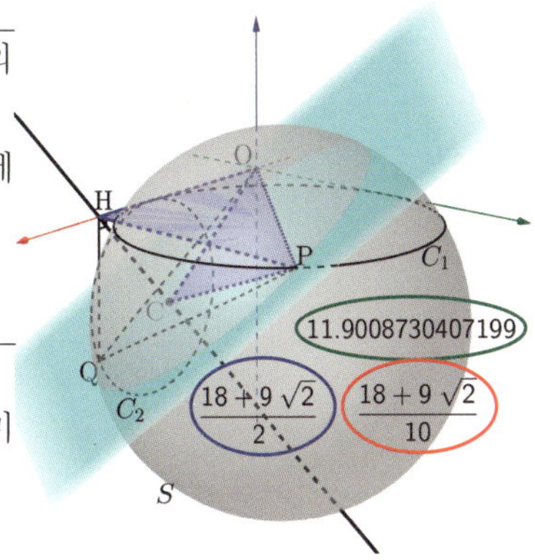
29 ~ 31		– 두 삼각형 OPH, OPC의 넓이 확인하기 ▶ 두 삼각형 OPH($t1$), OPC($t2$)의 넓이는 이미 대수창에서 다음과 같이 확인할 수 있다. 삼각형 t1 = 15.36 t2 = 11.9 ▶ 무리수화 명령어를 이용하면 두 삼각형의 넓이가 기하창에 나타난다. * 명령어: 무리수화[$t1$], 무리수화[$t2$] ▶ <표 II-1-6>에서 다룬 바와 같이 GeoGebra에서는 복합 개체로 이루어진 무리수는 무리수화 명령어가 적용되지 않으며, 일정 크기가 넘는 수치도 무리수화 명령어가 적용되지 않는다. ▶ 삼각형 OPC의 넓이의 $\frac{1}{\sqrt{15}}$배를 확인하고자 한다면 다음과 같이 명령어를 입력하여 오른쪽 그림과 같이 확인할 수 있다. * 명령어: 무리수화[$t2$/sqrt(15)]	

〈표 II-7-5〉 [문제II-7]의 이면각의 크기 확인 과정(구성단계 32~36)

구성 단계	도구	작도 과정	화면상의 작도 상태
32		- 점 H를 지나고 선분 OP에 수직인 직선 s 작도하기 (방법)점 H와 선분 OP(j)를 차례로 클릭한다. ▸ 명령어를 이용하여 작도할 수도 있다. * 명령어: 수직선[H, j, 공간] ▸ 점 H와 선분 OP(i)가 모두 xy평면에 존재하기 때문에 2차원 기하창에서 수직선() 도구를 이용하여 작도하는 것도 가능하다. * 명령어: 수직선[H, j]	
33	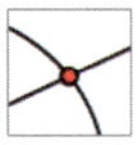	- 직선 s와 선분 OP(j)의 교점 E 작도하기 (방법)직선 s와 선분 OP(j)를 차례로 클릭한다. ▸ 명령어를 이용하여 작도할 수도 있다. * 명령어: 교점[s,j] ▸ [문제II-7]의 <해설>에 주어진 그림과 동일한 문자를 사용하기 위하여 오른쪽 그림과 같이 점 E의 이름을 H′으로 변경한다. 변경하고자 하는 점에서 마우스 우클릭을 이용하여 점의 설정사항(기본)의 '이름' 란에서 이름을 변경하고, '캡션' 란에 아래와 같이 입력한다. '레이블 보이기'는 캡션으로 설정한다. * 캡션 명령어: $\LARGE\rm{%n}$	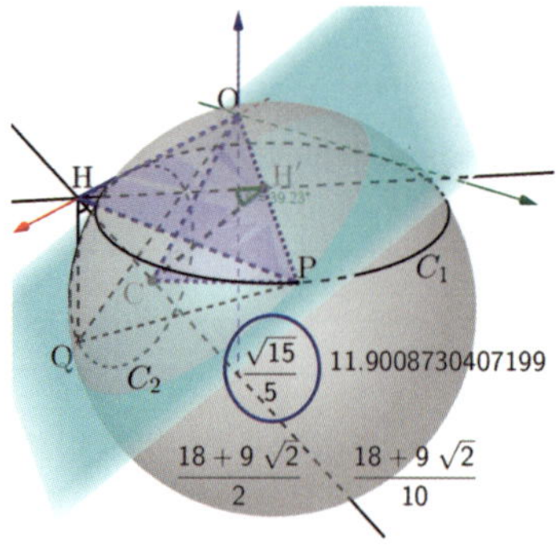
34		- 선분 CH′ 작도하기 (방법)선분을 구성하는 두 점을 차례로 클릭한다. ▸ 명령어를 이용하여 작도할 수도 있다. * 명령어: 선분[C,H′]	
35	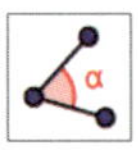	- ∠CH′H(β) 작도하기 (방법)각을 구성하는 세 점을 차례로 클릭한다. ▸ 명령어를 이용하여 작도할 수도 있다. * 명령어: 각[C,H′,H]	
36		- 두 평면 OPH, OPQ가 이루는 이면각의 크기 확인하기 ▸ ∠CH′H(β)의 크기는 이미 대수창에서 다음과 같이 확인할 수 있다. – 각 ● α = 90° ● β = 39.23° ▸ 무리수화 명령어를 이용하면 ∠CH′H(β)에 대한 cos값 $\frac{\sqrt{15}}{5}$가 기하창에 나타난다. * 명령어: 무리수화[cos(β)]	

[문제II-7] 교수·학습 상황에서 3차원 기하창 이용하기

GeoGebra를 활용한 교수·학습 상황 또는 문항을 제작하는 과정에서 3차원 입체도형의 제시 방향은 3차원 기하창 회전( ) 도구와 기하창 이동( ) 도구를 이용하여 제작자가 대상을 회전 또는 평행이동하면서 원하는 투영 방향으로 설정할 수 있다. 3차원 기하창에서 기하창 이동( ) 도구를 클릭한 후 3차원 기하창을 클릭하면 화면의 상하( ) 이동과 좌우( ) 이동을 위한 아이콘이 나타나며, 클릭 시마다 교대로 아이콘은 변경된다.

〈표 II-7-6〉은 [문제II-7]의 〈해설〉에 주어진 그림과 같이 다양한 투영 방향으로 문제 상황을 제시한 것이다. 교수·학습 상황에서 학생들에게 다양한 투영 방향으로 입체도형을 제시함으로써 학생들의 문제 상황에 대한 이해도를 증진시킬 수 있다.

〈표 II-7-6〉 [문제II-7]에 주어진 입체도형의 다양한 투영

zx평면으로 투영	xy평면으로 투영	삼각형 HH′Q와 수직으로 투영
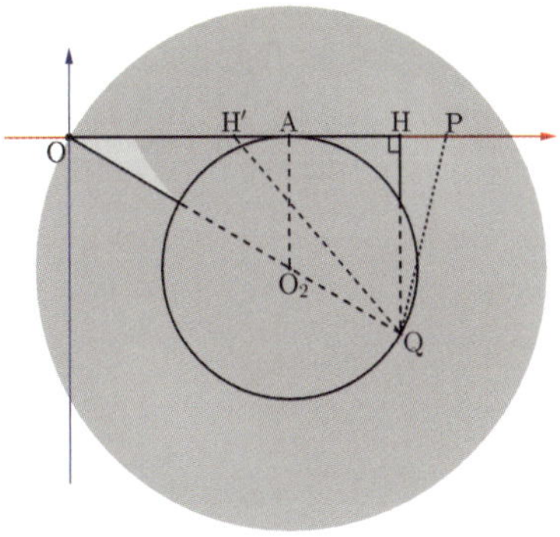	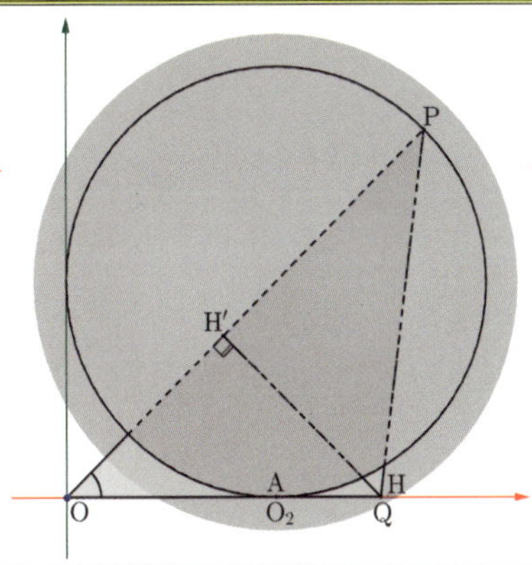	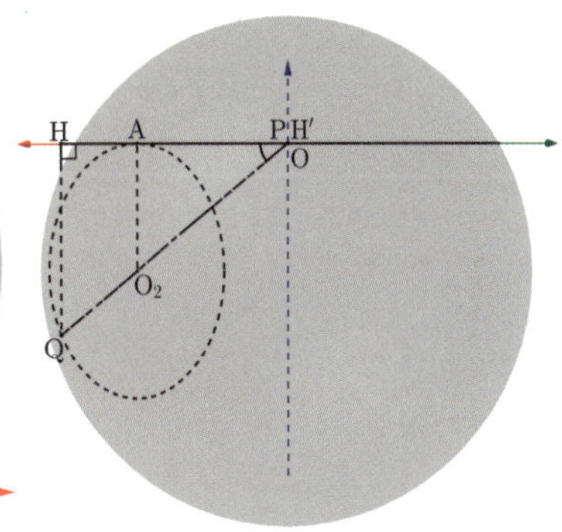

Ⅲ. 평면벡터 관련 문항 제작과 활용 방법

문제Ⅲ-1

그림과 같이 두 점 $\mathrm{A}(2, 2)$, $\mathrm{B}(4, 0)$과 선분 AB를 지름으로 하는 반원의 호 AB 위를 움직이는 점 P가 있다. 원점 O와 $|\overrightarrow{\mathrm{PQ}}| = \sqrt{2}$ 이고 $\overrightarrow{\mathrm{OP}} \cdot \overrightarrow{\mathrm{PQ}} \geq 0$인 점 Q에 대하여 $|\overrightarrow{\mathrm{OQ}}|$의 값이 최대가 되도록 하는 점 Q를 Q_1, $|\overrightarrow{\mathrm{OQ}}|$의 값이 최소가 되도록 하는 점 Q를 Q_2라 하자. $\overrightarrow{\mathrm{OQ}_1} \cdot \overrightarrow{\mathrm{OQ}_2} = a + b\sqrt{5}$일 때, $10ab$의 값을 구하시오.
(단, 점 Q_2는 선분 AB 위에 있지 않고, a와 b는 유리수이다.)

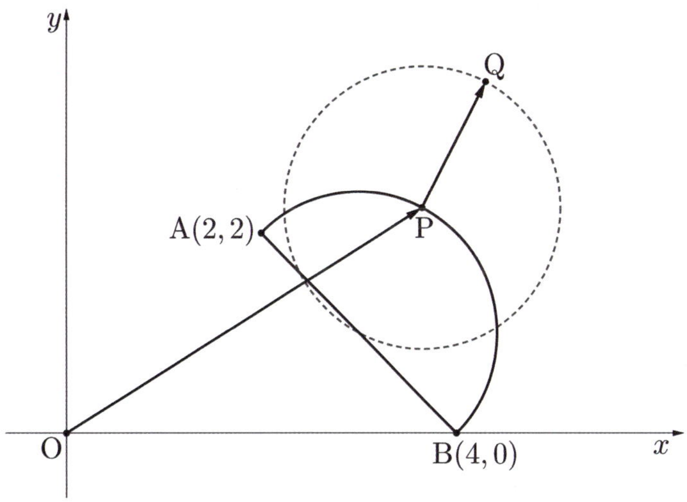

해설

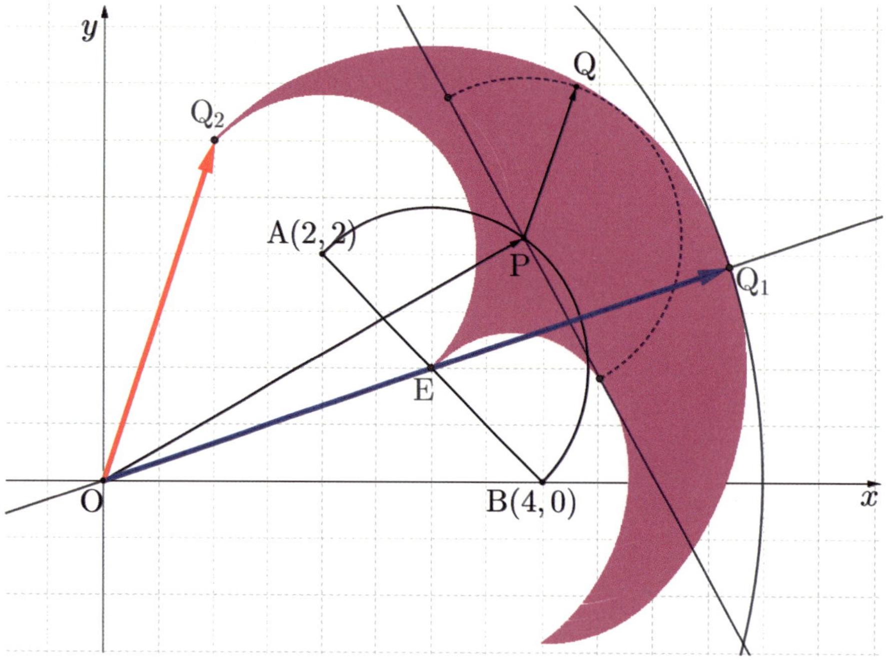

두 점 A(2, 2), B(4, 0)의 중점을 E라 하면 점 E의 좌표는 (3, 1)이고, 점 Q_2의 좌표는 (1, 3)이다.

$\overrightarrow{OQ_1}$와 $\overrightarrow{OQ_2}$가 이루는 각을 θ라 하면

$$\cos\theta = \frac{3\times1+1\times3}{\sqrt{3^2+1^2}\times\sqrt{1^2+3^2}} = \frac{3}{5}$$

이다. 또한 $|\overrightarrow{OQ}|$의 값이 최대가 되기 위해서는 세 점 E, P, Q가 한 직선 위에 존재해야 하므로 $|\overrightarrow{OQ_1}| = \sqrt{10}+2\sqrt{2}$이다. 즉,

$$\begin{aligned}\overrightarrow{OQ_1}\cdot\overrightarrow{OQ_2} &= |\overrightarrow{OQ_1}||\overrightarrow{OQ_2}|\cos\theta \\ &= (\sqrt{10}+2\sqrt{2})\times\sqrt{10}\times\frac{3}{5} = 6+\frac{12}{5}\sqrt{5}\end{aligned}$$

따라서 $10ab = 144$이다.

[문제Ⅲ-1]에 제시된 평면도형 작도하기

[문제Ⅲ-1]과 같이 동적인 평면벡터 관련 문제의 경우, 문제에 제시된 그림을 그리는 것은 오히려 단순할 수 있다. [문제Ⅲ-1]의 <해설>에 주어진 그림과 같이 학생들이 문제 상황을 보다 쉽게 파악할 수 있도록 GeoGebra를 활용한 교수·학습 자료를 만드는 방법에 대하여 살펴보고자 한다.

〈표 Ⅲ-1-1〉 [문제Ⅲ-1]의 평면도형 작도 과정(구성단계 1~5)

구성단계	도구	작도 과정	화면상의 작도 상태
1 ~ 3		- 두 점 A, B와 원점 O 작도하기 (방법)2차원 기하창에서 격자(▦)와 좌표축(┻)을 설정한 상태에서 (2,2), (4,0), (0,0)에 점을 작도하고 오른쪽 그림과 같이 이름을 각각 A(2, 2), B(4, 0), O로 변경하기11) ▸ 변경하고자 하는 점에서 마우스 우클릭을 이용하여 각각의 점들의 설정사항(기본)의 '이름' 란에서 이름을 변경하고, '캡션' 란에 아래와 같이 입력한다. '레이블 보이기'는 캡션으로 설정한다. * 캡션 명령어: $\LARGE\rm{A(2,2)}$ $\LARGE\rm{B(4,0)}$ $\LARGE\rm{%n}$ ▸ 격자(▦)와 좌표축(┻)을 설정하지 않고 명령어를 이용하여 작도할 수도 있다. * 명령어: (2,2), (4,0), (0,0) ▸ 또 다른 명령어로 입력창에 A(2,2), B(4,0), O(0,0)을 입력하면 점의 이름을 포함하여 작도가 이루어질 수 있다. 그러나 캡션 명령어는 추후 재설정해야 한다. ▸ 텍스트(ABC) 도구를 이용하여 점의 좌표를 나타낼 수도 있다.	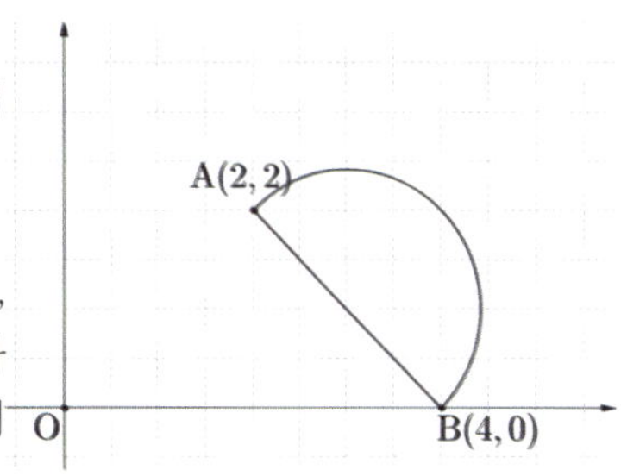
4		- 선분 AB 작도하기 (방법)선분을 구성하는 두 점을 차례로 클릭한다. ▸ 명령어를 이용하여 작도할 수도 있다. * 명령어: 선분[A,B]	
5		- 반원 AB 작도하기 (방법)반원을 구성하는 두 점을 차례로 클릭한다. ▸ 명령어를 이용하여 작도할 수도 있다. * 명령어: 반원[A,B]	

11) 기존에 사용한 캡션 명령어 '$\LARGE\rm{%n}$'은 설정사항의 이름란에 명시된 대상의 고유 이름을 그대로 유지하며 글자체를 변경하는 것이다. 그러나 캡션 명령어 '$\LARGE\rm{A(2,2)}$'은 기존의 속성(대수창에 표현되는 이름)은 그대로 유지하며 기하창에 표시되는 이름을 변경하는 명령어이다. 다시 말해 후자의 경우는 대수창에 그 점과 이름이 그대로 유지됨을 확인할 수 있다.

〈표 Ⅲ-1-2〉 [문제Ⅲ-1]의 평면도형 작도 과정(구성단계 6~12)

구성단계	도구	작도 과정	화면상의 작도 상태
6		– 호 AB(c) 위의 임의의 점 작도하기 (방법)호 AB(c)를 클릭한다. ▸ 명령어를 이용하여 작도할 수도 있다. ∗ 명령어: 점[c]	
7		– 점 C를 중심으로 하고 반지름의 길이가 $\sqrt{2}$인 원 d 작도하고 설정사항(선스타일)에서 점선으로 변경하기 (방법)점 C를 클릭하면 아래와 같이 반지름 입력창이 나타난다. 입력창에 sqrt(2)를 입력한다. 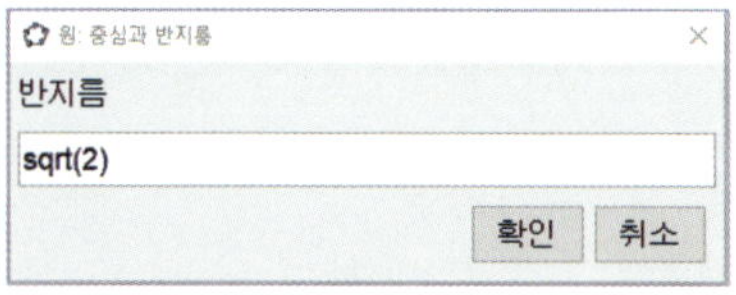 ▸ 명령어를 이용하여 작도할 수도 있다. ∗ 명령어: 원[C, sqrt(2)]	
8		– 원 d 위의 임의의 점 작도하기 (방법)원 d를 클릭한다. ▸ 명령어를 이용하여 작도할 수도 있다. ∗ 명령어: 점[d]	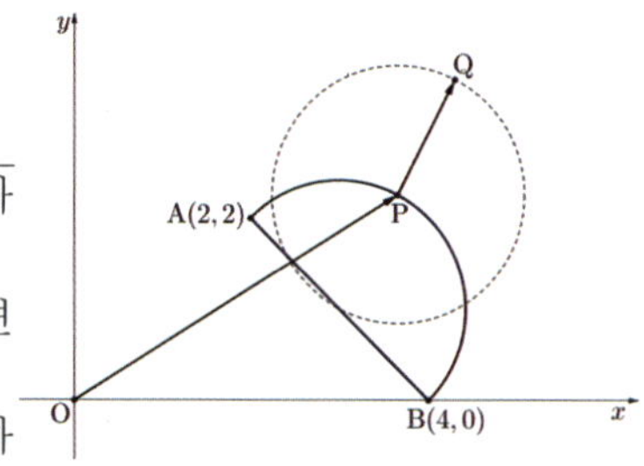
		• 2차원 기하창에서 마우스의 우클릭을 이용하여 격자(▦)를 보이지 않게 설정하기 • 두 점 C, D의 이름을 오른쪽 그림과 같이 P, Q로 변경하기 ▸ 변경하고자 하는 점에서 마우스 우클릭을 이용하여 각각의 점들의 설정사항(기본)의 ‘이름’ 란에서 이름을 변경하고, ‘캡션’ 란에 아래와 같이 입력한다. ‘레이블 보이기’는 캡션으로 설정한다. ∗ 캡션 명령어: $\LARGE\rm{%n}$	
9 ~ 10		– 두 벡터 OP, PQ 작도하기 (방법)각각의 두 벡터를 구성하는 시점과 종점을 차례로 클릭한다. ▸ 명령어를 이용하여 작도할 수도 있다. ∗ 명령어: 벡터[O,P], 벡터[P,Q]	
11 ~ 12	ABC	– ‘텍스트’ 도구를 활용하여 x축, y축을 나타내는 문자 나타내기 (방법) ‘텍스트’ 도구를 클릭하여 텍스트 입력창에 x, y를 각각 입력한다. 입력하고자 하는 식을 입력창에 입력하고 ‘LaTeX 수식’을 클릭한다. 글자의 크기는 텍스트의 설정사항에서 조절할 수 있다(<표 Ⅱ-7-3> 구성단계 21~23 참고).	

[문제Ⅲ-1] 교수 · 학습 상황에서 평면벡터의 자취 시각화하기

[문제Ⅲ-1] 평면벡터의 자취를 시각화하는 과정을 작도하기 전에 <표 Ⅲ-1-2>에서 작도한 평면도형 파일을 복사하여 원본 파일은 그대로 저장(파일명: 문제Ⅲ-1_구성단계12_평면벡터)하여 보관하고, 복사한 파일에서 새로운 작도를 진행한다.

〈표 Ⅲ-1-3〉 [문제Ⅲ-1]의 평면벡터의 자취 시각화 작도 과정(구성단계 13~17)

구성단계	도구	작도 과정	화면상의 작도 상태
13		- 점 P를 지나고 벡터 OP에 수직인 직선 g 작도하기 (방법)점 P와 벡터 OP(u)를 차례로 클릭한다. ▸ 명령어를 이용하여 작도할 수도 있다. * 명령어: 수직선[P,u]	
14 ~ 15		- 원뿔곡선 d와 직선 g의 두 교점 C, D 작도하기[12)] (방법)두 교점 중 위쪽에 위치하는 교점에 해당되는 위치에서 두 대상을 동시에 클릭하여 점 C를 작도하고, 아래쪽에 위치하는 교점에 해당되는 위치에서 두 대상을 동시에 클릭하여 점 D를 작도한다. ▸ 명령어를 이용하여 작도할 수도 있다. * 명령어: 교점[d,g]	
		• '대상 보이기(대상 보이기)' 기능을 활용하여 원뿔곡선 d를 보이지 않게 설정하기	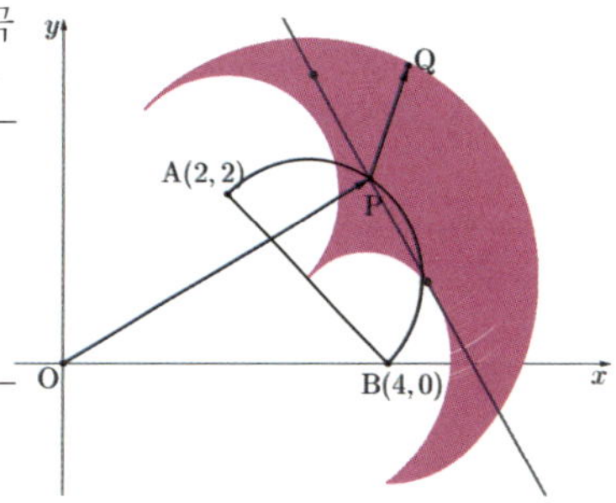
16		- 선분 CD를 지름으로 하는 반원 e 작도하기 (방법)반원의 지름의 양끝점 C, D를 차례로 클릭한다. ▸ 명령어를 이용하여 작도할 수도 있다. * 명령어: 반원[C,D]	
		• 구성단계 16에서 작도한 반원 e의 설정사항에서 '색상' 탭에서 색은 보라색으로 불투명도는 0으로 설정한다. • 반원 e에서 마우스 우클릭하여 자취보이기(자취 보이기)를 설정한 후 점 P를 반원 c 위에서 움직이면 오른쪽 그림과 같이 자취[13)]가 나타난다. 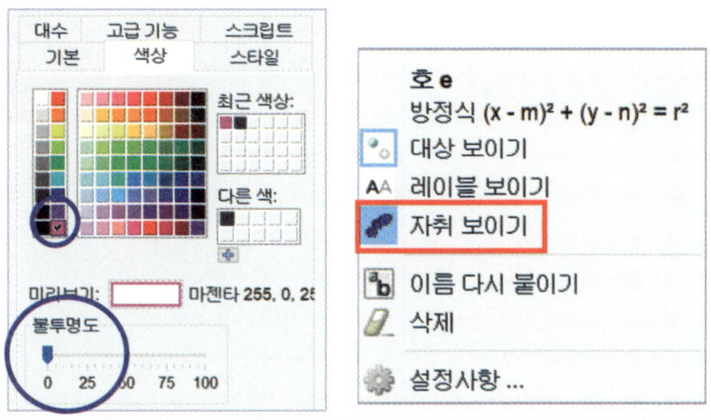	
17		- 선분 CD를 지름으로 하는 반원(h)을 하나 더 작도하기 (방법)반원의 지름의 양끝점 C, D를 차례로 클릭한다. ▸ 명령어를 이용하여 작도할 수도 있다. * 명령어: 반원[C,D] ▸ 선분 CD를 지름으로 하는 반원을 하나 더 작도한 것은 오른쪽 그림과 같이 자취보이기 기능을 활용할 경우 원뿔곡선 e가 자취에 의하여 구별되지 않기 때문에 추가적으로 작도한 것이다.	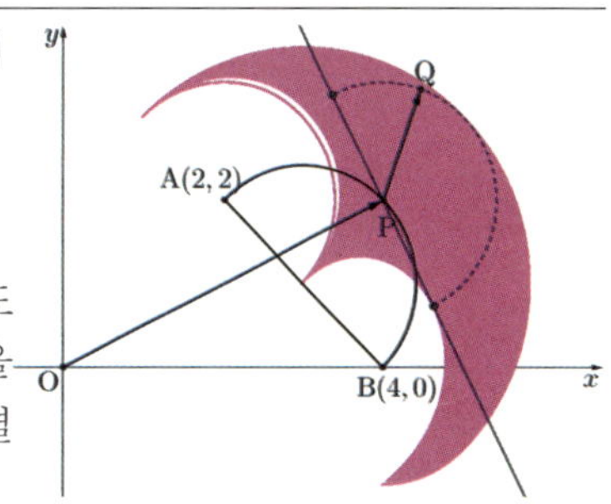

12) 원뿔곡선 d와 직선 g를 차례로 클릭하여 두 교점을 한 번에 생성할 수도 있다. 〈표 Ⅲ-1-3〉에서는 두 교점을 각각 생성하였기 때문에 구성단계가 두 단계이지만, 두 대상을 차례로 클릭하거나 명령어를 사용하여 두 교점을 동시에 생성하게 되면 구성단계는 한 단계로 축소된다.

13) 기하창에 나타난 자취는 마우스 스크롤을 움직이거나 기하창을 이동하면 자취는 사라진다.

[문제Ⅲ-1] 정답 확인하기

[문제Ⅲ-1]의 정답을 확인하기 전에 <표 Ⅲ-1-3>에서 작도한 평면도형 파일을 복사하여 원본 파일은 그대로 저장(파일명: 문제Ⅲ-1_구성단계17_평면벡터)하여 보관하고, 복사한 파일에서 새로운 작도를 진행한다.

〈표 Ⅲ-1-4〉 [문제Ⅲ-1]의 정답 확인 과정(구성단계 18~22)

구성단계	도구	작도 과정	화면상의 작도 상태
18		- 선분 AB(f)의 중점 E 작도하기 (방법)두 점 A, B를 차례로 클릭한다. ▸ 명령어를 이용하여 작도할 수도 있다. * 명령어: 중점[A,B] 또는 중점[f]	
19		- 직선 OE(i) 작도하기 (방법)두 점 O, E를 차례로 클릭한다. ▸ 명령어를 이용하여 작도할 수도 있다. * 명령어: 직선[O,E]	
20		- 중심이 O이고 반지름의 길이가 $\sqrt{10}+2\sqrt{2}$인 원 k 작도하기 (방법)중심 O를 클릭하고 반지름 입력창에 sqrt(10)+2sqrt(2)를 입력한다. ▸ 명령어를 이용하여 작도할 수도 있다. * 명령어: 원[O, sqrt(10)+2sqrt(2)]	
21		- 직선 i와 원 k의 교점 F 작도하기 (방법)직선 i와 원 k를 차례로 클릭한다. ▸ 명령어를 이용하여 작도할 수도 있다. * 명령어: 교점[k,i] ▸ 교점의 위치에 마우스를 가까이 하면 교점이 활성화되므로 활성화 위치에서 직선 i와 원 k를 동시에 클릭하여 작도할 수도 있다. ▸ 동시에 클릭하는 경우 한 점만 생성이 되지만 직선 i와 원 k를 순차적으로 클릭하면 직선과 원의 교점이 두 개이므로 두 교점이 생성된다.	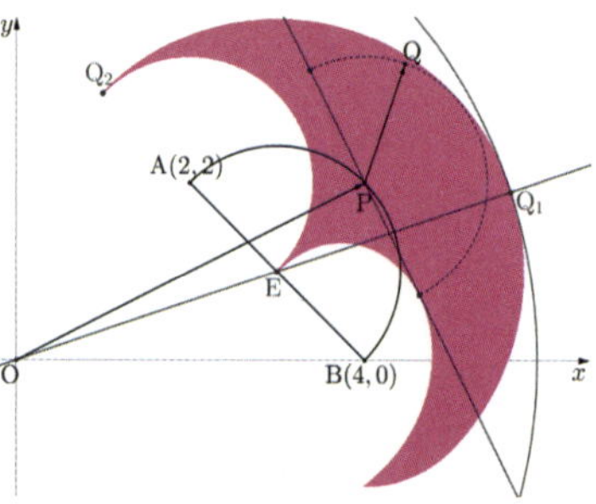
22		- 점 E를 점 A에 대칭시킨 점 E′ 작도하기 (방법)두 점 E, A를 차례로 클릭한다. ▸ 명령어를 이용하여 작도할 수도 있다. * 명령어: 대칭[E,A]	
		• 두 점 F, E′의 이름을 오른쪽 그림과 같이 Q_1, Q_2로 변경하기 ▸ 변경하고자 하는 점에서 마우스 우클릭을 이용하여 각각의 점들의 설정사항(기본)의 '이름' 란에서 이름을 변경하고, '캡션' 란에 아래와 같이 입력한다. '레이블 보이기'는 캡션으로 설정한다. * 캡션 명령어: $\LARGE\rm{%n}$	

<표 Ⅲ-1-4>의 구성단계 20에서 원 k의 반지름의 길이를 $\sqrt{10}+2\sqrt{2}$로 설정한 것은 $|\overrightarrow{OQ}|$의 값이 최대가 되는 경우는 세 점 E, P, Q가 한 직선 위에 존재하기 때문이다. 또한 $|\overrightarrow{OQ}|$의 값이 최소가 되는 경우는 2개의 점이 나타나지만 '점 Q_2는 선분 AB 위에 있지 않다.' 는 조건에 의하여 <표 Ⅲ-1-4>의 구성단계 22와 같이 대칭점을 작도한 것이다.

〈표 Ⅲ-1-5〉 [문제Ⅲ-1]의 정답 확인 과정(구성단계 23~27)

구성단계	도구	작도 과정	화면상의 작도 상태
23 ~ 24		– 두 벡터 $OQ_1(w)$, $OQ_2(a)$ 작도하기 (방법)각각의 두 벡터를 구성하는 시점과 종점을 차례로 클릭한다. ▸ 명령어를 이용하여 작도할 수도 있다. * 명령어: 벡터[O,Q_1], 벡터[O,Q_2]	
		• 구성단계 22~23에서 작도한 두 벡터 $OQ_1(w)$, $OQ_2(a)$의 설정사항 '스타일' 탭에서 선 굵기를 13으로 설정하고, '색상' 탭에서 두 벡터의 색을 각각 파랑과 빨강으로 설정한다.	
25		– 두 벡터 $OQ_1(w)$, $OQ_2(a)$의 내적 확인하기 ▸ 두 벡터 $OQ_1(w)$, $OQ_2(a)$의 각각의 성분은 이미 대수창에서 다음과 같이 확인할 수 있다. 벡터 $a = \begin{pmatrix}1\\3\end{pmatrix}$ $u = \begin{pmatrix}4\\2\end{pmatrix}$ $v = \begin{pmatrix}0.46\\1.34\end{pmatrix}$ $w = \begin{pmatrix}5.68\\1.89\end{pmatrix}$ ▸ 무리수화 명령어를 이용하면 두 벡터 OQ_1, OQ_2의 내적 $\dfrac{30+12\sqrt{5}}{5}$가 기하창에 나타난다. * 명령어: 무리수화[$w*a$]	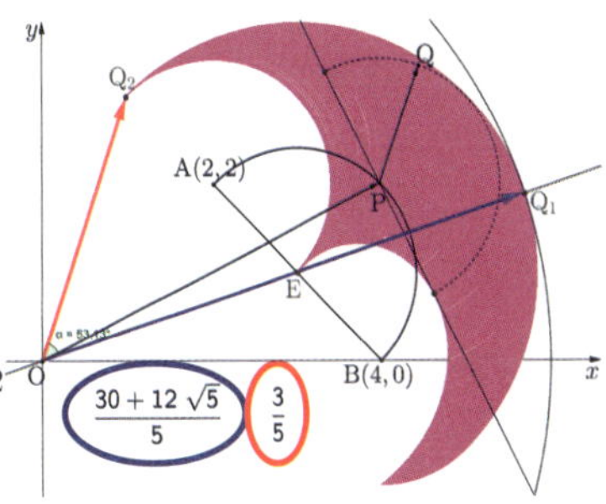
26	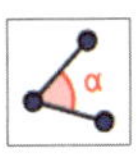	– $\angle Q_1OQ_2(\alpha)$ 작도하기 (방법)각을 구성하는 세 점을 차례로 클릭한다. ▸ 명령어를 이용하여 작도할 수도 있다. * 명령어: 각[Q_1,O,Q_2]	
27		– $\angle Q_1OQ_2$에 대한 cos값 확인하기 ▸ $\angle Q_1OQ_2(\alpha)$의 크기는 이미 대수창에서 다음과 같이 확인할 수 있다. 각 $\alpha = 53.13°$ ▸ 무리수화 명령어를 이용하면 $\angle Q_1OQ_2(\alpha)$에 대한 cos값 $\dfrac{3}{5}$이 기하창에 나타난다. * 명령어: 무리수화[cos(α)]	

<표 Ⅲ-1-4>의 구성단계 20에서 반지름의 길이가 $\sqrt{10}+2\sqrt{2}$인 원 k를 작도한 것은 <그림 Ⅲ-1-1>에 보여지는 바와 같이 학생들로 하여금 점 Q_1이 $|\overrightarrow{OQ}|$의 값이 최대가 되는 지점임을 보다 시각적으로 안내하기 위함이다.

〈그림 Ⅲ-1-1〉 [문제Ⅲ-1]의 평면벡터 작도 과정 GeoGebra 화면(구성단계 27)

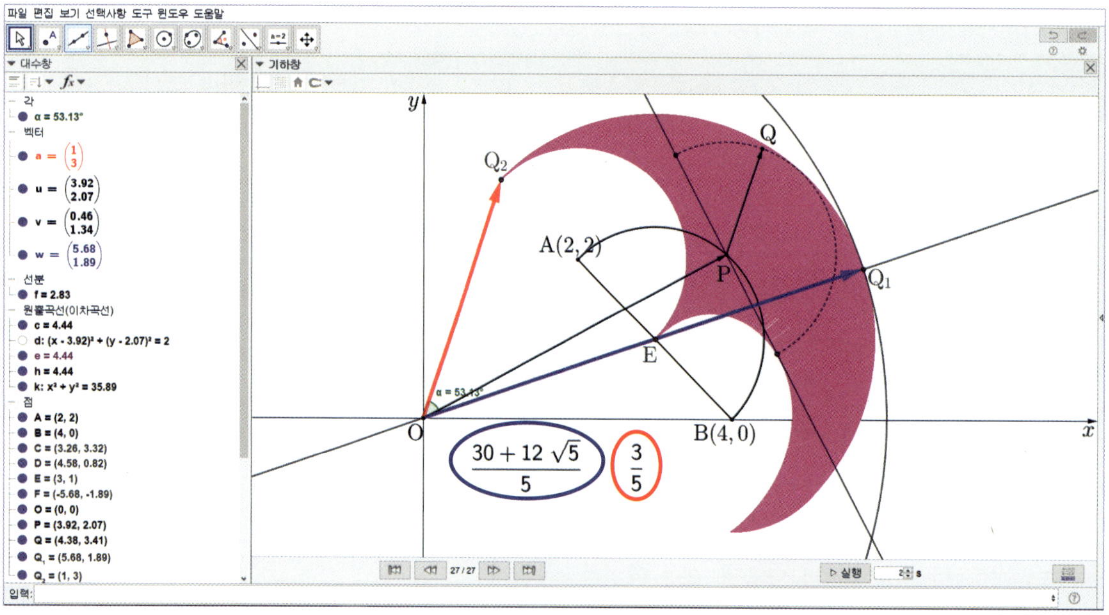

문제 Ⅲ-2

평면 α 위에 한 변의 길이가 4인 정사각형 ABCD가 있고, 선분 BC의 중점을 G라 하자. 다음 조건을 만족시키는 평면 α 위의 두 점 P, Q에 대하여 $|\overrightarrow{GQ}|$의 최댓값과 최솟값을 각각 M, m이라 할 때, $M+m=a+b\sqrt{5}$이다. $a+b$의 값을 구하시오.
(단, a와 b는 유리수이다.)

(가) $\overrightarrow{AG} \cdot \overrightarrow{AP} = 0$
(나) $16 \le \overrightarrow{BD} \cdot \overrightarrow{BP} \le 64$
(다) $|\overrightarrow{PQ}| = 2$

해설

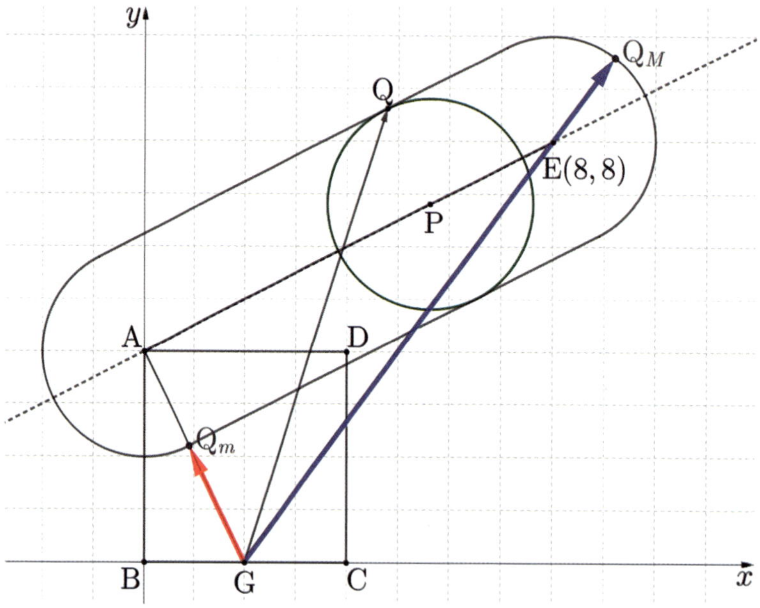

$\overrightarrow{AG}\cdot\overrightarrow{AP}=0$이므로 점 P는 점 A(0, 4)를 지나고 기울기가 $\frac{1}{2}$인 직선 위를 움직이는 점이다.

두 벡터 $\overrightarrow{BD}$, $\overrightarrow{BP}$가 이루는 각을 θ라 하면 $16\le\overrightarrow{BD}\cdot\overrightarrow{BP}\le 64$이고 $|\overrightarrow{BD}|=4\sqrt{2}$이므로

$$16\le|\overrightarrow{BD}||\overrightarrow{BP}|\cos\theta\le 64$$

$$2\sqrt{2}\le|\overrightarrow{BP}|\cos\theta\le 8\sqrt{2}$$

이다.

즉, 점 P가 점 A(0, 4)의 위치에 있을 때 $|\overrightarrow{BP}|\cos\theta=2\sqrt{2}$이고, 점 P가 점 E(8, 8)의 위치에 있을 때 $|\overrightarrow{BP}|\cos\theta=8\sqrt{2}$이므로 점 P는 선분 AE 위에 존재한다.

$|\overrightarrow{PQ}|=2$이므로 $|\overrightarrow{GQ}|$의 최댓값 M과 최솟값 m은 점 Q가 각각 Q_M, Q_m에 위치에 있을 때이므로

$$M=\sqrt{(8-2)^2+(8-0)^2}+2=12$$

$$m=2\sqrt{5}-2$$

이다. 따라서 $M+m=10+2\sqrt{5}$이므로 $a+b=12$이다.

[문제Ⅲ-2]의 문제 상황 작도하기

[문제Ⅲ-2]에서는 [문제Ⅲ-1]에서 활용한 '자취 보이기(자취 보이기)' 기능에 '체크 상자()' 기능을 추가하여 학생들이 동적인 문제 상황을 보다 쉽게 파악할 수 있도록 GeoGebra를 활용한 교수・학습 자료를 만드는 방법에 대하여 살펴보고자 한다.

〈표 Ⅲ-2-1〉 [문제Ⅲ-2]의 평면도형 문제 상황 작도 과정(구성단계 1~11)

구성단계	도구	작도 과정	화면상의 작도 상태
1 ~ 4		– 네 점 A, B, C, D 작도하기 (방법) 2차원 기하창에서 격자()와 좌표축()을 설정한 상태에서 (0,4), (0,0), (4,0), (4,4)에 점을 작도한다. ▸ 격자()와 좌표축()을 설정하지 않고 명령어를 이용하여 작도할 수도 있다. * 명령어: (0,4), (0,0), (4,0), (4,4)	
5 ~ 8		– 네 선분 AB, BC, CD, DA 작도하기 (방법) 선분을 구성하는 두 점을 차례로 클릭한다. ▸ 명령어를 이용하여 작도할 수 있다. * 명령어: 선분[A,B], 선분[B,C], 선분[C,D], 선분[D,A]	
9		– 선분 BC의 중점 작도하기 (방법) 두 점 B, C를 차례로 클릭하거나 선분 BC(g)를 클릭한다. ▸ 명령어를 이용하여 작도할 수도 있다. * 명령어: 중점[B,C] 또는 중점[g]	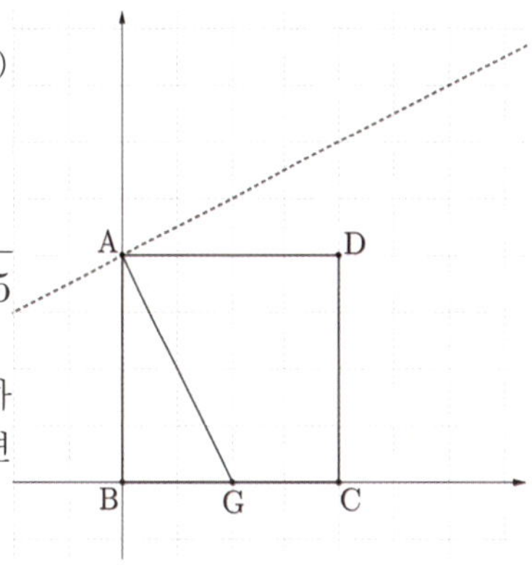
		• 점 E의 이름을 오른쪽 그림과 같이 G로 변경하고 5개의 점 캡션 설정하기 ▸ 변경하고자 하는 점에서 마우스 우클릭을 이용하여 설정사항(기본)의 '이름' 란에서 이름을 변경하고, '캡션' 란에 아래와 같이 입력한다. '레이블 보이기'는 캡션으로 설정한다. * 캡션 명령어: $\LARGE\rm{%n}$	
10		– 선분 AG 작도하기 (방법) 선분을 구성하는 두 점을 차례로 클릭한다. ▸ 명령어를 이용하여 작도할 수도 있다. * 명령어: 선분[A,G]	
11		– 점 A를 지나고 선분 AG(j)에 수직인 직선 k를 작도하고 설정사항(선스타일)에서 점선으로 변경하기 (방법) 점 A와 선분 AG(j)를 차례로 클릭한다. 직선 k의 설정사항(선스타일)에서 점선으로 변경한다. ▸ 명령어를 이용하여 작도할 수도 있다. * 명령어: 수직선[A,j]	

〈표 Ⅲ-2-2〉 [문제Ⅲ-2]의 평면도형 문제 상황 작도 과정(구성단계 12~17)

구성단계	도구	작도 과정	화면상의 작도 상태
12		–점 E(8, 8) 작도하기 (방법) 2차원 기하창에서 격자(▦)와 좌표축(⊥)을 설정한 상태에서 (8,8)에 점을 작도한다. ▸ 격자(▦)와 좌표축(⊥)을 설정하지 않고 명령어를 이용하여 작도할 수도 있다. * 명령어: (8,8)	
13		– 선분 AE(l) 작도하기 (방법) 선분을 구성하는 두 점을 차례로 클릭한다. ▸ 명령어를 이용하여 작도할 수도 있다. * 명령어: 선분[A,E]	
14		–선분 AE 위에 임의의 점(F) 작도하기 (방법) 선분 AE(l) 위의 임의의 지점을 클릭한다. ▸ 명령어를 이용하여 작도할 수도 있다. * 명령어: 점[l] ▸ 위 상황에서 점 F가 선분 AE(l) 위가 아닌 직선 AE(k) 위에 작도될 수도 있다. 다시 말해 겹쳐져 있는 대상 중 어느 한 대상에 점을 작도해야 하는 경우, 명령어를 사용하면 문제가 되지 않는다. ▸ 도구를 사용하여 문제점을 해결하고자 한다면 '대상 보이기(대상 보이기)' 기능을 활용하여 직선 AE(k)를 보이지 않게 설정한 후, 점을 작도하고 다시 대상을 보이도록 설정할 수도 있다.	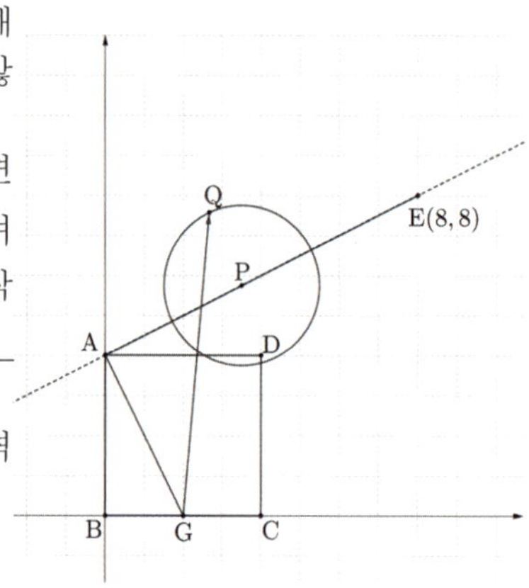
15		– 중심이 F이고 반지름의 길이가 2인 원 c 작도하기 (방법) 중심 F를 클릭하고 반지름 입력창에 2를 입력한다. ▸ 명령어를 이용하여 작도할 수도 있다. * 명령어: 원[F,2]	
16		– 원 c 위에 임의의 점(H) 작도하기 (방법) 원 c 위에 임의의 지점을 클릭한다. ▸ 명령어를 이용하여 작도할 수도 있다. * 명령어: 점[c]	
		• 두 점 F, H의 이름을 오른쪽 그림과 같이 P, Q로 변경하고 세 점 E, P, Q 캡션 설정하기 ▸ 변경하고자 하는 점에서 마우스 우클릭을 이용하여 설정사항(기본)의 '이름' 란에서 이름을 변경하고, '캡션' 란에 아래와 같이 입력한다. '레이블 보이기'는 캡션으로 설정한다. * 캡션 명령어: `$\LARGE\rm{E(8,8)}$` `$\LARGE\rm{%n}$`	
17		– 벡터 GQ(u) 작도하기 (방법) 벡터를 구성하는 시점과 종점을 차례로 클릭한다. ▸ 명령어를 이용하여 작도할 수도 있다. * 명령어: 벡터[G,Q]	

[문제Ⅲ-2] 교수 · 학습 상황에서 평면벡터의 자취 시각화하기

[문제Ⅲ-2] 평면벡터의 자취를 시각화하는 과정을 작도하기 전에 <표 Ⅲ-2-2>에서 작도한 평면도형 파일을 복사하여 원본 파일은 그대로 저장(파일명: 문제Ⅲ-2_구성단계17_평면벡터)하여 보관하고, 복사한 파일에서 새로운 작도를 진행한다.

〈표 Ⅲ-2-3〉 [문제Ⅲ-2]의 평면도형 문제 상황 시각화 과정(구성단계 18)

구성단계	도구	작도 과정	화면상의 작도 상태
		• <표 Ⅲ-2-2>의 구성단계 15에서 작도한 원 c의 설정사항에서 '색상' 탭에서 색은 초록색으로 불투명도는 0으로 설정한다. • 원 c에서 마우스 우클릭하여 자취보이기(자취 보이기)를 설정한 후 점 P를 선분 AE 위에서 움직이면 오른쪽 그림과 같이 점 Q의 자취가 나타난다(<표 Ⅲ-1-3> 참고).	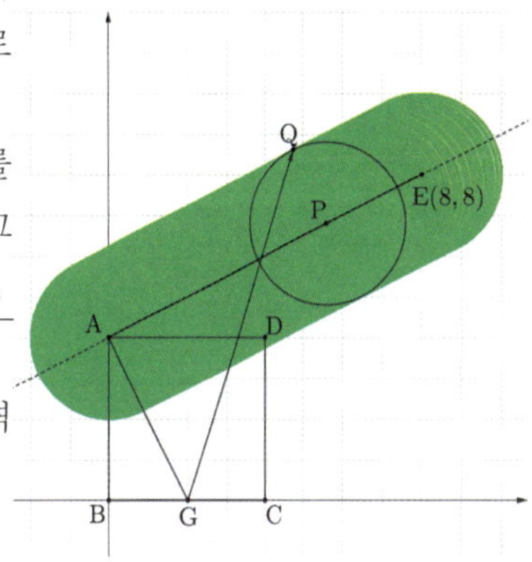
18		– 중심이 P이고 반지름의 길이가 2인 원 d 작도하기 (방법)중심 P를 클릭하고 반지름 입력창에 2를 입력한다. ▸ 명령어를 이용하여 작도할 수도 있다. * 명령어: 원[P,2]	

교수 · 학습 상황에서는 점 P를 선분 AE 위에서 움직이기 전에 <표 Ⅲ-2-2>의 구성단계 15에서 작도한 원 c 위의 점 Q(F)를 원 c에서 움직임을 보여주고 이후 점 P를 선분 AE 위에서 움직이게 되면 학생들은 점 Q의 자취를 보다 쉽게 이해할 수 있을 것이다.

[문제Ⅲ-2] 교수 · 학습 상황에서 '체크 상자' 도구 활용하기

[문제Ⅲ-2] 평면벡터의 자취를 시각화하는 과정에서 '체크 상자' 도구를 이용하여 제작할 경우 교수 · 학습 상황에서 보다 유용하게 활용할 수 있다. 작도하기 전에 <표 Ⅲ-2-3>에서 작도한 평면도형 파일을 복사하여 원본 파일은 그대로 저장(파일명: 문제Ⅲ-2_구성단계18_평면벡터)하여 보관하고, 복사한 파일에서 새로운 작도를 진행한다.

〈표 Ⅲ-2-4〉 [문제Ⅲ-2]의 평면도형 문제에서 '체크 상자' 도구 제작 과정(구성단계 19~26)

구성단계	도구	작도 과정	화면상의 작도 상태
19 ~ 20		– 반지름의 길이가 2이고 중심이 각각 A, E인 두 원 e, p 작도하기 (방법)중심 A와 E를 각각 클릭하고 반지름 입력창에 각각 2를 입력한다. ▸ 명령어를 이용하여 작도할 수도 있다. * 명령어: 원[A,2], 원[E,2]	
21 ~ 22		– 점 A를 지나고 직선 AE(k)에 수직인 직선 m과 점 E를 지나고 직선 AE(k)에 수직인 직선 n 작도하기 (방법)점 A와 직선 AE(k)를 차례로 클릭한다. 점 E와 직선 AE(k)를 차례로 클릭한다. ▸ 명령어를 이용하여 작도할 수도 있다. * 명령어: 수직선[A,k], 수직선[E,k]	
23 ~ 24		– 직선 m과 원 e의 두 교점 F, H와 직선 n과 원 p의 두 교점 I, J 작도하기 (방법)직선 m과 원 e를 차례로 클릭한다. 직선 n과 원 p를 차례로 클릭한다. ▸ 명령어를 이용하여 작도할 수도 있다. * 명령어: 교점[m,e], 교점[n,p]	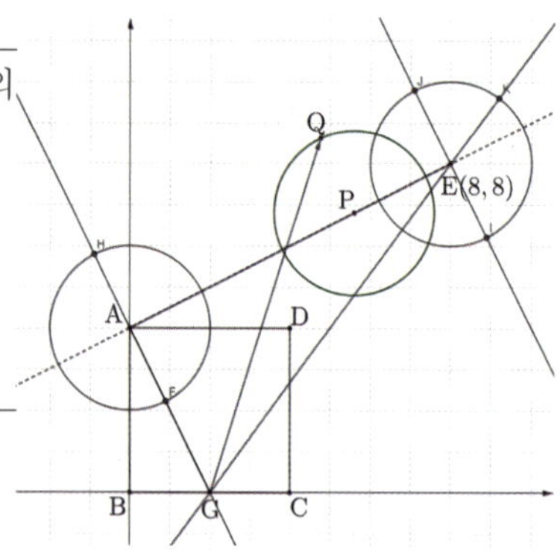
25		– 직선 GE(q) 작도하기 (방법)직선을 구성하는 두 점을 차례로 클릭한다. ▸ 명령어를 이용하여 작도할 수도 있다. * 명령어: 직선[G,E]	
26		– 직선 q와 원 p의 교점 작도하기 (방법)직선 q와 원 p의 두 교점 중 점 G에서 거리가 더 먼 교점의 위치에 마우스를 가까이 하면 교점이 활성화되므로 활성화 위치에서 직선 q와 원 p를 동시에 클릭한다. ▸ 명령어를 이용하여 작도할 수도 있다. * 명령어: 교점[q,p] ▸ 동시에 클릭하는 경우 한 점만 생성이 되지만 직선 q와 원 p를 순차적으로 클릭하면 직선과 원의 교점이 두 개이므로 두 교점이 생성된다.	

〈표 Ⅲ-2-5〉 [문제Ⅲ-2]의 평면도형 문제에서 '체크 상자' 도구 제작 과정(구성단계 27~32)

구성단계	도구	작도 과정	화면상의 작도 상태
		• '대상 보이기(대상 보이기)' 기능을 활용하여 두 원 e와 p, 세 직선 m, n, q를 보이지 않게 설정한다.	
27 ~ 28		- 두 반원 FH(r), JI(s) 작도하기 (방법)각각의 반원을 구성하는 두 점을 차례로 클릭한다. ▸ 명령어를 이용하여 작도할 수도 있다. * 명령어: 반원[F,H], 반원[J,I]	
29 ~ 30		- 두 선분 HJ(t), FI(a) 작도하기 (방법)각각의 선분을 구성하는 두 점을 차례로 클릭한다. ▸ 명령어를 이용하여 작도할 수도 있다. * 명령어: 선분[H,J], 선분[F,I]	
		• '대상 보이기(대상 보이기)' 기능을 활용하여 세 점 H, J, I를 보이지 않게 설정한다. • 두 점 K, F에서 마우스 우클릭을 이용하여 설정사항(기본)의 '이름' 란에서 오른쪽 그림과 같이 Q_M, Q_m으로 변경하고, '캡션' 란에 아래와 같이 입력한다. '레이블 보이기'는 캡션으로 설정한다. * 캡션 명령어: $\LARGE\rm{Q}_\it{M}$ $\LARGE\rm{Q}_\it{m}$ • 두 점 F, K의 이름을 Q_M, Q_m으로 변경하지 않아도 캡션 명령어를 사용하였기 때문에 작도에는 영향을 주지 않는다. 그러나 이후 작도에서 명령어를 사용할 경우 혼돈의 여지가 있으므로 설정사항(기본)의 '이름' 란에 각각 Q_M, Q_m으로 입력한다.	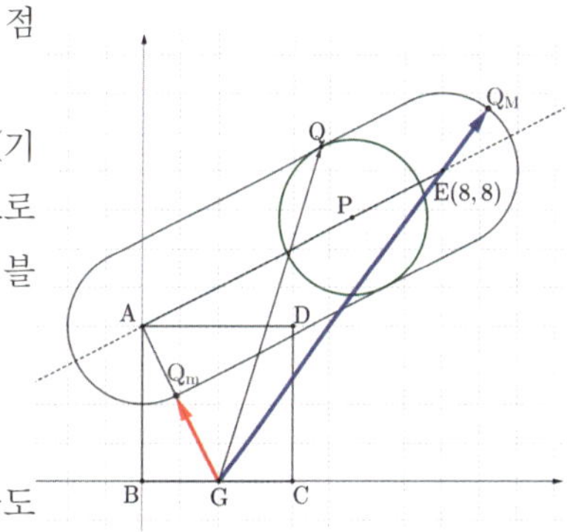
31 ~ 32		- 두 벡터 G$Q_M(v)$, G$Q_m(w)$ 작도하기 (방법)각각의 두 벡터를 구성하는 시점과 종점을 차례로 클릭한다. ▸ 명령어를 이용하여 작도할 수도 있다. * 명령어: 벡터[G,Q_M], 벡터[G,Q_m]	
		• 구성단계 31~32에서 작도한 두 벡터 G$Q_M(v)$, G$Q_m$$(w)$의 설정사항 '스타일' 탭에서 선 굵기를 13으로 설정하고, '색상' 탭에서 두 벡터의 색을 각각 파랑과 빨강으로 설정한다.	

〈표 Ⅲ-2-6〉 [문제Ⅲ-2]의 평면도형 문제에서 '체크 상자' 도구 제작 과정(구성단계 33~34)

구성단계	도구	작도 과정	화면상의 작도 상태
33 ~ 34		– 자취와 최대·최소를 나타내는 점과 벡터를 '체크 상자'로 나타내기 (방법) '체크 상자' 도구를 클릭한 후 기하창을 클릭하면 아래와 같은 창이 나타난다. 먼저 '캡션' 란에 원하는 명칭을 기록한 후, 원하는 대상을 선택하고 적용한다. 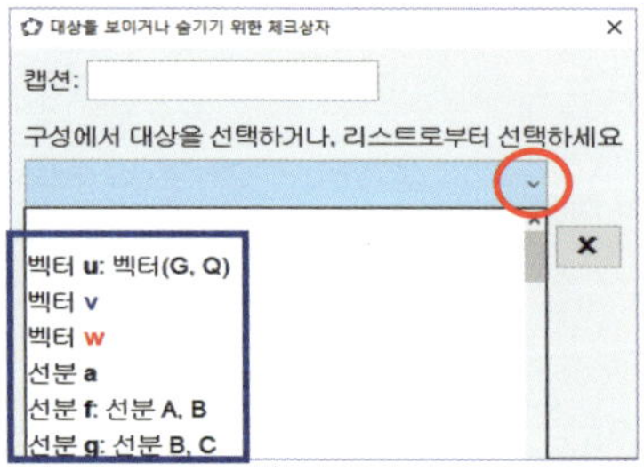 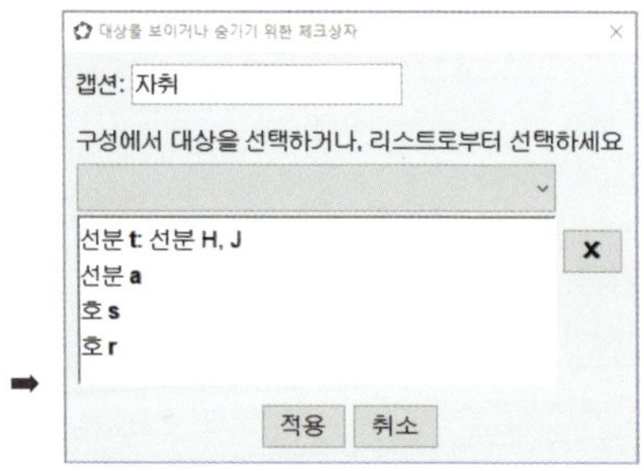 ▸ '자취'를 나타내는 첫 번째 '체크 상자'에서는 두 선분 HJ(t), Q_mI(a)와 두 반원 Q_mH(r), JI(s)를 선택하고, '최대최소'를 나타내는 두 번째 '체크 상자'에서는 두 점 Q_M, Q_m과 두 벡터 $GQ_M(v)$, $GQ_m(w)$을 선택한다. ▸ 대상 선택 시, '체크 상자'의 화면상에서 선택할 수도 있지만 대수창에서 대상을 클릭할 수도 있다.	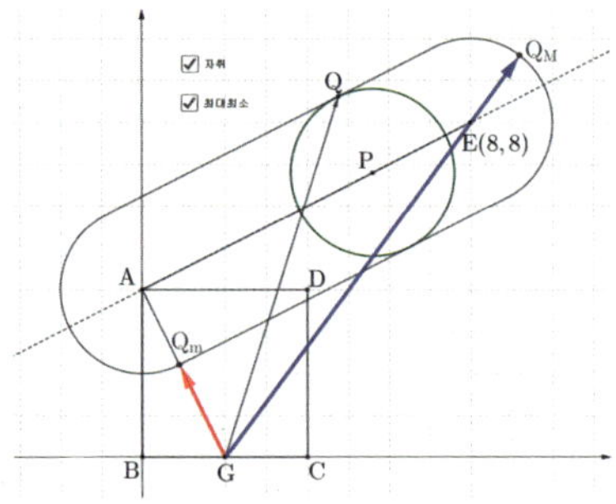

〈그림 Ⅲ-2-1〉은 〈표 Ⅲ-2-6〉에서 제작된 '체크 상자' 활용 상황을 단계적으로 나타낸 것이다. 〈그림 Ⅲ-2-1〉에서 첫 번째 그림은 초기 상태를 나타내며, 두 번째 그림은 점 Q의 자취의 경계만을 나타나게 한 것이다. 세 번째 그림은 점 Q의 자취 중 $|\overrightarrow{GQ}|$의 값이 최대와 최소가 되는 두 점 Q_M, Q_m과 두 벡터 GQ_M, GQ_m을 나타낸 것이며, 네 번째 그림은 자취보이기(자취 보이기) 기능을 사용하여 점 Q가 나타내는 영역까지 표현한 상황이다.

이와 같이 '체크 상자' 도구는 GeoGebra를 활용한 교수·학습 상황에서 원하는 대상들을 원하는 시점에 선택적으로 보여주고자 할 때 유용하게 활용될 수 있다.

〈그림 Ⅲ-2-1〉 [문제Ⅲ-2]의 문제 상황에서 '체크 상자' 활용 상태 기하창 화면

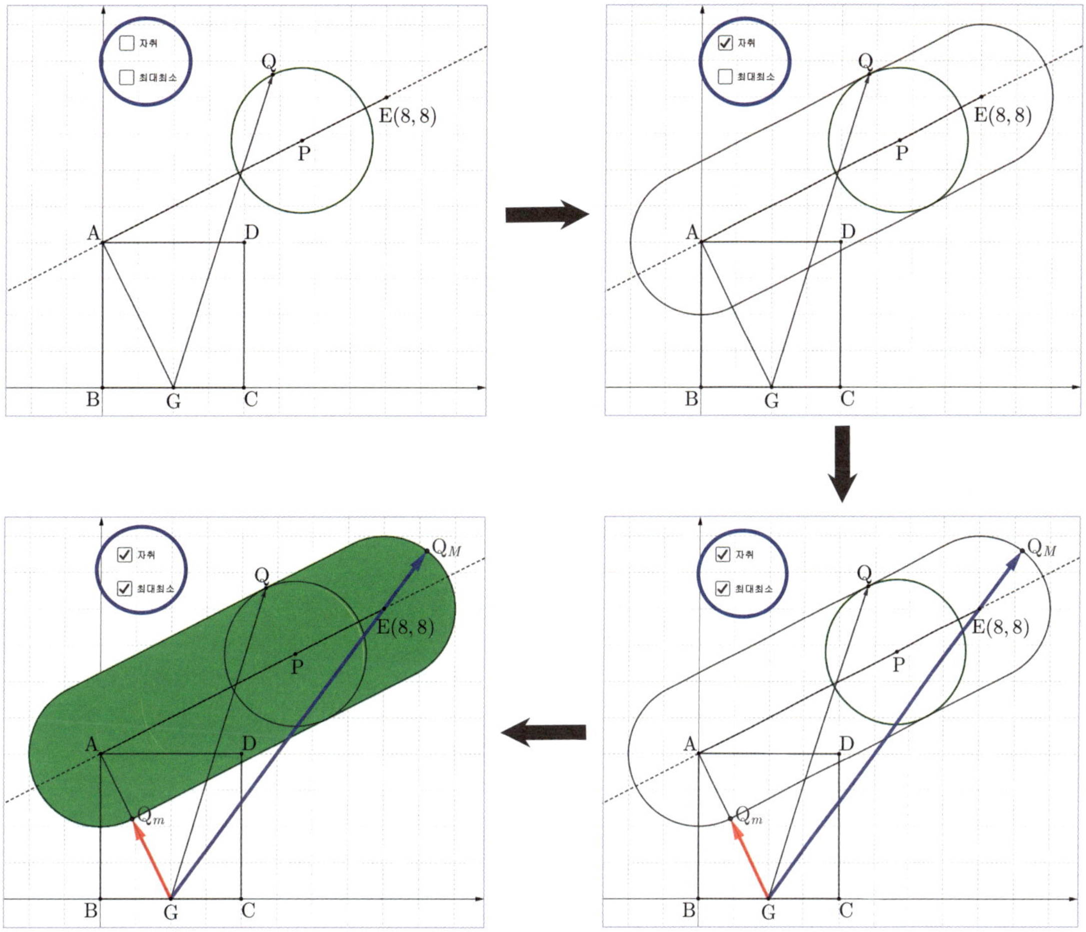

문제 Ⅲ-3

중심이 O, 반지름의 길이가 6이고 중심각의 크기가 $\frac{2\pi}{3}$인 부채꼴 OAB에서 호 AB 위를 움직이는 점 P가 있다. $\frac{1}{4} \leq k \leq \frac{1}{2}$인 실수 k와 $0 \leq t \leq 2$인 실수 t에 대하여

$$\overrightarrow{OX} = k\overrightarrow{OA} + t\overrightarrow{OP}$$

를 만족시키는 점 X가 나타내는 영역의 넓이가 $a+b\pi$일 때, $a+b$의 값을 구하시오.
(단, a와 b는 유리수이다.)

해설

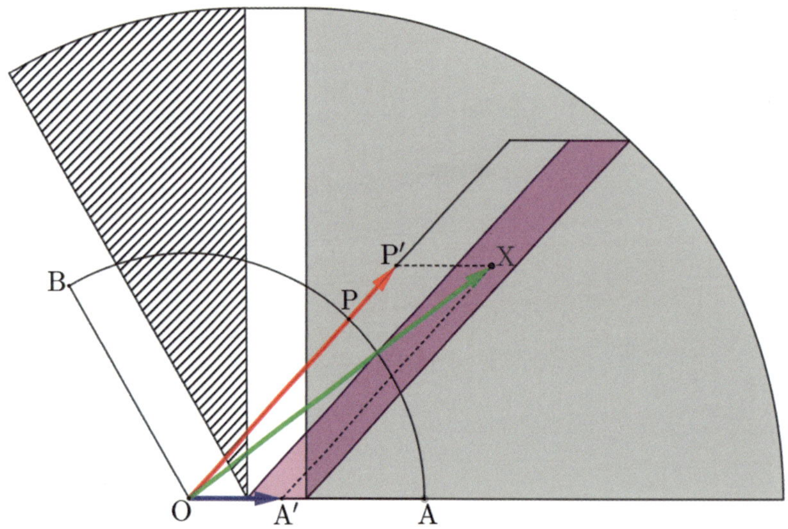

점 P가 점 A로부터 움직이기 시작하여 두 선분 OA, OP가 수직이 될 때까지 나타내는 점 X가 나타내는 영역은 반지름의 길이가 12인 사분원과 가로, 세로의 길이가 각각 $\frac{3}{2}$, 12인 직사각형으로 이루어진 영역이다.

이후 점 P가 점 B까지 움직이게 되면 점 X가 나타내는 영역은 중심각이 $\frac{\pi}{6}$이고 반지름의 길이가 12인 부채꼴로 이루어진 영역이다.

그러므로 점 X가 나타내는 영역의 넓이는

$$\frac{1}{2} \times 12^2 \times \frac{\pi}{2} + \frac{3}{2} \times 12 + \frac{1}{2} \times 12^2 \times \frac{\pi}{6} = 18 + 48\pi$$

이다. 따라서 $a+b=66$이다.

[문제Ⅲ-3]의 문제 상황 작도하기

[문제Ⅲ-3]은 좌표평면에서 실수배를 한 두 벡터의 합의 변화를 파악하는 문항이다. [문제Ⅲ-3]의 <해설>에 주어진 그림과 같이 학생들이 문제 상황을 보다 쉽게 이해할 수 있도록 GeoGebra를 활용한 교수·학습 자료를 만드는 방법에 대하여 살펴보고자 한다.

〈표 Ⅲ-3-1〉 [문제Ⅲ-3]의 평면도형 문제 상황 작도 과정(구성단계 1~7)

구성단계	도구	작도 과정	화면상의 작도 상태
1 ~ 2		- 두 점 A, B 작도하기 (방법)2차원 기하창에서 격자(▦)와 좌표축(⊥)을 설정한 상태에서 (0,0), (6,0)에 점을 작도한다. ▸ 격자(▦)와 좌표축(⊥)을 설정하지 않고 명령어를 이용하여 작도할 수도 있다. * 명령어: (0,0), (6,0)	
3 ~ 4		- 점 B를 점 A를 중심으로 120° 회전한 점 작도하기 (방법) '주어진 크기의 각' 도구를 이용하여 작도한다. 도구를 클릭하고 회전하고자 하는 점과 회전의 중심이 되는 점을 차례로 클릭하면 아래와 같은 창이 생성이 된다. 이때 원하는 각도를 입력하여 대상을 회전시킬 수 있다. 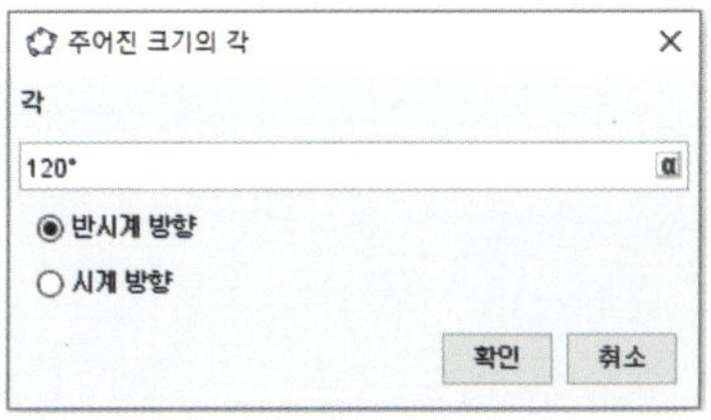 ▸ 명령어를 이용하여 작도할 수도 있다. * 명령어: 회전[B,2pi/3,A]	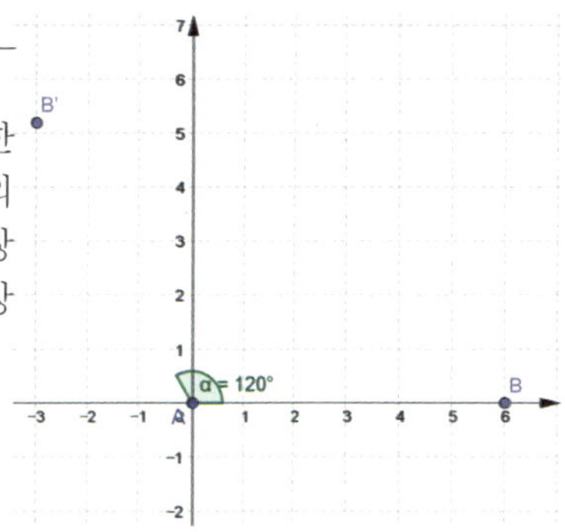
		• 세 점 A, B, B′에서 마우스 우클릭을 이용하여 설정사항(기본)의 '이름' 란에서 오른쪽 그림과 같이 O, A, B로 변경하고, '캡션' 란에 아래와 같이 입력한다. '레이블 보이기'는 캡션으로 설정한다. * 캡션 명령어: $\LARGE\rm{%n}$ ▸ 최초 작도 시 입력창에 이름과 값을 함께 명령어로 입력하는 것도 가능하다. * 명령어: O(0,0), A(6,0), B(−3,3sqrt(3))	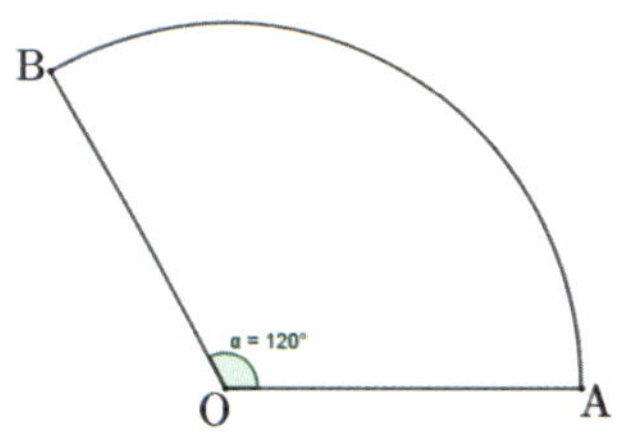
5 ~ 6		- 두 선분 OA(f), OB(g) 작도하기 (방법)각각의 선분을 구성하는 두 점을 차례로 클릭한다. ▸ 명령어를 이용하여 작도할 수도 있다. * 명령어: 선분[O,A], 선분[O,B]	
7	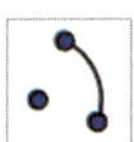	- 호 AB(c) 작도하기 (방법)호의 중심 O와 양 끝점 A, B를 차례로 클릭한다. ▸ 명령어를 이용하여 작도할 수도 있다. * 명령어: 원호[O,A,B]	

〈표 Ⅲ-3-2〉 [문제Ⅲ-3]의 평면도형 문제 상황 작도 과정(구성단계 8~14)

구성단계	도구	작도 과정	화면상의 작도 상태
8		- 호 AB 위에 임의의 점 C 작도하기 (방법)호 AB(c)를 클릭하여 점을 작도한다. ▸ 명령어를 이용하여 작도할 수도 있다. * 명령어: 점[c]	
9 ~ 10		- 두 점 A, C의 움직임을 표현하기 위한 '슬라이더' 만들기 (방법) '슬라이더' 도구를 클릭한 후 2차원 기하창을 클릭하면 슬라이더 입력창이 나타난다. 첫 번째 k의 범위가 $0.25 \le k \le 0.5$이므로 이름은 k로 입력하고, 최솟값을 0.25, 최댓값을 0.5로 설정하고 확인 버튼을 클릭한다. 두 번째 t의 범위가 $0 \le t \le 2$이므로 이름은 t로 입력하고, 최솟값을 0, 최댓값을 2로 설정하고 확인 버튼을 클릭한다. 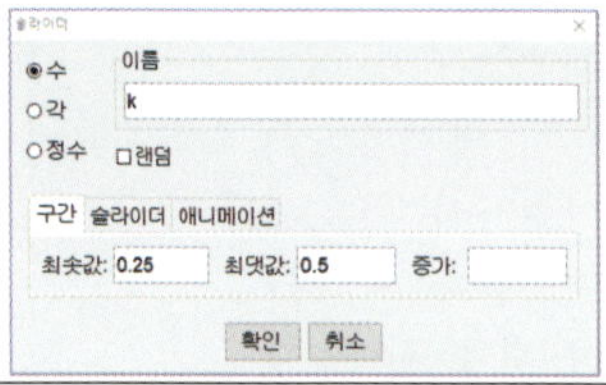	
11 ~ 12		- 두 점 A, C의 움직임을 '슬라이더' 도구를 이용하여 설정하기 (방법)확대(축소)되는 점 A와 확대(축소)의 기준점 O를 차례로 클릭하면 확대비율 입력창이 나타난다. 입력창에 슬라이더로 설정된 변수 k를 입력하고 확인 버튼을 클릭한다. 다음으로 두 점 C, O를 차례로 클릭하고 입력창에 슬라이더로 설정된 변수 t를 입력하고 확인 버튼을 클릭한다. 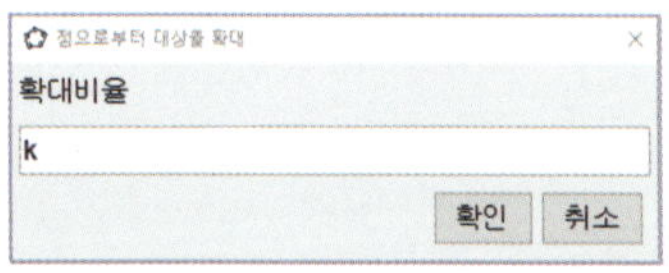 ▸ 명령어를 이용하여 작도할 수도 있다. * 명령어: 확대[A, k, O], 확대[C, t, O] ▸ 내분점 명령어를 이용하여 작도할 수도 있다. * 명령어: k*A+(1−k)*O, t*C+(1−t)O	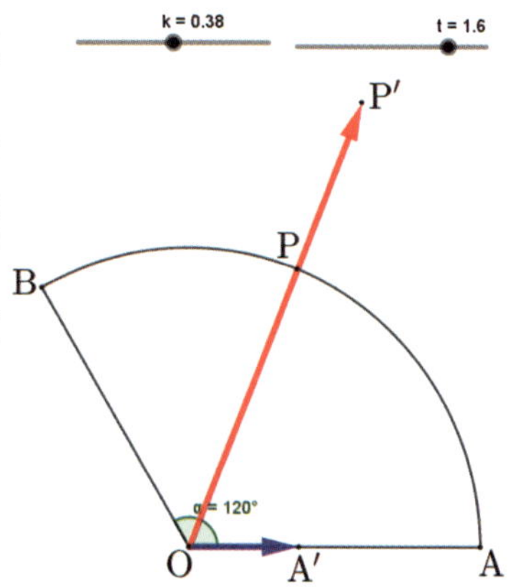
		• 두 점 C, C′의 설정사항(기본) '이름' 란에서 오른쪽 그림과 같이 P, P′으로 변경한 후, 세 점 A′, P, P′의 '캡션' 란에 아래와 같이 입력한다. '레이블 보이기'는 캡션으로 설정한다. * 캡션 명령어: $\LARGE\rm{%n}$	
13 ~ 14		- 두 벡터 OA′(u), OP′(v) 작도하기 (방법)각각의 두 벡터를 구성하는 시점과 종점을 차례로 클릭한다. ▸ 명령어를 이용하여 작도할 수도 있다. * 명령어: 벡터[O,A′], 벡터[O,P′]	
		• 구성단계 13~14에서 작도한 두 벡터 OA′(u), OP′(v)의 설정사항 '스타일' 탭에서 선 굵기를 13으로 설정하고, '색상' 탭에서 두 벡터의 색을 각각 파랑과 빨강으로 설정한다.	

〈표 Ⅲ-3-3〉 [문제Ⅲ-3]의 평면도형 문제 상황 작도 과정(구성단계 15~20)

구성단계	도구	작도 과정	화면상의 작도 상태
15 ~ 16		- 점 X를 표현하기 위하여 점 A′을 지나고 벡터 OP′에 평행한 직선 h와 점 P′을 지나고 벡터 OA′에 평행한 직선 i 작도하기 (방법)점 A′과 벡터 OP′을 차례로 클릭한다. 점 P′과 벡터 OA′을 차례로 클릭한다. ▸ 명령어를 이용하여 작도할 수도 있다. * 명령어: 직선[A′,v], 직선[P′,u]	
17		- 두 직선 h와 i의 교점 C 작도하기 (방법)두 직선 h와 i의 교점의 위치에 마우스를 가까이 하면 교점이 활성화되므로 활성화 위치에서 두 직선 h와 i를 동시에 클릭한다. ▸ 명령어를 이용하여 작도할 수도 있다. * 명령어: 교점[h, i] ▸ 두 직선 h와 i를 순차적으로 클릭하여 교점을 작도할 수도 있다.	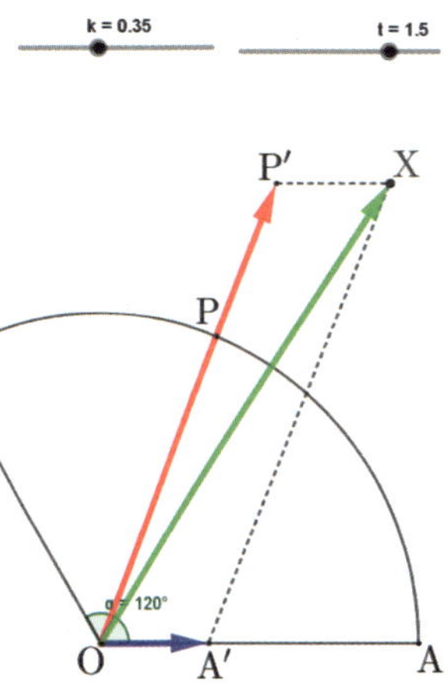
		• 점 C에서 마우스 우클릭을 이용하여 설정사항(기본)의 '이름' 란에서 오른쪽 그림과 같이 X로 변경하고, '캡션' 란에 아래와 같이 입력한다. '레이블 보이기'는 캡션으로 설정한다. * 캡션 명령어: $\LARGE\rm{%n}$ • '대상 보이기(대상 보이기)' 기능을 활용하여 두 직선 h와 i를 보이지 않게 설정하기 ▸ 대수창에서 아래와 같이 두 직선 h와 i의 파란색 부분을 클릭하여 보이지 않게 설정할 수도 있다. 직선 h: -8.35x + 3.36y = -17.54 i: y = 8.35 ➡ 직선 h: -8.35x + 3.36y = -17.54 i: y = 8.35	
18 ~ 19		- 두 선분 A′X(j), P′X(l) 작도하고 설정사항(선스타일)에서 점선으로 변경하기 (방법)각각의 선분을 구성하는 두 점을 차례로 클릭한다. ▸ 명령어를 이용하여 작도할 수도 있다. * 명령어: 선분[A′,X], 선분[P′,X]	
20		- 벡터 OX(w) 작도하기 (방법)벡터를 구성하는 시점과 종점을 차례로 클릭한다. ▸ 명령어를 이용하여 작도할 수도 있다. * 명령어: 벡터[O,X]	
		• 구성단계 20에서 작도한 벡터 OX(w)의 설정사항 '스타일' 탭에서 선 굵기를 13으로 설정하고, '색상' 탭에서 벡터의 색을 초록색으로 설정한다.	

기하창에서 두 슬라이더 k, t를 움직이면 벡터 OX가 어떠한 영역을 나타내는지 확인할 수 있다. 〈표 Ⅲ-3-4〉에서는 점 P의 움직임에 따라 보다 구체적으로 벡터 OX가 나타내는 영역을 역동적으로 표현해 보자.

〈표 Ⅲ-3-4〉 [문제Ⅲ-3]의 평면도형 문제 상황 작도 과정(구성단계 21~29)

구성단계	도구	작도 과정	화면상의 작도 상태
21 ~ 22		– 점 A′이 움직이는 양 끝점 A'_1, A'_2 작도하기 (방법)확대(축소)되는 점 A와 확대(축소)의 기준점 O를 차례로 클릭하면 확대비율 입력창이 나타난다. 입력창에 첫 번째는 1/4을, 두 번째는 1/2을 입력하고 확인 버튼을 클릭한다. 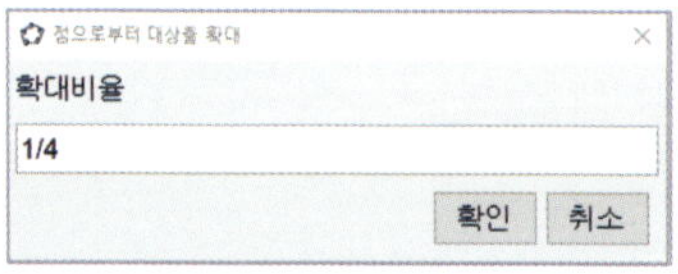 ▸ 명령어를 이용하여 작도할 수도 있다. * 명령어: 확대[A, 1/4, O], 확대[A, 1/2, O] ▸ 내분점 명령어를 이용하여 작도할 수도 있다. * 명령어: 1/4*A+3/4O, 1/2*A+1/2O	
23		– 점 P′이 움직이는 끝점 P'_1 작도하기 (방법)확대(축소)되는 점 P와 확대(축소)의 기준점 O를 차례로 클릭하면 확대비율 입력창이 나타난다. 입력창에 2를 입력하고 확인 버튼을 클릭한다. ▸ 명령어를 이용하여 작도할 수도 있다. * 명령어: 확대[P, 2, O] ▸ 내분점 명령어를 이용하여 작도할 수도 있다. * 명령어: 2*P−O ▸ 점 P′이 움직이는 끝점을 점대칭( ) 도구를 이용하여 점 O를 점 P에 대칭시켜 작도할 수도 있다.	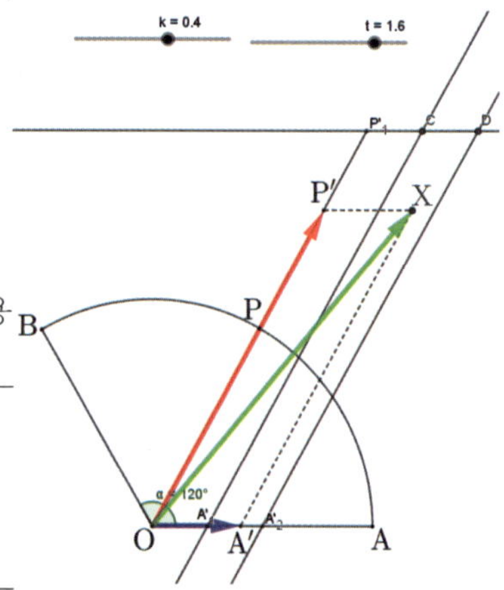
24		– 선분 $OP'_1(m)$ 작도하기 (방법)선분을 구성하는 두 점을 차례로 클릭한다. ▸ 명령어를 이용하여 작도할 수도 있다. * 명령어: 선분[O,P'_1]	
25 ~ 27		– 점 X가 나타내는 영역을 표현하기 위하여 두 점 A'_1, A'_2를 각각 지나고 벡터 OP′에 평행한 두 직선과 점 P'_1을 지나고 벡터 OA′에 평행한 직선 작도하기 (방법)점 A'_1과 벡터 OP′을 차례로 클릭한다. 점 A'_2와 벡터 OP′을 차례로 클릭한다. 점 P'_1과 벡터 OA′을 차례로 클릭한다. ▸ 명령어를 이용하여 작도할 수도 있다. * 명령어: 직선[A'_1,v], 직선[A'_2,v], 직선[P'_1,u]	
28 ~ 29		– 직선 q와 두 직선 n, p의 두 교점 작도하기 (방법)두 직선 q와 n을 동시에 또는 차례로 클릭하여 점 C를 작도한다. 두 직선 q와 p를 동시에 또는 차례로 클릭하여 점 D를 작도한다. ▸ 명령어를 이용하여 작도할 수도 있다. * 명령어: 교점[q, n], 교점[q, p]	

[문제Ⅲ-3] 교수 · 학습 상황에서 평면벡터의 자취 표현하기

[문제Ⅲ-3]의 평면벡터 OX의 종점 X가 나타내는 영역을 시각적으로 표현하여 교수 · 학습 상황에서 유용하게 활용할 수 있다. 작도하기 전에 <표 Ⅲ-3-4>에서 작도한 평면도형 파일을 복사하여 원본 파일은 그대로 저장(파일명: 문제Ⅲ-3_구성단계29_평면벡터)하여 보관하고, 복사한 파일에서 새로운 작도를 진행한다.

〈표 Ⅲ-3-5〉 [문제Ⅲ-3]의 평면도형 문제 상황 작도 과정(구성단계 30~35)

구성 단계	도구	작도 과정	화면상의 작도 상태
30		- 중심이 A'_1이고 반지름의 길이가 12인 원 d 작도하기 (방법)점 A'_1에 중심을 클릭하면 아래와 같이 반지름 입력창이 생성된다. 입력창에 반지름의 길이를 12로 입력한다.  ▸ 명령어를 이용하여 작도할 수도 있다. * 명령어: 원[A'_1, 12]	
31		- 점 A'_1을 지나고 선분 OA에 수직인 직선 r 작도하기 (방법)점 A'_1과 선분 OA(f)를 차례로 클릭한다. ▸ 명령어를 이용하여 작도할 수도 있다. * 명령어: 수직선[A'_1, f]	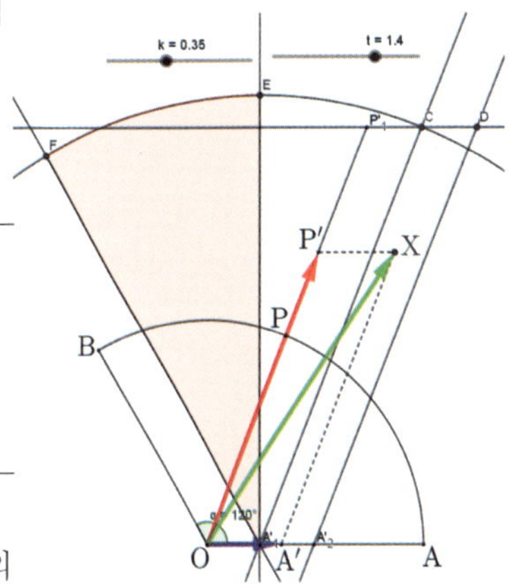
32		- 점 A'_1을 지나고 선분 OB에 평행한 직선 s 작도하기 (방법)점 A'_1과 선분 OB(g)를 차례로 클릭한다. ▸ 명령어를 이용하여 작도할 수도 있다. * 명령어: 직선[A'_1, g]	
33 ~ 34		- 두 직선 r, s와 원 d의 두 교점 작도하기 (방법)직선 r과 원 d의 교점 중 그림의 위쪽 교점의 위치에 마우스를 가까이 하면 교점이 활성화되므로 활성화 위치에서 직선 r과 원 d를 동시에 클릭하여 점 E를 작도한다. 같은 방법으로 직선 s와 원 d를 동시에 클릭하여 점 F를 작도한다. ▸ 명령어를 이용하여 작도할 수도 있다. * 명령어: 교점[r, d], 교점[s, d]	
35		- 부채꼴 A'_1EF(e) 작도하기 (방법)세 점 A'_1, E, F를 차례로 클릭한다. ▸ 명령어를 이용하여 작도할 수도 있다. * 명령어: 원형부채꼴[A'_1, E, F]	

〈표 Ⅲ-3-6〉 [문제Ⅲ-3]의 평면도형 문제 상황 작도 과정(구성단계 36~41)

구성단계	도구	작도 과정	화면상의 작도 상태
36		– 중심이 A'_2이고 반지름의 길이가 12인 원 c_1 작도하기 (방법)점 A'_2에 중심을 클릭하고 반지름 입력창에 반지름의 길이를 12로 입력한다. ▸ 명령어를 이용하여 작도할 수도 있다. * 명령어: 원[A'_2, 12]	
37		– 점 A'_2을 지나고 선분 OA(f)에 수직인 직선 a 작도하기 (방법)점 A'_2와 선분 OA(f)를 차례로 클릭한다. ▸ 명령어를 이용하여 작도할 수도 있다. * 명령어: 수직선[A'_2, f]	
38		– 직선 OA(b) 작도하기 (방법)직선을 구성하는 두 점을 차례로 클릭한다. ▸ 명령어를 이용하여 작도할 수도 있다. * 명령어: 직선[O,A]	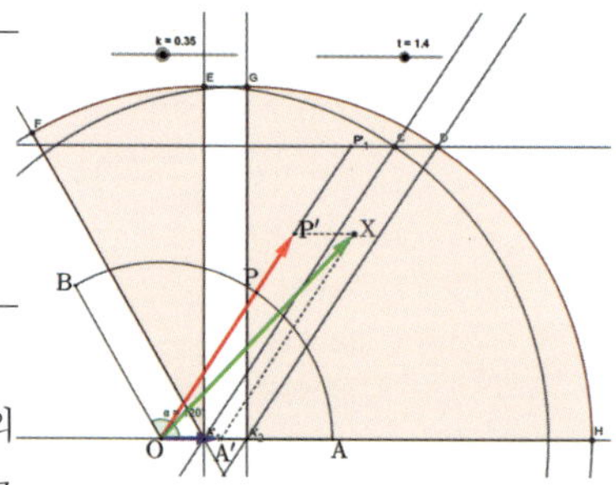
39 ~ 40		– 두 직선 a, b와 원 c_1의 두 교점 작도하기14) (방법)직선 a와 원 c_1의 교점 중 그림의 위쪽 교점의 위치에 마우스를 가까이 하면 교점이 활성화되므로 활성화 위치에서 직선 a와 원 c_1을 동시에 클릭하여 점 G를 작도한다. 같은 방법으로 직선 b와 원 c_1을 동시에 클릭하여 점 H를 작도한다. ▸ 명령어를 이용하여 작도할 수도 있다. * 명령어: 교점[a, c_1], 교점[b, c_1]	
41		– 부채꼴 A'_2HG(d_1) 작도하기 (방법)세 점 A'_2, H, G 차례로 클릭한다. ▸ 명령어를 이용하여 작도할 수도 있다. * 명령어: 원형부채꼴[A'_2, H, G]	

14) 직선 a와 원 c_1의 교점 작도 시 원 e가 간섭 현상을 일으킬 수 있다. 작도하고자 하는 두 대상의 교점 이외에 다른 대상이 너무 가까이 존재하는 경우, 명령어로 입력 시에는 문제가 발생되지 않지만 도구를 이용하여 작도할 경우 다른 대상이 너무 가까이 있어 문제가 발생할 수 있다. 이때 크게보기(크게보기) 도구나 마우스 스크롤 기능을 활용하여 기하창을 확대하면 원하는 교점을 작도할 수 있다.

〈표 Ⅲ-3-7〉 [문제Ⅲ-3]의 평면도형 문제 상황 작도 과정(구성단계 42~45)

구성단계	도구	작도 과정	화면상의 작도 상태
		• '대상 보이기(대상 보이기)' 기능을 활용하여 두 원 d, c_1과 7개의 직선 n, p, q, r, s, a, b를 보이지 않게 설정하기 ▸ 대수창에서 아래와 같이 직선들의 파란색 부분을 클릭하여 보이지 않게 설정할 수도 있다. 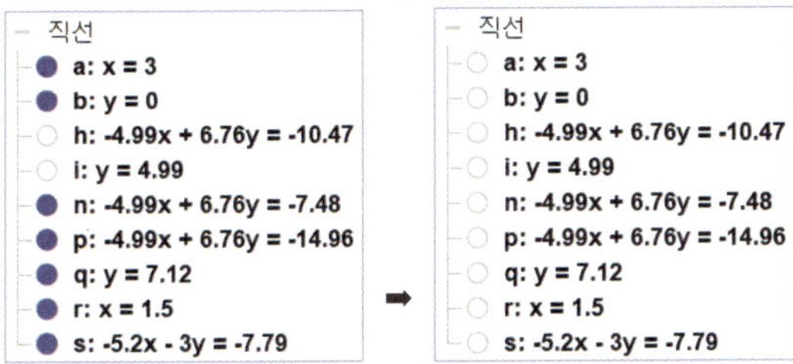 	
42 ~ 43		– 두 선분 EG(f_1), P$'_1$C(g_1) 작도하기 (방법) 각각의 선분을 구성하는 두 점을 차례로 클릭한다. ▸ 명령어를 이용하여 작도할 수도 있다. * 명령어: 선분[E,G], 선분[P'_1,C]	
		• 두 부채꼴 A$'_1$EF(e), A$'_2$HG(d_1)에 대한 설정사항 색상 탭에서 색은 검정으로 불투명도는 0으로 설정한다. 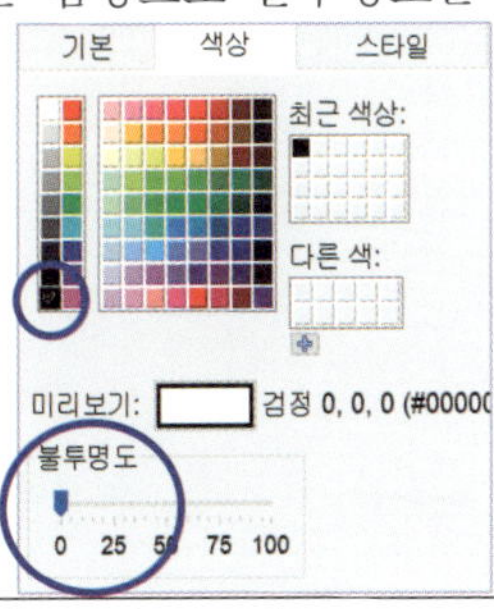 	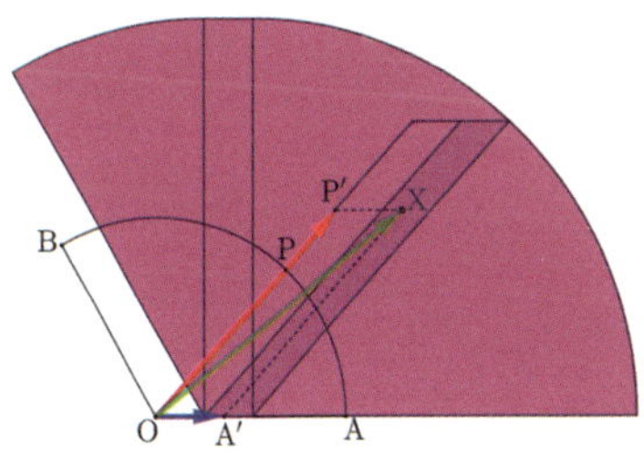
44		– 다각형 CA$'_1$A$'_2$D 작도하기 (방법) 다각형 도구를 클릭한 후 네 점 C, A$'_1$, A$'_2$, D를 차례로 클릭한다. ▸ 명령어를 이용하여 작도할 수도 있다. * 명령어: 다각형[C, A'_1, A'_2, D]	
		• 구성단계 44에서 작도한 다각형 CA$'_1$A$'_2$D$(q1)$의 설정사항에서 '색상' 탭에서 색은 보라색으로 불투명도는 25로 설정한다. • 다각형 CA$'_1$A$'_2$D$(q1)$서 마우스 우클릭하여 자취보이기(자취 보이기)를 설정한 후 점 P를 호 AB(c) 위에서 움직이면 오른쪽 그림과 같이 자취가 나타난다.	
45		– 다각형 CA$'_1$A$'_2$D 작도하기 (방법) 작도 방법은 구성단계 44와 동일하다. ▸ 다각형 CA$'_1$A$'_2$D를 반복하여 작도하는 이유는 자취에 의하여 기존의 형태가 보이지 않기 때문이다.	
		• '대상 보이기(대상 보이기)' 기능을 활용하여 9개의 점 C, D, E, F, G, H, A$'_1$, A$'_2$, P$'_1$과 ∠AOB(α)를 보이지 않게 설정하기	

[문제Ⅲ-3]에서 점 X가 나타내는 영역은 <그림 Ⅲ-3-1>과 같이 두 개의 부채꼴과 하나의 직사각형으로 나누어 생각해 볼 수 있다. <그림 Ⅲ-3-1>은 교수 · 학습 상황에서 학생들의 이해도를 높이기 위하여 점 X가 나타내는 영역 중 두 부채꼴에만 각각 빗금과 음영을 넣어 표현한 것이다.

<그림 Ⅲ-3-1> [문제Ⅲ-3]의 문제 상황 최종 GeoGebra 화면

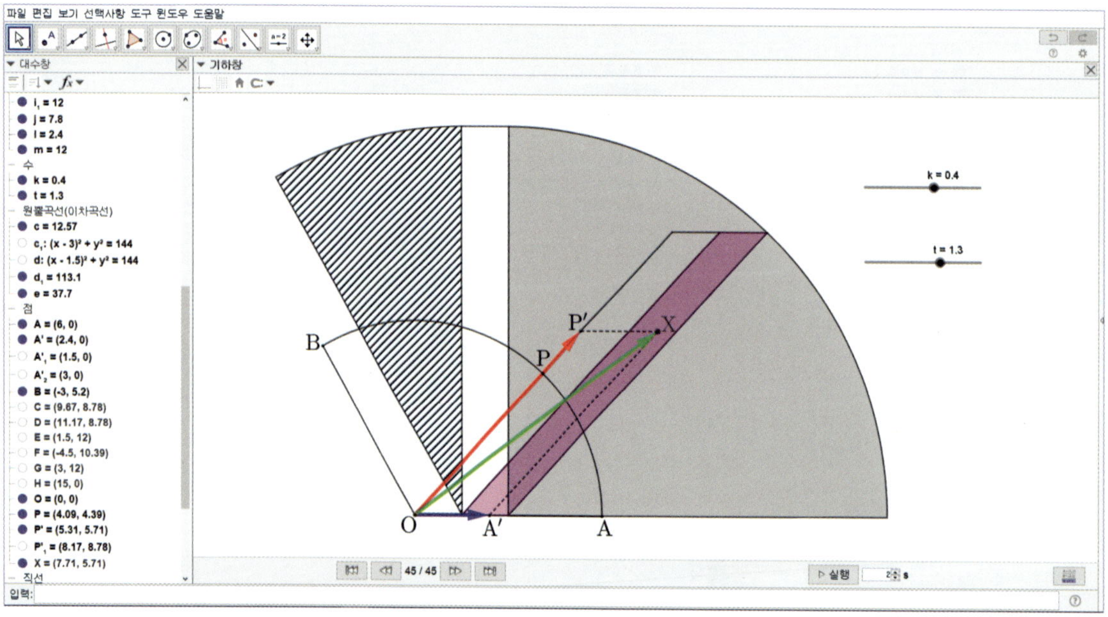

문제 Ⅲ-4

좌표평면 위에 두 점 $A(-1, 0)$, $B(1, 0)$이 있다.

$$(|\overrightarrow{AX}|-2)(|\overrightarrow{BX}|-2)=0, \quad |\overrightarrow{OX}| \geq \sqrt{3}$$

을 만족시키는 점 X가 나타내는 도형 위를 움직이는 두 점 P, Q가 있다.
$|\overrightarrow{PQ}|=2$인 두 점 P, Q에 대하여 $\overrightarrow{OY}=\overrightarrow{OP}+\overrightarrow{OQ}$를 만족시키는 점 Y의 집합이 나타내는 도형의 길이가 $(a+b\sqrt{3})\pi$일 때, $30ab$의 값을 구하시오.
(단, O는 원점이고 a와 b는 유리수이다.)

해설

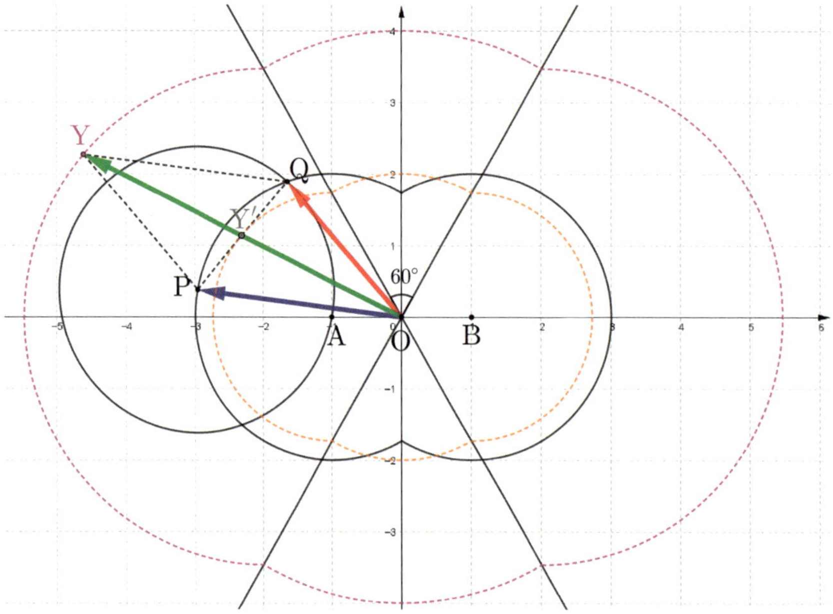

$\overrightarrow{OY'}=\dfrac{\overrightarrow{OP}+\overrightarrow{OQ}}{2}$라 하자. 두 점 P, Q가 점 X가 나타내는 도형 위를 움직일 때, 점 Y′이 나타내는 도형을 표로 나타내면 다음과 같다. (단, 점 Q가 점 P의 시계 방향에 있다고 가정하자.)

점		P		Q		Y′	
곡선		$(x-1)^2+y^2=4$		$(x-1)^2+y^2=4$		$(x-1)^2+y^2=3$	
출발점	도착점	$(0,\ \sqrt{3})$	$(2,\ -\sqrt{3})$	$(2,\ \sqrt{3})$	$(0,\ -\sqrt{3})$	$(1,\ \sqrt{3})$	$(1,\ -\sqrt{3})$
곡선		$(x-1)^2+y^2=4$		$(x+1)^2+y^2=4$		$x^2+y^2=4$	
출발점	도착점	$(2,\ -\sqrt{3})$	$(0,\ -\sqrt{3})$	$(0,\ -\sqrt{3})$	$(-2,\ -\sqrt{3})$	$(1,\ -\sqrt{3})$	$(-1,\ -\sqrt{3})$
곡선		$(x+1)^2+y^2=4$		$(x+1)^2+y^2=4$		$(x+1)^2+y^2=3$	
출발점	도착점	$(0,\ -\sqrt{3})$	$(-2,\ \sqrt{3})$	$(-2,\ -\sqrt{3})$	$(0,\ \sqrt{3})$	$(-1,\ -\sqrt{3})$	$(-1,\ \sqrt{3})$
곡선		$(x+1)^2+y^2=4$		$(x-1)^2+y^2=4$		$x^2+y^2=4$	
출발점	도착점	$(-2,\ \sqrt{3})$	$(0,\ \sqrt{3})$	$(0,\ \sqrt{3})$	$(2,\ \sqrt{3})$	$(-1,\ \sqrt{3})$	$(1,\ \sqrt{3})$

점 Y′의 집합이 나타내는 도형의 길이는

$$2\times\left(\frac{1}{2}\times2\times\pi\times\sqrt{3}+\frac{1}{6}\times2\times\pi\times2\right)=\frac{4}{3}\pi+2\sqrt{3}\pi$$

이고, $\overrightarrow{OY}=2\overrightarrow{OY'}$ 이므로 점 Y의 집합이 나타내는 도형의 길이는 $\dfrac{8}{3}\pi+4\sqrt{3}\pi$이다.

따라서 $30ab=320$이다.

[문제Ⅲ-4]의 문제 상황 작도하기

[문제Ⅲ-4]는 좌표평면에서 특정 조건을 만족하는 두 벡터의 합이 나타내는 도형의 자취를 파악하는 문항이다. [문제Ⅲ-4]에서는 〈해설〉에 주어진 그림과 같이 '자취그리기' 명령어를 이용하여 학생들이 문제 상황을 보다 쉽게 이해할 수 있도록 GeoGebra를 활용한 교수·학습 자료를 만드는 방법에 대하여 살펴보고자 한다.

〈표 Ⅲ-4-1〉 [문제Ⅲ-4]의 두 벡터 $\overrightarrow{OP}$, $\overrightarrow{OQ}$ 작도 과정(구성단계 1~7)

구성단계	도구	작도 과정	화면상의 작도 상태
1 ~ 2		- 두 점 A, B 작도하기 (방법)2차원 기하창에서 격자(▦)와 좌표축(⊥)을 설정한 상태에서 (−1,0), (1,0)에 점을 작도한다. ▸ 격자(▦)와 좌표축(⊥)을 설정하지 않고 명령어를 이용하여 작도할 수도 있다. * 명령어: (−1,0), (1,0)	
3 ~ 4		- 중심이 각각 A, B이고 반지름의 길이가 2인 두 원 c, d 작도하기 (방법)점 A에 중심을 클릭하면 아래와 같이 반지름 입력창이 생성된다. 입력창에 반지름의 길이 2를 입력한다. 같은 방법으로 점 B를 클릭하고 입력창에 반지름의 길이 2를 입력한다.  ▸ 명령어를 이용하여 작도할 수도 있다. * 명령어: 원[A, 2], 원[B, 2]	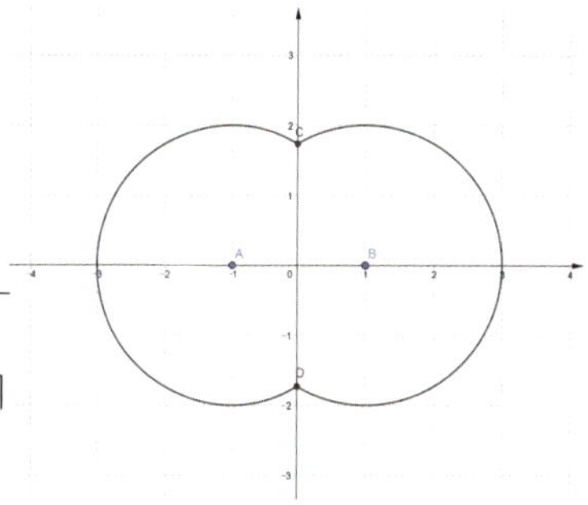
5	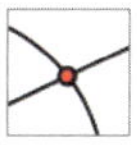	- 두 원 c, d의 두 교점 작도하기 (방법)두 원 c, d를 차례로 클릭하면 두 교점이 동시에 생성된다. ▸ 명령어를 이용하여 작도할 수도 있다. * 명령어: 교점[c, d]	
		• '대상 보이기(대상 보이기)' 기능을 활용하여 두 원 c, d를 보이지 않게 설정한다.	
6 ~ 7		- 두 점 A, B를 각각 중심으로 하고 중심각의 크기가 $\frac{4\pi}{3}$인 두 호 작도하기 (방법)중심이 되는 점 A를 먼저 클릭하고 반시계 방향으로 두 점 C, D를 순서대로 클릭하여 호 e를 작도한다. 같은 방법으로 세 점 B, D, C 순으로 클릭하여 호 f를 작도한다. ▸ 명령어를 이용하여 작도할 수도 있다. * 명령어: 호[A,C,D], 호[B,D,C]	

〈표 Ⅲ-4-2〉 [문제Ⅲ-4]의 두 벡터 $\overrightarrow{OP}$, $\overrightarrow{OQ}$ 작도 과정(구성단계 8~12)

구성단계	도구	작도 과정	화면상의 작도 상태
8		– 두 호 e, f를 하나의 대상으로 만드는 리스트 만들기 (방법)입력창에 {e, f}라 입력하고 Enter 키를 누르면 대수창에 아래와 같이 리스트가 생성된다. 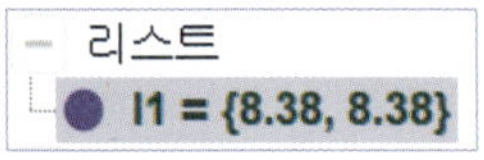 리스트 l1 = {8.38, 8.38} * 명령어: {e, f}	
9		– 두 호 e, f로 만들어진 리스트 $l1$ 위의 임의의 점 작도하기 (방법)입력창에 '점[$l1$]'이라 입력하고 Enter 키를 누르면 새로운 점 E가 생성된다. * 명령어: 점[$l1$] ▸ 새로운 점(A) 도구를 이용하여 기하창에 직접 작도할 경우, 생성된 점은 두 호 e, f 중 어느 한 호 위만을 움직이게 된다. 그러나 두 호 e, f를 리스트 명령어를 이용하여 한 대상으로 묶고 점 명령어를 사용하면 새로운 점 E는 두 호 e, f를 자유롭게 이동할 수 있게 된다.	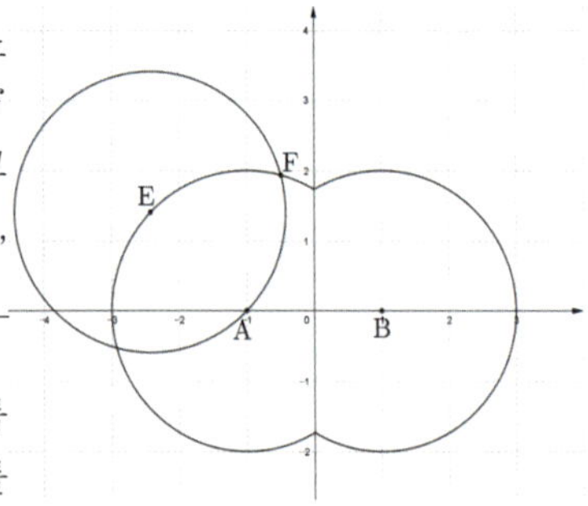
10		– 중심이 E이고 반지름의 길이가 2인 원 g 작도하기 (방법)점 E에 중심을 클릭하면 아래와 같이 반지름 입력창이 생성된다. 입력창에 반지름의 길이 2를 입력한다.  ▸ 명령어를 이용하여 작도할 수도 있다. * 명령어: 원[E, 2]	
11 ~ 12	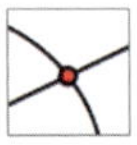	– 원 g와 두 호 e, f와의 각각의 교점 작도하기 (방법)점 E를 호 e 위에 있도록 클릭하여 이동한 후, 원 g와 호 e의 교점의 위치에 마우스를 가까이 하면 교점이 활성화되므로 활성화 위치에서 선분 원 g와 호 e를 동시에 클릭하여 점 F를 작도한다. 점 E를 호 f 위에 있도록 클릭하여 이동한 후, 같은 방법으로 원 g와 호 f의 교점 G를 작도한다. ▸ 원 g와 호 e(또는 f)는 각각 교점이 2개 생기지만 어떤 점을 잡아도 자취가 동일하므로 오른쪽 그림과 같이 점 E의 시계 방향에 있는 교점을 작도한다. ▸ 명령어를 이용하여 작도할 수도 있다. * 명령어: 교점[e, g], 교점[f, g]	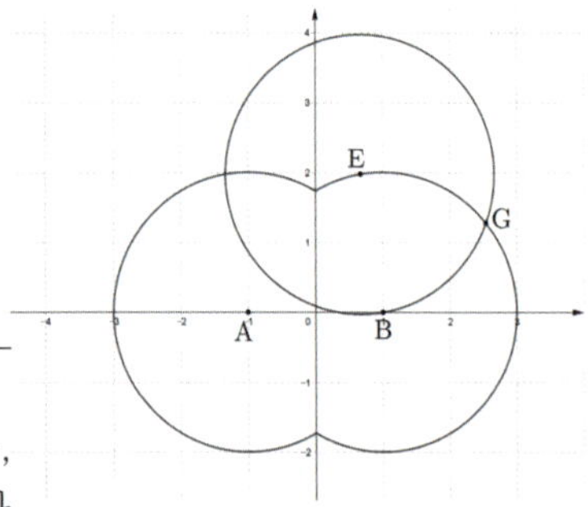
		• '대상 보이기(대상 보이기)' 기능을 활용하여 두 점 C, D를 보이지 않게 설정한다.	

〈표 Ⅲ-4-3〉 [문제Ⅲ-4]의 두 벡터 $\overrightarrow{\mathrm{OP}}$, $\overrightarrow{\mathrm{OQ}}$ 작도 과정(구성단계 13~26)

구성단계	도구	작도 과정	화면상의 작도 상태
13		– 원점 작도하기 (방법) 원점 (0,0)에 점을 작도한다. ▸ 명령어를 이용하여 작도할 수도 있다. * 명령어: O(0,0)	
		• 네 점 H, E, F, G의 이름을 오른쪽 그림과 같이 O, P, Q, Q로 변경하기 ▸ 변경하고자 하는 점에서 마우스 우클릭을 이용하여 각각의 점들의 설정사항(기본)의 '이름' 란에서 이름을 변경하고, '캡션' 란에 아래와 같이 입력한다. '레이블 보이기'는 캡션으로 설정한다. * 캡션 명령어: $\LARGE\rm{%n}$ $\LARGE\rm{Q}$ ▸ 캡션 명령어 입력 시 세 점 H, E, F는 이름 변경 후 기존의 캡션 명령어를 그대로 사용하지만, 점 G는 반드시 위의 두 번째 캡션 명령어를 사용하여 한다. 첫 번째 명령어를 사용할 경우 점 F가 점 Q_1로 변경되므로 주의해야 한다.	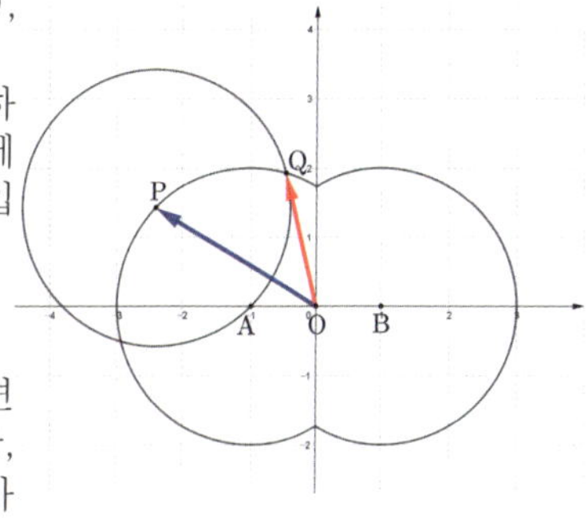
14 ~ 16		– 세 벡터 OP(u), OQ(v), OQ(w) 작도하기 (방법) 각각의 세 벡터를 구성하는 시점과 종점을 차례로 클릭한다. 벡터 OQ 작도 시 반드시 두 호 e, f에서 각각 작도하여 두 번 작도해야 한다. ▸ 명령어를 이용하여 작도할 수도 있다. 호 f 상의 점 Q는 실질적으로 점 G에 해당되므로 명령어로 입력할 경우 주의해야 한다. * 명령어: 벡터[O,P], 벡터[O,Q], 벡터[O,G]	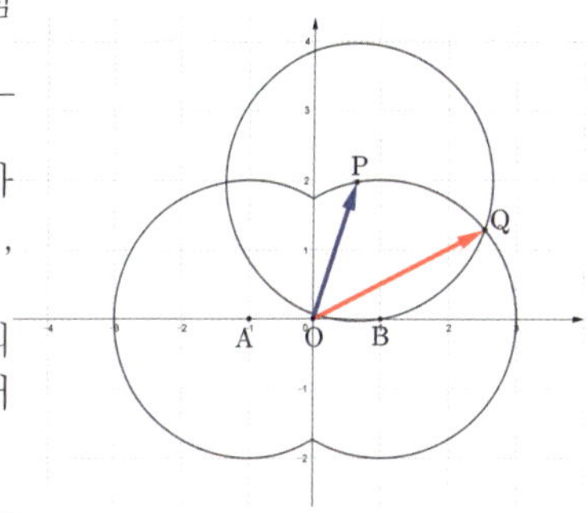
		• 구성단계 14~16에서 작도한 세 벡터 OP(u), OQ(v), OQ(w)의 설정사항 '스타일' 탭에서 선 굵기를 13으로 설정하고, '색상' 탭에서 벡터 OP(u) 파랑으로 두 벡터 OQ(v), OQ(w)는 빨강으로 설정한다.	
17 ~ 18		– 두 점 P, Q의 두 중점 작도하기 (방법) 두 점 P, Q를 차례로 클릭한다. 점 Q가 두 호 e, f 위에 있을 때 각각 작도하여 두 중점 E, F를 작도한다. ▸ 명령어를 이용하여 작도할 수도 있다. * 명령어: 중점[P,Q], 중점[P,G]	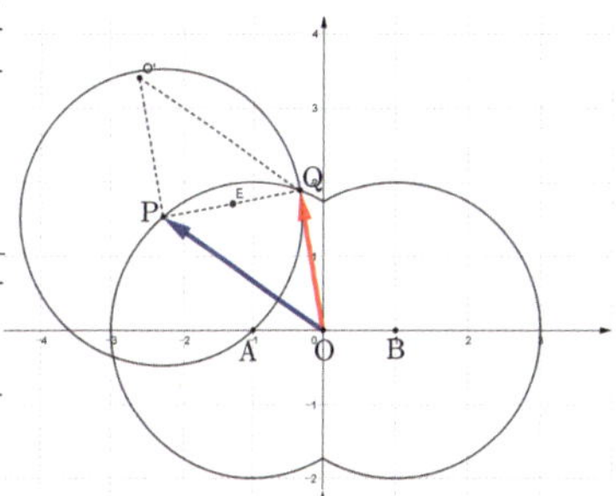
19 ~ 20		– 원점 O를 두 점 E, F에 대하여 점대칭시킨 두 점 작도하기 (방법) 원점 O와 점 E를 차례로 클릭하여 점 O′을 작도하고 원점 O와 점 F를 차례로 클릭하여 점 O'_1을 작도한다. ▸ 명령어를 이용하여 작도할 수도 있다. * 명령어: 대칭[O,E], 대칭[O,F]	
21 ~ 26		– 여섯 개의 선분 PQ, O′P, O′Q, PQ(PG), O'_1P, O'_1Q를 작도하고 설정사항(선스타일)에서 점선으로 변경하기 (방법) 여섯 개의 선분을 구성하는 각각의 두 점을 차례로 클릭한다. ▸ 명령어를 이용하여 작도할 수도 있다. * 명령어: 선분[P,Q] 등	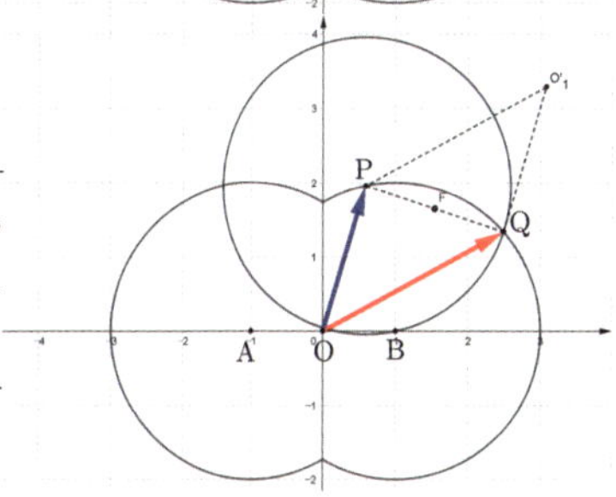

〈표 Ⅲ-4-4〉 [문제Ⅲ-4]의 두 점 Y, Y′ 자취 작도 과정(구성단계 27~28)

구성단계	도구	작도 과정	화면상의 작도 상태
27 ~ 28		- 두 벡터 $\mathrm{OO}'(a)$, $\mathrm{OO}'_1(b)$ 작도하기 (방법)각각의 두 벡터를 구성하는 시점과 종점을 차례로 클릭한다. ▸ 명령어를 이용하여 작도할 수도 있다. * 명령어: 벡터[O,O′], 벡터[O,O′_1]	
		• 두 점 O′, E의 이름을 오른쪽 그림과 같이 Y, Y′으로 변경하기 ▸ 변경하고자 하는 점에서 마우스 우클릭을 이용하여 각각의 점들의 설정사항(기본)의 '이름' 란에서 이름을 변경하고, '캡션' 란에 아래와 같이 입력한다. '레이블 보이기'는 캡션으로 설정한다. * 캡션 명령어: $\LARGE\rm{%n}$	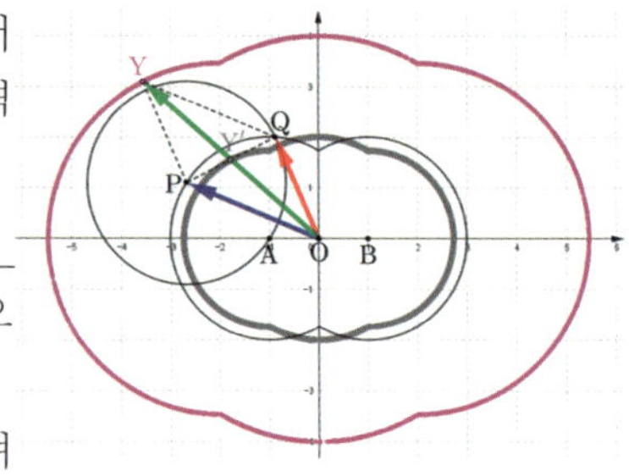
		• 두 점 O'_1, F의 이름을 오른쪽 그림과 같이 Y, Y′으로 변경하기 ▸ 변경하고자 하는 점에서 마우스 우클릭을 이용하여 각각의 점들의 설정사항(기본)의 '이름' 란에서 이름을 변경하고, '캡션' 란에 아래와 같이 입력한다. '레이블 보이기'는 캡션으로 설정한다. * 캡션 명령어: $\LARGE\rm{Y}$ $\LARGE\rm{Y'}$	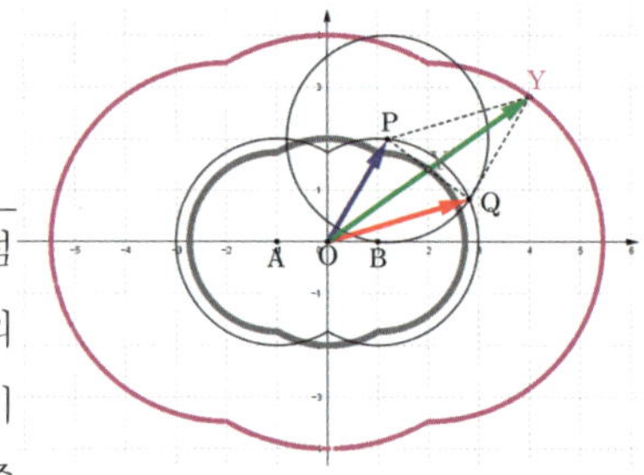
		• 네 점 Y, Y′, Y(O'_1), Y′(F)의 설정사항에서 두 점 Y, Y(O'_1)의 색상은 보라색으로, 두 점 Y′, Y′(F)의 색상은 회색으로 설정하고, 마우스 우클릭하여 자취보이기(자취 보이기)를 설정한 후 점 P를 움직이면 오른쪽 그림과 같이 자취가 나타난다. 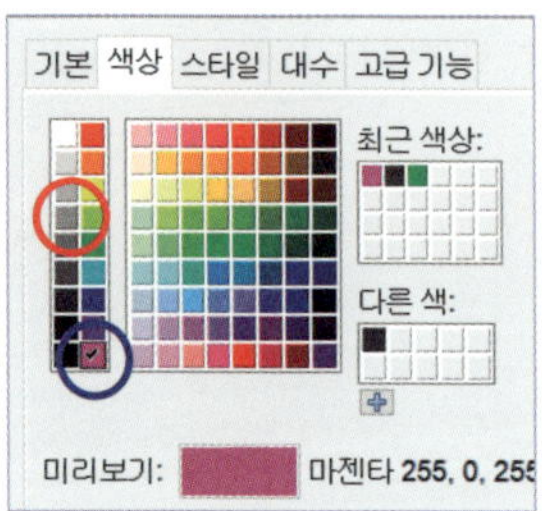	

[문제Ⅲ-4] 교수·학습 상황에서 '체크 상자' 도구 활용하기

[문제Ⅲ-4]는 [문제Ⅲ-2]와 동일한 방법으로 평면벡터의 자취를 시각화하는 과정에서 '체크 상자' 도구를 이용하여 교수·학습 상황에서 활용할 수 있다. [문제Ⅲ-4]에서는 추가적으로 '자취그리기' 명령어를 추가한 후 이를 '체크 상자' 도구를 이용하여 나타내고자 한다. 작도하기 전에 <표 Ⅲ-4-4>에서 작도한 평면도형 파일을 복사하여 원본 파일은 그대로 저장(파일명: 문제Ⅲ-4_구성단계28_평면벡터)하여 보관하고, 복사한 파일에서 새로운 작도를 진행한다.

〈표 Ⅲ-4-5〉 [문제Ⅲ-4]의 자취 작도 과정(구성단계 29~32)

구성단계	도구	작도 과정	화면상의 작도 상태
29 ~ 30		- 점 P의 움직임에 따른 두 점 Y, $Y(O'_1)$의 자취를 표현하고, 설정사항에서 선스타일과 색상 변경하기 (방법)두 점 Y, $Y(O'_1)$의 자취는 점 P에 의존하여 나타난다. GeoGebra는 이처럼 임의의 점의 움직임에 따라 그에 의존하여 움직이는 점의 자취를 아래와 같은 명령어 형식으로 표현할 수 있다. 자취그리기[<자취선을 만드는 점>,<점>] 입력창에 명령어를 입력하고 Enter 키를 누르면 오른쪽 그림과 같이 자취가 나타난다. * 명령어: 자취그리기[Y,P], 자취그리기[O'_1,P]	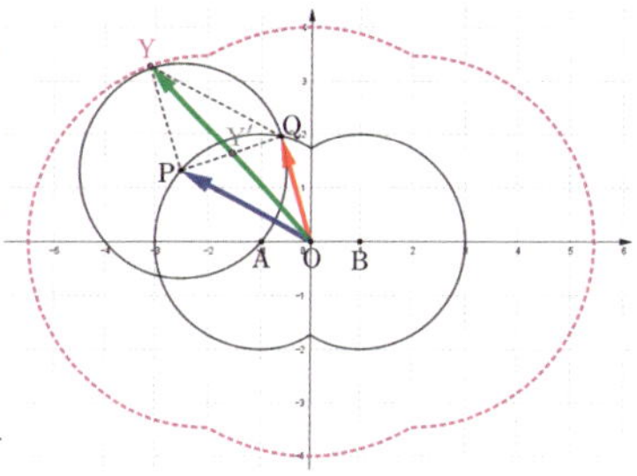
31 ~ 32		- 점 P의 움직임에 따른 두 점 Y′, Y′(F)의 자취를 표현하고, 설정사항에서 선스타일과 색상 변경하기 (방법)구성단계 29~30과 동일한 방법으로 Y′, Y′(F)의 자취를 표현하기 위하여 자취그리기 명령어를 입력하고 Enter 키를 누르면 오른쪽 그림과 같이 자취가 나타난다. * 명령어: 자취그리기[Y′,P], 자취그리기[F,P]	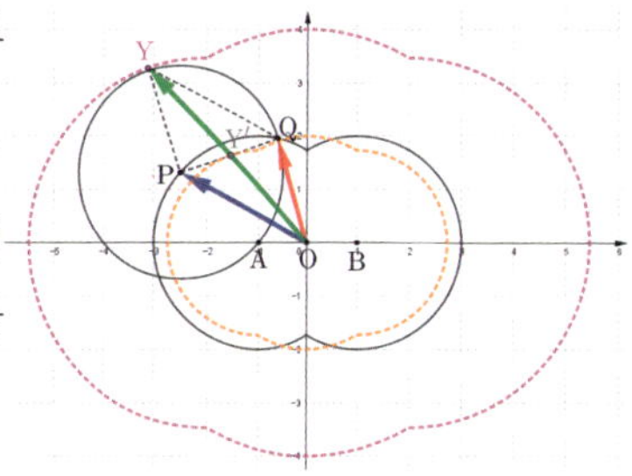
		• 구성단계 29~32에서 작도한 네 점 Y, $Y(O'_1)$, Y′, Y′(F)의 자취(자취1, 자취2, 자취3, 자취4)의 설정사항에서 색상과 선스타일을 변경한다.	

〈표 Ⅲ-4-6〉 [문제Ⅲ-4]의 '체크 상자' 도구 제작 과정(구성단계 33~34)

구성단계	도구	작도 과정	화면상의 작도 상태
33 ~ 34		– 자취를 '체크 상자'로 나타내기 (방법) '체크 상자' 도구를 클릭한 후 기하창을 클릭하면 아래와 같은 창이 나타난다. 먼저 '캡션' 란에 원하는 명칭을 기록한다. 원하는 대상을 선택하고 적용한다. 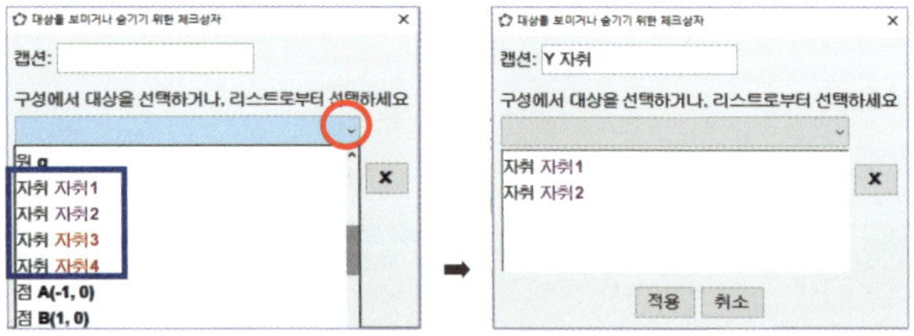 ▸ '자취'를 나타내는 첫 번째 '체크 상자'에서는 '자취 자취1'과 '자취 자취2'를 선택하고, 두 번째 '체크 상자'에서는 '자취 자취3'과 '자취 자취4'를 선택한다. ▸ 대상 선택 시, '체크 상자'의 화면상에서 선택할 수도 있지만 대수창에서 대상을 클릭하여 선택할 수도 있다.	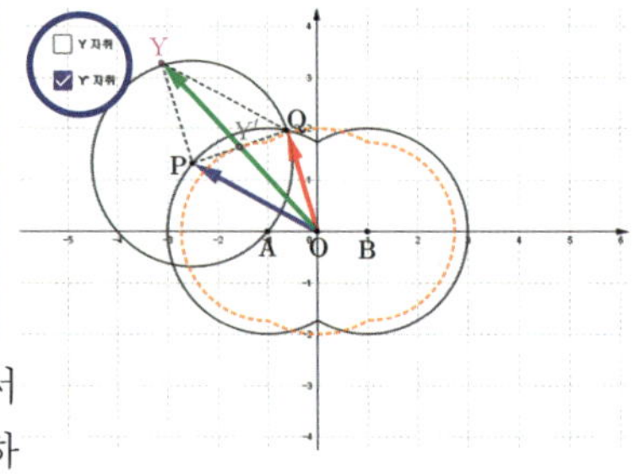

〈그림 Ⅲ-4-1〉 [문제Ⅲ-4]의 문제 상황에서 '체크 상자' 활용 GeoGebra 화면

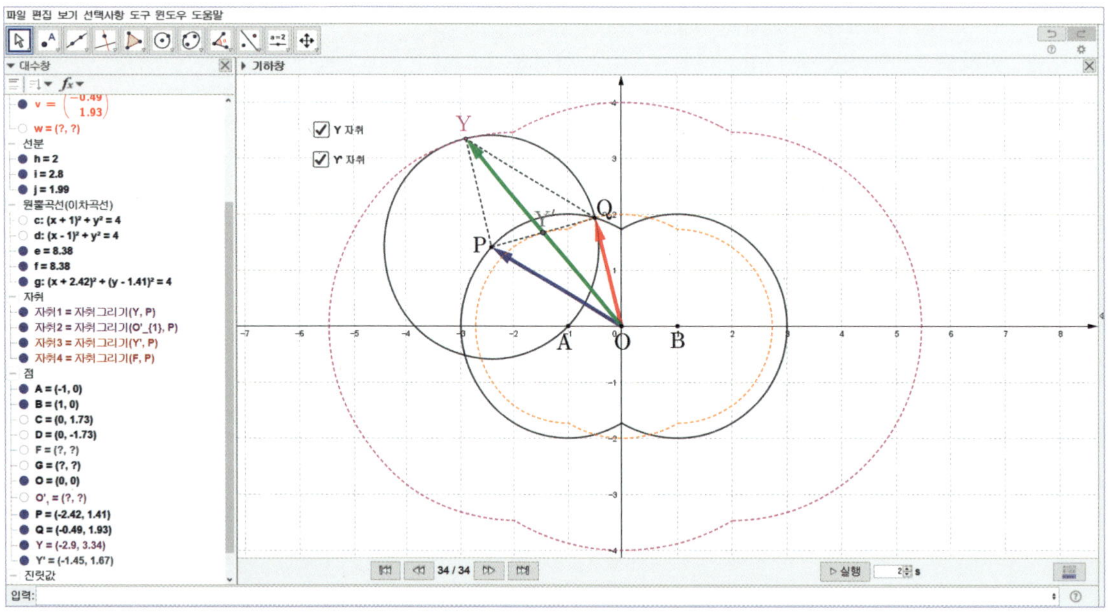

문제 Ⅲ-5

좌표평면 위에 세 점 A(2, 4), B(6, 2), C(8, 6)이 있다. 두 선분 OA, OB 위를 움직이는 점을 각각 P, Q라 할 때,

$$\overrightarrow{OX}=\overrightarrow{OP}+\overrightarrow{OQ}$$

를 만족시키는 점 X가 나타내는 영역을 S라 하자. 제1사분면 위의 점 D(k, k)에 대하여

$$\overrightarrow{OY}=\overrightarrow{OX}+\overrightarrow{OD}$$

를 만족시키는 점 Y가 나타내는 영역을 T라 하자. 두 영역 S, T의 공통 부분의 넓이가 $\frac{15}{2}$일 때, $100k$의 값을 구하시오. (단, O는 원점이다.)[15]

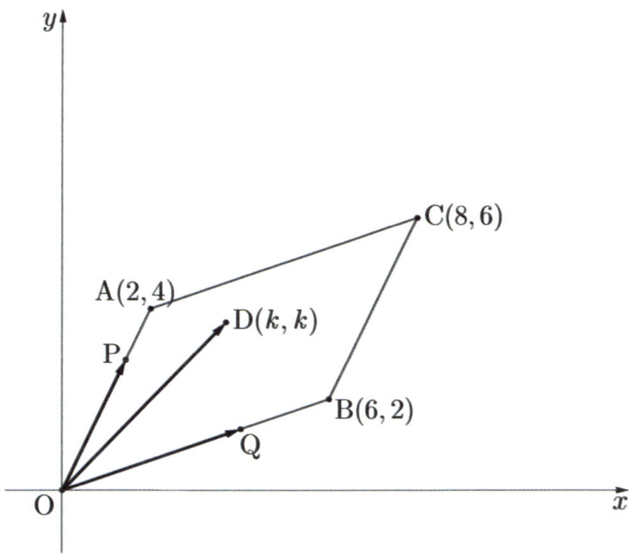

15) [문제 Ⅲ-5]에 주어진 점 C에 대한 조건과 그림은 문항 완성도 측면에서는 제시하지 않는 것이 바람직할 수 있으나, 학생의 문항 접근도를 고려하여 조건과 그림을 추가하였다.

해설

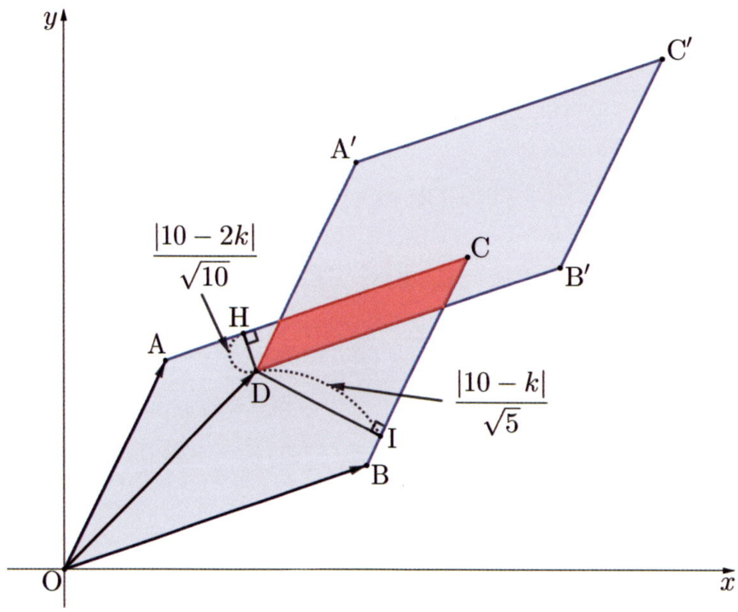

점 D에서 두 선분 AC, BC에 내린 수선의 발을 각각 H, I라 하자.

직선 AC의 방정식이 $x-3y+10=0$이고, 직선 BC의 방정식이 $2x-y-10=0$이므로 점 $\mathrm{D}(k,\ k)$에서 두 직선 AC, BC에 이르는 거리는 각각

$$\overline{\mathrm{DH}}=\frac{|10-2k|}{\sqrt{10}},\ \overline{\mathrm{DI}}=\frac{|10-k|}{\sqrt{5}}$$

이다. 또한 $\angle\mathrm{BOA}=\theta$라 하면 $\cos\theta=\dfrac{\overrightarrow{\mathrm{OA}}\cdot\overrightarrow{\mathrm{OB}}}{|\overrightarrow{\mathrm{OA}}||\overrightarrow{\mathrm{OB}}|}=\dfrac{\sqrt{2}}{2}$이므로 $\theta=\dfrac{\pi}{4}$이다.

점 X가 나타내는 영역과 사각형 A′DB′C′의 공통 부분의 넓이가 $\dfrac{15}{2}$이므로

$$\frac{|10-2k|}{\sqrt{10}}\times\left(\sqrt{2}\times\frac{|10-k|}{\sqrt{5}}\right)=\frac{15}{2}$$

$$|4k^2-60k+200|=75$$

$$4k^2-60k+125=0 \qquad 4k^2-60k+275=0$$

$$(2k-5)(2k-25)=0 \qquad D<0\text{이므로 허근을 가짐.}$$

$$k=\frac{5}{2},\ k=\frac{25}{2}$$

이다. 또한 점 X가 나타내는 영역과 사각형 A′DB′C′의 공통 부분이 존재하기 위해서는

$k<5$이므로 $k=\dfrac{5}{2}$이다.

따라서 $100k=250$이다.

[문제Ⅲ-5]에 제시된 평면도형 작도하기

〈표 Ⅲ-5-1〉 [문제Ⅲ-5]의 평면도형 작도 과정(구성단계 1~9)

구성단계	도구	작도 과정	화면상의 작도 상태
1 ~ 4		- 네 점 A, B, C, D 작도하기 (방법)2차원 기하창에서 격자(▦)와 좌표축(⊥)을 설정한 상태에서 (2,4), (6,2), (8,6), (0,0)에 점을 작도한다. ▸ 격자(▦)와 좌표축(⊥)을 설정하지 않고 명령어를 이용하여 작도할 수도 있다. ＊ 명령어: (2,4), (6,2), (8,6), (0,0)	
		• 네 점 A, B, C, D의 이름을 오른쪽 그림과 같이 A, B, C, O로 변경하기 ▸ 변경하고자 하는 점에서 마우스 우클릭을 이용하여 각각의 점들의 설정사항(기본)의 '이름' 란에서 이름을 변경하고, '캡션' 란에 아래와 같이 입력한다. '레이블 보이기'는 캡션으로 설정한다. ＊ 캡션 명령어: $\LARGE\rm{A(2,4)}$ $\LARGE\rm{B(6,2)}$ $\LARGE\rm{C(8,6)}$ $\LARGE\rm{%n}$ ▸ 세 점 A, B, C의 이름을 설정하기 위하여 레이블 보이기(레이블 보이기) 기능을 활용하여 세 점의 레이블을 보이지 않게 설정한 후, 텍스트(ABC) 도구를 이용하여 이름과 좌표를 설정할 수도 있다.	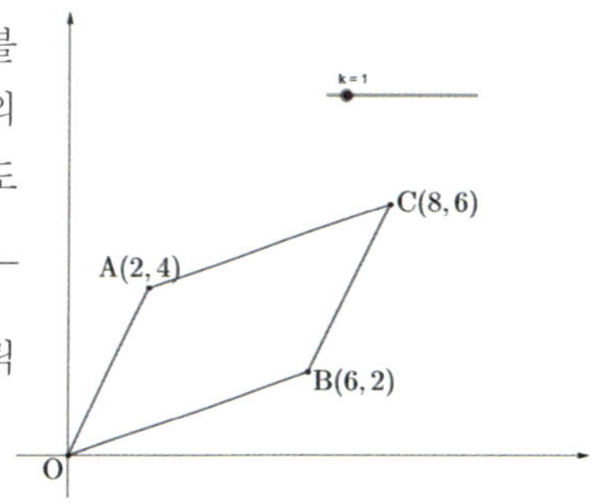
5 ~ 8		- 네 선분 AO, OB, BC, CA 작도하기 (방법)각각의 선분을 구성하는 두 점을 차례로 클릭하여 4개의 선분을 작도한다. ▸ 명령어를 이용하여 작도할 수도 있다. ＊ 명령어: 선분[A,O], 선분[O,B], 선분[B,C], 선분[C,A]	
9	a = 2	- 점 D의 좌표 k를 '슬라이더' 도구를 이용하여 설정하기 (방법) '슬라이더' 도구를 클릭한 후 2차원 기하창을 클릭하면 아래와 같은 입력창이 나타난다. 입력창에 이름은 k로 설정하고, 최솟값 0, 최댓값 8, 증가 0.1을 입력하고 확인 버튼을 클릭한다. 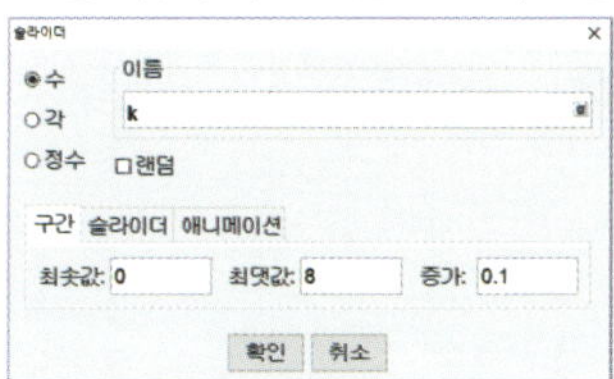 ▸ 추후 <표 Ⅲ-5-6>에서 k의 값에 따라 점 X가 나타내는 영역과 사각형 A′DB′C′의 공통 부분의 넓이가 변하는 것을 확인할 수 있다.	

〈표 Ⅲ-5-2〉 [문제Ⅲ-5]의 평면도형 작도 과정(구성단계 10~17)

구성단계	도구	작도 과정	화면상의 작도 상태
10		– 점 D의 좌표에 해당하는 점 작도하기 (방법)입력창에 (k, k) 또는 D(k, k)를 입력한다. * 명령어: (k, k) 또는 D(k, k)	
11 ~ 12		– 두 선분 OA, OB 위의 임의의 점 작도하기 (방법)두 선분 OA (f), OB (g)를 각각 클릭한다. ▸ 명령어를 이용하여 작도할 수도 있다. * 명령어: 점[f], 점[g]	
		• 세 점 D, E, F의 이름을 오른쪽 그림과 같이 D(k, k), P, Q로 변경하기 ▸ 변경하고자 하는 점에서 마우스 우클릭을 이용하여 각각의 점들의 설정사항(기본)의 ‘이름’ 란에서 이름을 변경하고, ‘캡션’ 란에 아래와 같이 입력한다. ‘레이블 보이기’는 캡션으로 설정한다. * 캡션 명령어: $\LARGE\rm{D}({\it{k,k}})$ $\LARGE\rm{%n}$ ▸ 세 점 D, P, Q의 이름을 설정하기 위하여 레이블 보이기(레이블 보이기) 기능을 활용하여 세 점의 레이블을 보이지 않게 설정한 후, 텍스트(ABC) 도구를 이용하여 이름과 좌표를 설정할 수도 있다.	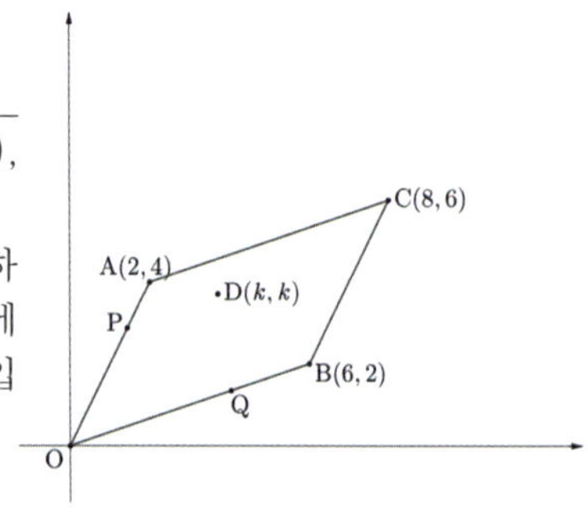
13 ~ 15		– 세 벡터 OP (u), OD (v), OQ (w) 작도하기 (방법)각각의 두 벡터를 구성하는 시점과 종점을 차례로 클릭한다. 벡터의 설정사항 스타일에서 선 굵기를 7로 설정한다. ▸ 명령어를 이용하여 작도할 수도 있다. * 명령어: 벡터[O,P], 벡터[O,D], 벡터[O,Q]	
16 ~ 17		– ‘텍스트’ 도구를 활용하여 x축, y축 나타내기 (방법) ‘텍스트’ 도구를 클릭하고 기하창을 클릭하면 아래의 왼쪽과 같은 텍스트 입력창이 생성된다. 입력하고자 하는 문자를 입력하고 그림과 같이 ‘LaTeX 수식’에 체크한 후 확인 버튼을 클릭한다. ▸ 글자의 크기는 마우스의 우클릭을 이용하여 텍스트의 설정사항에서 조절할 수 있다. 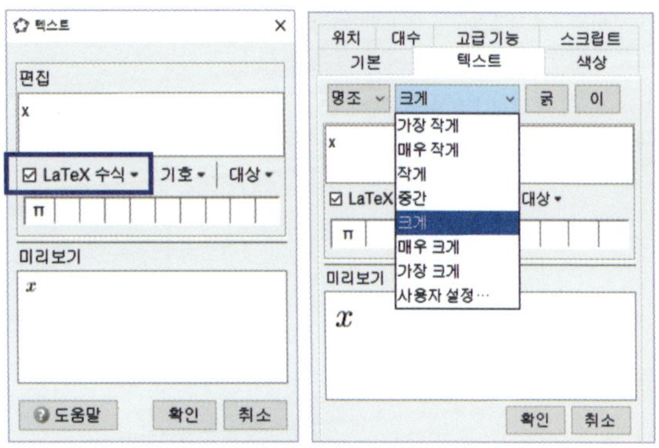	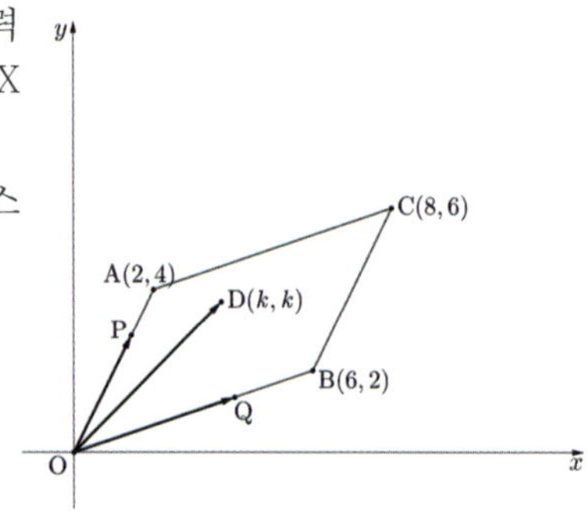
		• ‘대상 보이기(대상 보이기)’ 기능을 활용하여 슬라이더 k를 보이지 않게 설정한다.	

[문제Ⅲ-5] 정답 확인 하기

[문제Ⅲ-5]에 제시된 평면도형만을 그리기 위해서라면 직선 $y=x$ 위에 적당한 점 $D(k, k)$를 설정하여 그림을 제작하여도 무방할 것이다. <표 Ⅲ-5-2>에서 슬라이더 k에 의존하여 점 D를 설정한 것은 [문제Ⅲ-5]의 정답 확인 과정에서 슬라이더를 이용하고자 한 것이다.

[문제Ⅲ-5]의 정답을 확인하기 전에 <표 Ⅲ-5-2>에서 작도한 평면도형 파일을 복사하여 원본 파일은 그대로 저장(파일명: 문제Ⅲ-5_구성단계17_평면벡터)하여 보관하고, 복사한 파일에서 새로운 작도를 진행한다.

〈표 Ⅲ-5-3〉 [문제Ⅲ-5]의 정답 확인 과정(구성단계 18~26)

구성단계	도구	작도 과정	화면상의 작도 상태
		• 대수창에서 슬라이더로 설정한 k를 클릭하여 기하창에 나타나도록 한다. 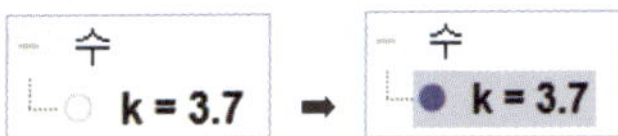 • 화면상의 복잡도를 줄이기 위하여 네 점 $A(2,4)$, $B(6,2)$, $C(8,6)$, $D(k,k)$의 이름을 오른쪽 그림과 같이 A, B, C, D로 변경하기 ▸ 변경하고자 하는 점에서 마우스 우클릭을 이용하여 각각의 점들의 설정사항(기본)의 '캡션' 란에서 캡션 명령어를 변경한다. * 캡션 명령어: $\LARGE\rm{%n}$	
18 ~ 20		– 세 점 A, B, C를 벡터 $OD(v)$ 만큼 평행이동한 세 점 A′, B′, C′ 작도하기 (방법) '벡터에 의하여 평행이동' 도구를 클릭한 후, 점 A와 벡터 $OD(v)$를 차례로 클릭한다. 같은 방법으로 두 점 B, C를 평행이동한다. ▸ 명령어를 이용하여 작도할 수도 있다. * 명령어: 평행이동[A,v], 평행이동[B,v], 평행이동[C,v]	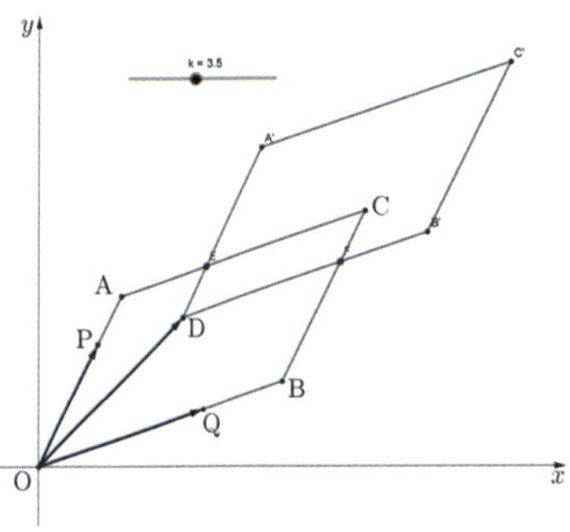
21 ~ 24		– 네 선분 A′D, DB′, B′C′, C′A′ 작도하기 (방법)각각의 선분을 구성하는 두 점을 차례로 클릭하여 4개의 선분을 작도한다. ▸ 명령어를 이용하여 작도할 수도 있다. * 명령어: 선분[A′,D], 선분[D,B′], 선분[B′,C′], 선분[C′,A′]	
25 ~ 26	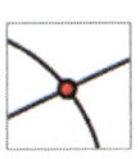	– 두 선분 AC, A′D의 교점 E와 두 선분 BC, B′D의 교점 F 작도하기 (방법)두 선분 $AC(i)$, $A'D(j)$를 차례로 클릭한다. 두 선분 $BC(h)$, $B'D(l)$를 차례로 클릭한다. ▸ 명령어를 이용하여 작도할 수도 있다. * 명령어: 교점[i, j], 교점[h, l] ▸ 교점의 위치에 마우스를 가까이 하면 교점이 활성화되므로 활성화 위치에서 교점을 만드는 두 선분을 동시에 클릭하여 작도할 수도 있다.	

〈표 Ⅲ-5-4〉 [문제Ⅲ-5]의 정답 확인 과정(구성단계 27)

구성단계	도구	작도 과정	화면상의 작도 상태
27		– 사각형 EDFC($q1$) 작도하기 (방법)사각형을 구성하는 네 점을 차례로 클릭하여 작도하고, 설정사항에서 색상은 파랑으로 불투명도는 25로 설정한다. ▸ 명령어를 이용하여 작도할 수도 있다. ∗ 명령어: 다각형[E,D,F,C]	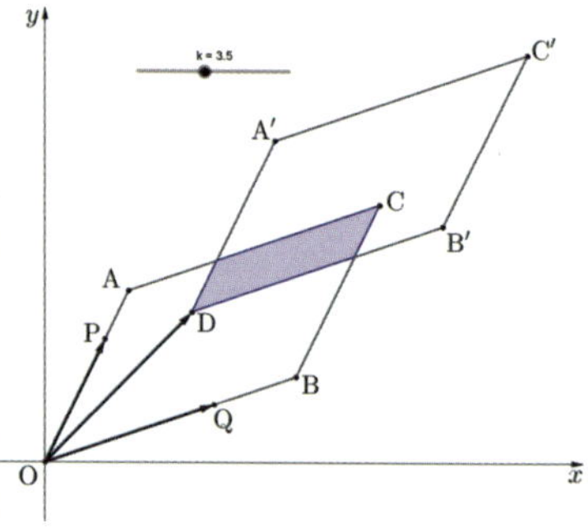
		• '대상 보이기(대상 보이기)' 기능을 활용하여 두 점 E, F를 보이지 않게 설정한다. • 세 점 A′, B′, C′의 캡션 변경하기 ▸ 변경하고자 하는 점에서 마우스 우클릭을 이용하여 각각의 점들의 설정사항(기본)의 '이름' 란에서 이름은 유지하고, '캡션' 란에 아래와 같이 입력한다. '레이블 보이기'는 캡션으로 설정한다. ∗ 캡션 명령어: $\LARGE\rm{%n}$	

〈표 Ⅲ-5-4〉에서 제작된 GeoGebra파일에서 슬라이더 k의 값을 마우스로 드래그하여 움직여 보면 〈그림 Ⅲ-5-1〉과 같이 대수창의 사각형 EDFC($q1$)의 넓이가 연동되어 변화됨을 확인할 수 있다. $k=2.5$일 때, 사각형 EDFC($q1$)의 넓이가 7.5가 됨을 확인할 수 있다.

〈그림 Ⅲ-5-1〉 [문제Ⅲ-5]의 정답 확인 상황 GeoGebra 화면

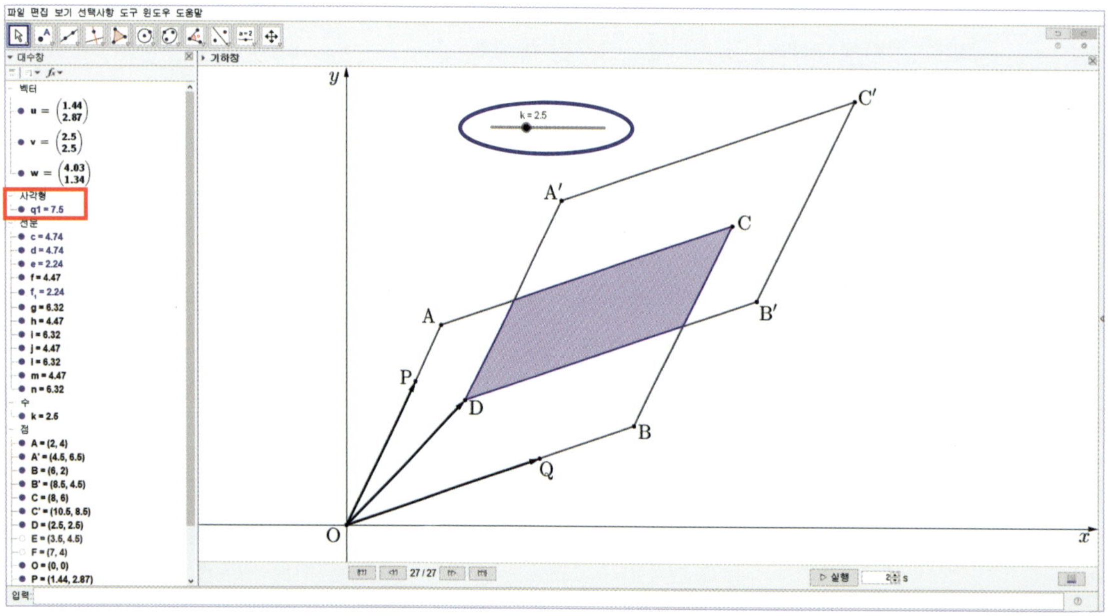

[문제Ⅲ-5] 교수 · 학습 상황에서 평면벡터의 합 시뮬레이션하기

[문제Ⅲ-5]에 대한 교수 · 학습 상황에서 평면벡터의 합이 시각적으로 변화하는 모습을 제작하여 평면벡터의 합에 대한 학생들의 이해도를 증진시킬 수 있다. [문제Ⅲ-5]에서 조건으로 주어진 $\overrightarrow{OX}=\overrightarrow{OP}+\overrightarrow{OQ}$를 추가적으로 작도하여 평면벡터의 합의 단계적 변화를 살펴보고자 한다. <표 Ⅲ-5-4>에서 제작된 파일(파일명: 문제Ⅲ-5_구성단계27_평면벡터)을 다시 복사하여 보관하고, 복사한 파일에서 새로운 작도를 진행한다.

<표 Ⅲ-5-5> [문제Ⅲ-5]의 평면벡터의 합 시뮬레이션 과정(구성단계 28~32)

구성단계	도구	작도 과정	화면상의 작도 상태
28 ~ 29		- 점 P를 지나고 선분 AC에 평행한 직선과 점 Q를 지나고 선분 BC에 평행한 직선 작도하기 (방법)점 P와 선분 AC(i)를 차례로 클릭한다. 점 Q와 선분 BC(h)를 차례로 클릭한다. ▸ 명령어를 이용하여 작도할 수도 있다. * 명령어: 직선[P,i], 직선[Q,h]	
30		- 두 직선 p, q의 교점(G) 작도하기 (방법)두 직선 p, q 차례로 클릭한다. ▸ 명령어를 이용하여 작도할 수도 있다. * 명령어: 교점[p, q] ▸ 교점의 위치에 마우스를 가까이 하면 교점이 활성화되므로 활성화 위치에서 교점을 만드는 두 직선을 동시에 클릭하여 작도할 수도 있다.	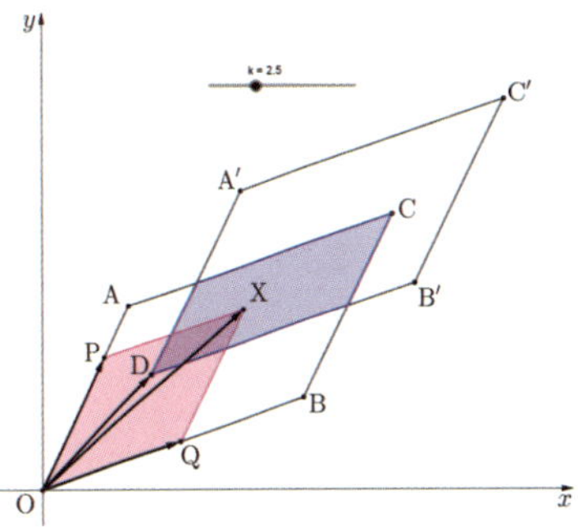
		• 점 G의 이름을 오른쪽 그림과 같이 X로 변경하기 ▸ 변경하고자 하는 점에서 마우스 우클릭을 이용하여 점의 설정사항(기본)의 '이름' 란에서 이름을 변경하고, '캡션' 란에 아래와 같이 입력한다. '레이블 보이기'는 캡션으로 설정한다. * 캡션 명령어: $\LARGE\rm{%n}$	
31		- 사각형 POQX($q2$) 작도하기 (방법)사각형을 구성하는 네 점을 차례로 클릭하여 작도하고, 설정사항에서 색상은 보라색으로 불투명도는 25로 설정한다. ▸ 명령어를 이용하여 작도할 수도 있다. * 명령어: 다각형[P,O,Q,X]	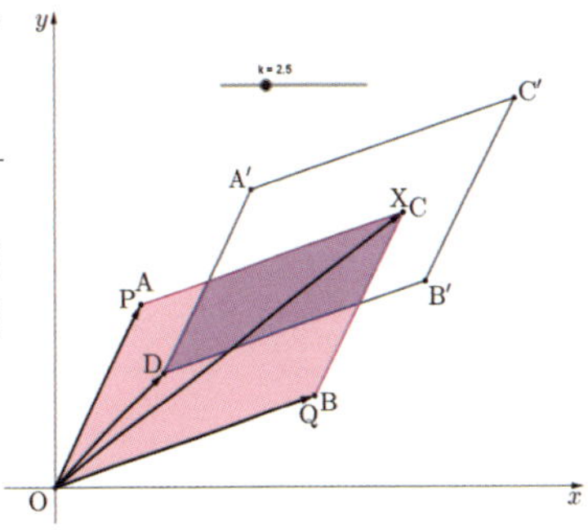
		• '대상 보이기(대상 보이기)' 기능을 활용하여 두 직선 p, q를 보이지 않게 설정한다.	
32		- 벡터 OX(a) 작도하기 (방법)벡터를 구성하는 시점과 종점을 차례로 클릭한다. 벡터의 설정사항에서 선 굵기를 7로 설정한다. ▸ 명령어를 이용하여 작도할 수도 있다. * 명령어: 벡터[O,X]	

<표 Ⅲ-5-5>의 구성단계 32의 작도 상태에서 두 점 P, Q를 마우스로 드래그하여 움직이면 벡터 OX의 움직임을 시각적으로 확인할 수 있다. 점 X가 나타내는 영역 S가 사각형 AOBC와 같아짐을 알 수 있고, 동시에 사각형 POQX의 넓이가 최대가 되는 지점이 어디인지를 확인할 수 있다. 이제 <그림 Ⅲ-5-2>와 같이 두 점 P, Q를 각각 A, B에 위치하게 한 후, 점 D(k, k)에 대하여 $\overrightarrow{OY}=\overrightarrow{OX}+\overrightarrow{OD}$를 만족시키는 점 Y가 나타내는 영역 T와 영역 S의 공통 부분을 슬라이더 k를 움직이며 확인하고 그 값을 기하창에 나타내 보자.

<표 Ⅲ-5-6> [문제Ⅲ-5]의 슬라이더 k의 값에 따른 시뮬레이션 과정(구성단계 33~39)

구성단계	도구	작도 과정	화면상의 작도 상태
33 ~ 37		– 사각형 POQX($q2$)를 벡터 OD 만큼 평행이동한 사각형 P′O′Q′X′($q2'$) 작도하기 (방법) '벡터에 의하여 평행이동' 도구를 클릭한 후, 사각형 POQX($q2$)와 벡터 OD(v)를 차례로 클릭한다. ▶ 명령어를 이용하여 작도할 수도 있다. * 명령어: 평행이동[$q2$,v]	
		• '대상 보이기(대상 보이기)' 기능을 활용하여 네 점 O′, P′, Q′, X′을 보이지 않게 설정한다.	
38		– 영역 T와 영역 S의 공통 부분 넓이 확인하기 ▶ 영역 T와 영역 S의 공통 부분($q1$) 넓이는 이미 대수창에서 다음과 같이 확인할 수 있다. 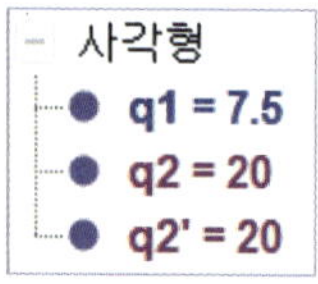 ▶ 분수화 명령어를 이용하면 사각형($q1$)의 넓이가 기하창에 나타난다. * 명령어: 분수화[$q1$]	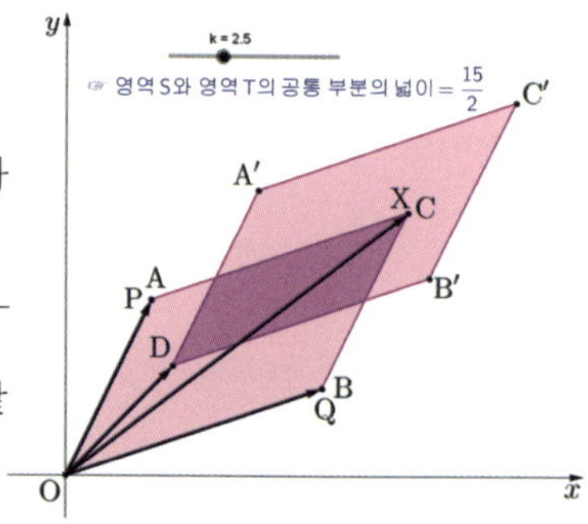
39	ABC	– 사각형 $q1$의 넓이 시각적으로 표현하기 (방법) 텍스트 도구를 클릭한 후 편집창에 다음과 같이 명령어를 입력한다. * 명령어: ☞ \;영역\;S와\;영역\;T의\;공통\;부분의\;넓이=텍스트3 ▶ 텍스트3를 입력하고자 할 때는 대수창에서 클릭하여 입력한다. 기호 '\;' 는 띄어쓰기 명령어이다. 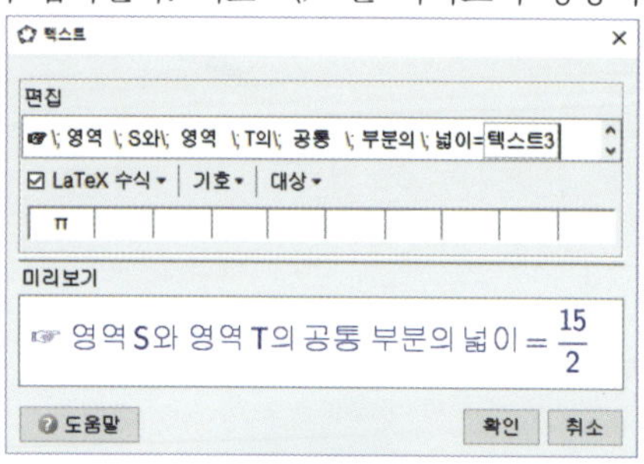 ▶ '대상 보이기(대상 보이기)' 기능을 활용하여 '텍스트3' 은 보이지 않게 설정한다.	

〈그림 Ⅲ-5-2〉 [문제Ⅲ-5]의 슬라이더 k의 값에 따른 시뮬레이션 화면

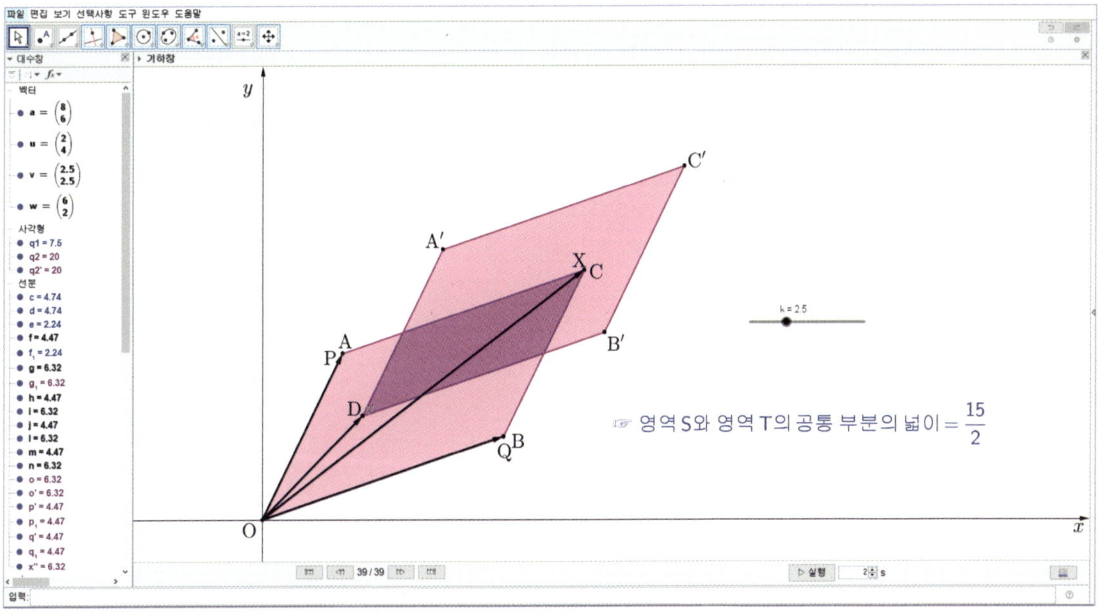

영역 S와 영역 T의 공통 부분의 넓이는 '벡터의 내적', '점과 직선 사이의 거리' 등 다양한 방법으로 계산할 수 있다. 교수·학습 상황에서 '점과 직선 사이의 거리'를 이용하고자 한다면, 두 직선 AC와 BC를 화면상에 작도하여 제시하는 것도 학생들의 이해를 증진할 수 있는 좋은 방법이 될 수 있다.

문제Ⅲ-6

좌표평면에서 한 변의 길이가 4인 정육각형 ABCDEF에 대하여 다음 조건을 만족시키는 점 X가 나타내는 영역의 넓이가 $\frac{q}{p}\sqrt{3}$일 때, $p+q$의 값을 구하시오.
(단, p와 q는 서로소인 자연수이다.)

(가) $\overrightarrow{AX} = s\overrightarrow{AC} + t\overrightarrow{AE}$ $\left(0 \le s \le 2,\ 0 \le t \le \frac{1}{2}\right)$

(나) $18 \le \overrightarrow{EC} \cdot \overrightarrow{EX} \le 42$

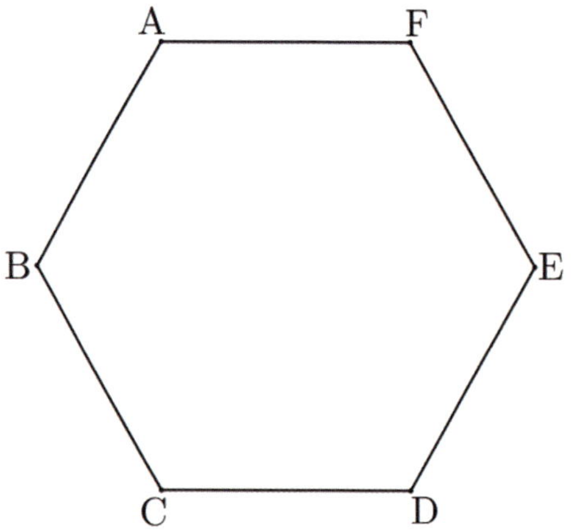

해설

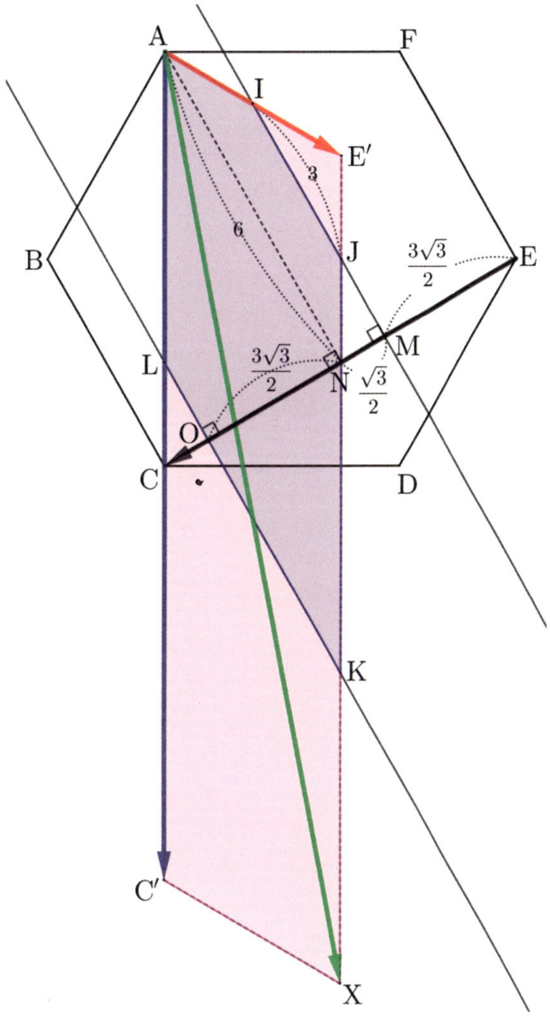

조건 (나)에서 두 벡터 EC, EX가 이루는 각을 θ라 하면 $18 \le |\overrightarrow{EC}||\overrightarrow{EX}|\cos\theta \le 42$이고,

$|\overrightarrow{EC}| = 4\sqrt{3}$ 이므로 $\frac{3\sqrt{3}}{2} \le |\overrightarrow{EX}|\cos\theta \le \frac{7\sqrt{3}}{2}$ 이다.

세 점 I, A, L에서 선분 CE에 내린 수선의 발을 각각 M, N, O라 하자.

$\overline{EM} = \frac{3\sqrt{3}}{2}$, $\overline{EO} = \frac{7\sqrt{3}}{2}$ 이므로 $\overline{MN} = \frac{\sqrt{3}}{2}$, $\overline{NO} = \frac{3\sqrt{3}}{2}$ 이다.

조건 (가)와 조건 (나)를 동시에 만족하는 영역은 오각형 AIJKL이고,

평행사변형 ALKN의 넓이가 $6 \times \frac{3\sqrt{3}}{2} = 9\sqrt{3}$ 이고 사다리꼴 IANJ의 넓이가

$\frac{1}{2} \times (3+6) \times \frac{\sqrt{3}}{2} = \frac{9\sqrt{3}}{4}$ 이므로

오각형 AIJKL의 넓이는 $\frac{45}{4}\sqrt{3}$ 이다.

따라서 $p+q=49$ 이다.

[문제Ⅲ-6]에 제시된 평면도형 작도하기

[문제Ⅲ-6]은 벡터의 내적에 대한 기하적 의미를 학습하게 하는데 유용한 자료로 활용할 수 있으며 점 X가 만족시키는 조건을 박스 형태로 제시하였다. 문제 상황을 구조화하는 것도 중요하지만 문항에 제시된 조건을 가독성이 높은 방향으로 제시하는 것도 그에 못지 않게 중요하다. [문제Ⅲ-6]에 제시된 정육각형은 다양한 방법으로 작도가 가능하다. <표 Ⅲ-6-1>에서는 회전과 대칭을 포함한 다양한 방법으로 접근을 하고자 한다.

〈표 Ⅲ-6-1〉 [문제Ⅲ-6]의 평면도형 작도 과정(구성단계 1~6)

구성단계	도구	작도 과정	화면상의 작도 상태
1 ~ 2		- 두 점 A(0, 0), B(4, 0) 작도하기 (방법) 2차원 기하창에서 격자(▦)와 좌표축(⊥)을 설정한 상태에서 (0,0), (4,0)에 점을 작도한다. ▸ 격자(▦)와 좌표축(⊥)을 설정하지 않고 명령어를 이용하여 작도할 수도 있다. * 명령어: A(0,0), B(4,0) ▸ 정다각형(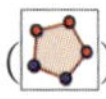) 도구를 이용하여 작도할 수도 있으며, 슬라이더() 도구를 이용하여 정육각형의 한 변의 길이를 자유롭게 변경할 수도 있다.	
3 ~ 4	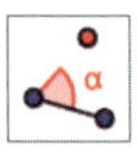	- 점 B(4, 0)을 A(0, 0)을 중심으로 120° 회전한 점 작도하기 (방법) '주어진 크기의 각' 도구를 클릭한 후, 회전하고자 하는 점과 회전의 중심이 되는 점을 차례로 클릭하면 아래와 같은 창이 생성된다. 원하는 각을 입력하고 방향을 설정하면 대상을 회전시킬 수 있다. 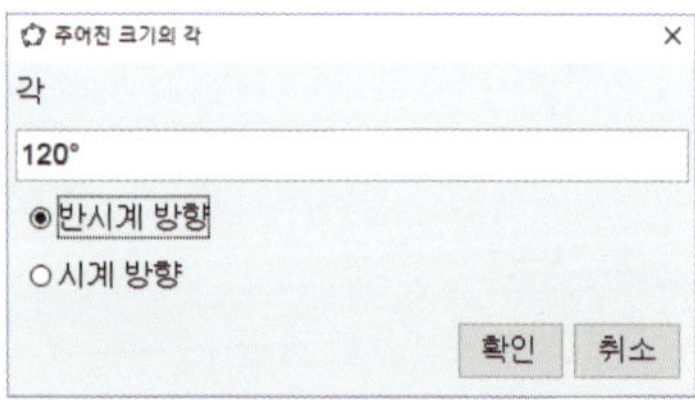 ▸ 명령어를 이용하여 작도할 수도 있다. * 명령어: 회전[B,120°,A] ▸ 점 B(4, 0)을 A(0, 0)을 중심으로 120°로 회전한 점의 좌표가 $(-2, 2\sqrt{3})$이므로 입력창에 좌표를 직접 입력하는 것도 가능하다. * 명령어: (−2, 2sqrt(3))	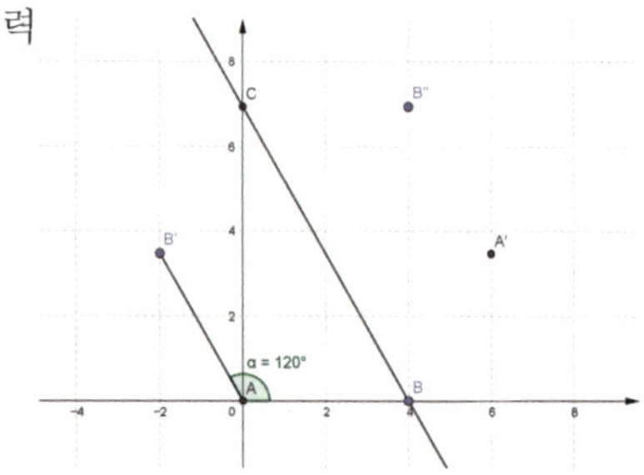
5		- 선분 AB′(f) 작도하기 (방법) 선분을 구성하는 두 점을 차례로 클릭한다. ▸ 명령어를 이용하여 작도할 수도 있다. * 명령어: 선분[A,B′]	
6	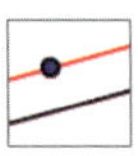	- 점 B를 지나고 선분 AB′에 평행한 직선 g 작도하기 (방법) 점 B와 선분 AB′(f)를 차례로 클릭한다. ▸ 명령어를 이용하여 작도할 수도 있다. * 명령어: 직선[B,f]	

〈표 Ⅲ-6-2〉 [문제Ⅲ-6]의 평면도형 작도 과정(구성단계 7~14)

구성단계	도구	작도 과정	화면상의 작도 상태
7		- 직선 g와 y축의 교점 C 작도하기 (방법)직선 g와 y축을 차례로 클릭한다. ▸ 명령어를 이용하여 작도할 수도 있다. * 명령어: 교점[g, y축]	
8 ~ 9		- 두 점 A, B′을 직선 g에 대칭시킨 두 점 A′, B″ 작도하기 (방법)점 A와 직선 g를 차례로 클릭하여 점 A′을 작도한다. 같은 방법으로 점 B″을 작도한다. ▸ 명령어를 이용하여 작도할 수도 있다. * 명령어: 대칭[A, g], 대칭[B′, g]	
		• '대상 보이기(대상 보이기)' 기능을 활용하여 각 α와 직선 g를 보이지 않게 설정하고, 2차원 기하창에서 격자( )와 좌표축( )을 보이지 않게 설정한다.	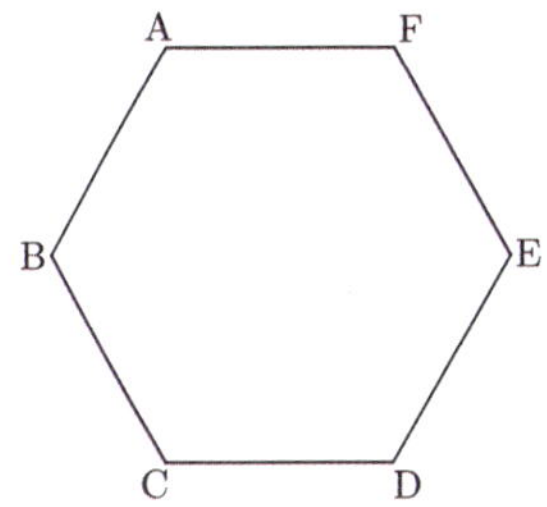
		• 여섯 개의 점 C, B′, A, B, A′, B″의 이름을 오른쪽 그림과 같이 A, B, C, D, E, F로 변경하기 ▸ 변경하고자 하는 점에서 마우스 우클릭을 이용하여 각각의 점들의 설정사항(기본)의 '이름' 란에서 이름을 변경하고, '캡션' 란에 아래와 같이 입력한다. '레이블 보이기'는 캡션으로 설정한다. * 캡션 명령어: $\LARGE\rm{%n}$	
10 ~ 14		- 다섯 개의 선분 AB, CD, DE, EF, FA 작도하기 (방법)다섯 개의 선분을 구성하는 각각의 두 점을 차례로 클릭한다. ▸ 명령어를 이용하여 작도할 수도 있다. * 명령어: 선분[A,B], 선분[C,D], 선분[D,E] 선분[E,F], 선분[F,A]	

[문제Ⅲ-6] 교수·학습 상황에서 문제 상황 시뮬레이션하기

[문제Ⅲ-6]에 제시되어 있는 두 조건을 순차적으로 작도해 보자. 조건 (가)는 [문제Ⅲ-3]에서 작도한 방법과 동일한 과정으로 작도할 수 있으며, 조건 (나)는 벡터의 내적의 기하적 의미를 시각화할 수 있는 좋은 예가 될 수 있다.

[문제Ⅲ-6]의 정답을 확인하기 전에 <표 Ⅲ-6-2>에서 작도한 평면도형 파일을 복사하여 원본 파일은 그대로 저장(파일명: 문제Ⅲ-6_구성단계14_평면벡터)하여 보관하고, 복사한 파일에서 새로운 작도를 진행한다.

〈표 Ⅲ-6-3〉 [문제Ⅲ-6]의 정답 확인 과정(구성단계 15~20)

구성단계	도구	작도 과정	화면상의 작도 상태
15 ~ 16	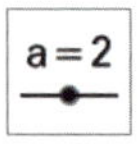	– 점 X의 움직임을 나타내기 위하여 두 슬라이더 s, t 작도하기 (방법) '슬라이더' 도구를 클릭한 후 2차원 기하창을 클릭하면 슬라이더 입력창이 나타난다. 첫 번째 s의 범위가 $0 \le s \le 2$이므로 이름은 s로 입력하고, 최솟값을 0, 최댓값을 2로 설정하고 확인 버튼을 클릭한다. 두 번째 t의 범위가 $0 \le t \le \frac{1}{2}$이므로 이름은 t로 입력하고, 최솟값을 0, 최댓값을 1/2로 설정하고 확인 버튼을 클릭한다. 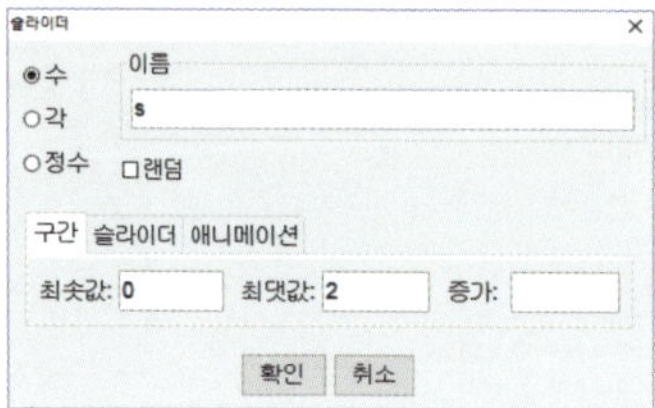 	
17 ~ 18	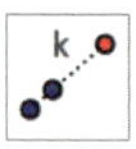	– 두 점 C, E를 점 A를 기준으로 확대(축소)할 수 있도록 두 슬라이더 s, t를 이용하여 설정하기 (방법) 확대(축소)되는 점 C와 확대(축소)의 기준점 A를 차례로 클릭하면 확대비율 입력창이 나타난다. 입력창에 슬라이더로 설정된 변수 s를 입력하고 확인 버튼을 클릭한다. 다음으로 두 점 E, A를 차례로 클릭하고 입력창에 t를 입력하고 확인 버튼을 클릭한다. 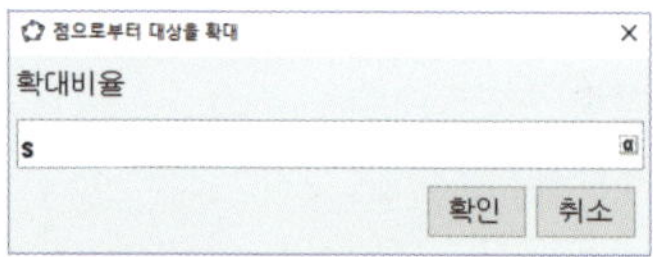 ▸ 명령어를 이용하여 작도할 수도 있다. ∗ 명령어: 확대[C, s, A], 확대[E, t, A] ▸ 내분점 명령어를 이용하여 작도할 수도 있다. ∗ 명령어: s∗C+(1−s)A, t∗E+(1−t)A	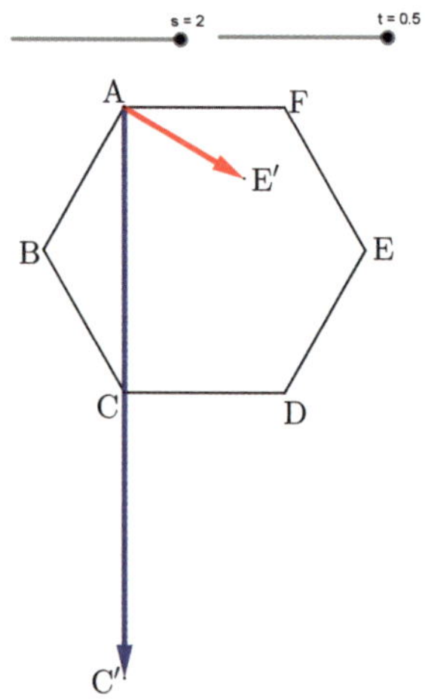
		• 구성단계 17~18에서 생성된 두 점 C′, E′의 설정사항(기본)에서 '레이블 보이기' 를 설정하고 '캡션' 란에 아래와 같이 입력한다. ∗ 캡션 명령어: `$\LARGE\rm{%n}$`	
19 ~ 20		– 두 벡터 AC′(u), AE′(v) 작도하기 (방법) 각각의 두 벡터를 구성하는 시점과 종점을 차례로 클릭한다. ▸ 명령어를 이용하여 작도할 수도 있다. ∗ 명령어: 벡터[A,C′], 벡터[A,E′]	
		• 구성단계 19~20에서 작도한 두 벡터 AC′(u), AE′(v)의 설정사항 '스타일' 탭에서 선 굵기를 13으로 설정하고, '색상' 탭에서 두 벡터의 색을 각각 파랑과 빨강으로 설정한다.	

〈표 Ⅲ-6-4〉 [문제Ⅲ-6]의 정답 확인 과정(구성단계 21~27)

구성단계	도구	작도 과정	화면상의 작도 상태
21 ~ 22		- 점 C′을 지나고 벡터 AE′에 평행한 직선 m과 점 E′을 지나고 벡터 AC′에 평행한 직선 n 작도하기 (방법)점 C′과 벡터 AE′(v)를 차례로 클릭한다. 점 E′과 벡터 AC′(u)를 차례로 클릭한다. ▸ 명령어를 이용하여 작도할 수도 있다. * 명령어: 직선[C′,v], 직선[E′,u]	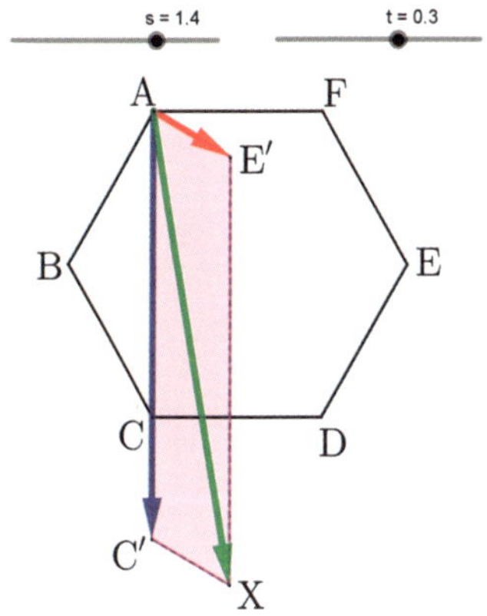
23		- 두 직선 m, n의 교점 G 작도하기 (방법)두 직선 m, n을 차례로 클릭한다. ▸ 명령어를 이용하여 작도할 수도 있다. * 명령어: 교점[m, n]	
		• 점 G는 설정사항(기본)의 '이름' 란에서 오른쪽 그림과 같이 X로 변경하고, '캡션' 란에 아래와 같이 입력한다. '레이블 보이기'는 캡션으로 설정한다. * 캡션 명령어: $\LARGE\rm{%n}$	
		• '대상 보이기(대상 보이기)' 기능을 활용하여 두 직선 m, n을 보이지 않게 설정하기	
24 ~ 25		- 두 선분 C′X(p), E′X(q) 작도하고 설정사항(선스타일)에서 점선으로 변경하기 (방법)각각의 선분을 구성하는 두 점을 차례로 클릭한다. ▸ 명령어를 이용하여 작도할 수도 있다. * 명령어: 선분[C′,X], 선분[E′,X]	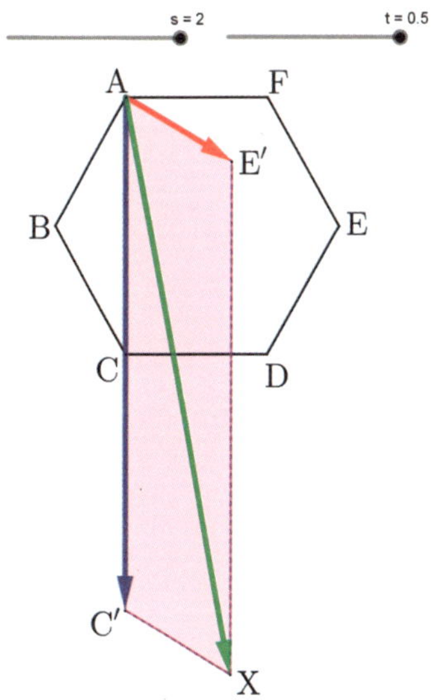
26		- 벡터 AX(w) 작도하기 (방법)벡터를 구성하는 시점과 종점을 차례로 클릭한다. ▸ 명령어를 이용하여 작도할 수도 있다. * 명령어: 벡터[A,X]	
		• 구성단계 26에서 작도한 벡터 AX(w)의 설정사항 '스타일' 탭에서 선 굵기를 13으로 설정하고, '색상' 탭에서 벡터의 색을 초록색으로 설정한다.	
27		- 다각형 AC′XE′ 작도하기 (방법)다각형 도구를 클릭한 후 네 점을 차례로 클릭하여 작도하고 설정사항에서 색상을 변경한다. ▸ 명령어를 이용하여 작도할 수도 있다. * 명령어: 다각형[A, C′, X, E′]	

〈표 Ⅲ-6-4〉는 [문제Ⅲ-6]에 주어진 조건 (가)를 작도한 상황이다. 조건 (가)를 만족하는 점 X가 나타내는 영역은 두 슬라이더 s, t를 움직이면서 확인할 수 있으며, 영역의 넓이가 $24\sqrt{3}$이 됨을 확인할 수 있다. 조건 (나)에서 두 벡터 EC, EX가 이루는 각을 θ라 하면 $18 \le |\overrightarrow{EC}||\overrightarrow{EX}|\cos\theta \le 42$이고, $|\overrightarrow{EC}| = 4\sqrt{3}$이므로 $\frac{3\sqrt{3}}{2} \le |\overrightarrow{EX}|\cos\theta \le \frac{7\sqrt{3}}{2}$임을 알 수 있다. 이를 이용하여 조건 (나)에 주어진 벡터의 내적을 시각화해 보자.

〈표 Ⅲ-6-5〉 [문제Ⅲ-6]의 정답 확인 과정(구성단계 28~35)

구성단계	도구	작도 과정	화면상의 작도 상태
28		– 선분 CE(r) 작도하기 (방법)선분을 구성하는 두 점을 차례로 클릭한다. ▸ 명령어를 이용하여 작도할 수도 있다. * 명령어: 선분[C,E]	
29 ~ 30		– 중심이 E이고 반지름의 길이가 각각 $\frac{3\sqrt{3}}{2}$, $\frac{7\sqrt{3}}{2}$인 두 원 c, d 작도하기 (방법)점 E에 중심을 클릭하면 아래와 같이 반지름 입력창이 생성된다. 입력창에 반지름의 길이를 3sqrt(3)/2로 입력하여 원 c를 작도한다. 같은 방법으로 반지름의 길이를 7sqrt(3)/2로 입력하여 원 d를 작도한다. 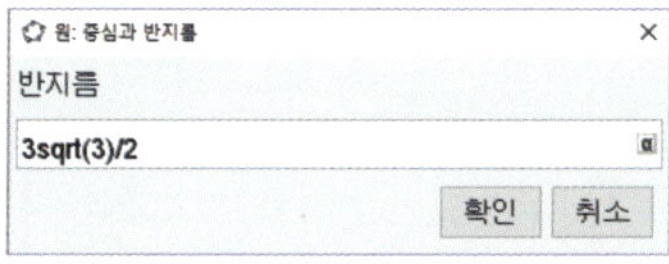 ▸ 명령어를 이용하여 작도할 수도 있다. * 명령어: 원[E, 3sqrt(3)/2], 원[E, 7sqrt(3)/2]	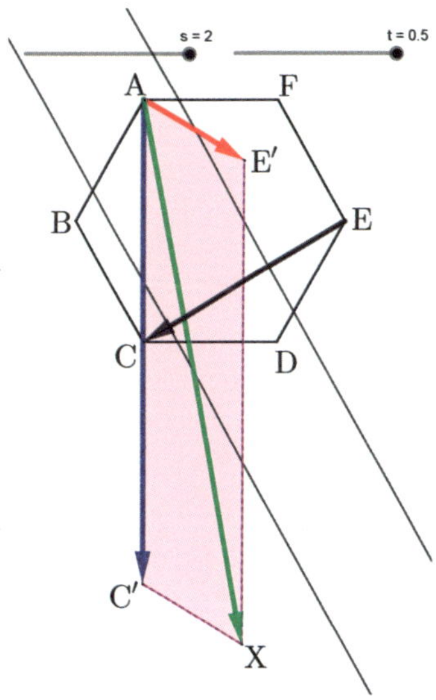
31 ~ 32		– 선분 CE와 두 원 c, d의 교점 G, H 작도하기 (방법)선분 CE(r)와 원 c를 차례로 클릭한다. 선분 CE(r)와 원 d를 차례로 클릭한다. ▸ 명령어를 이용하여 작도할 수도 있다. * 명령어: 교점[r, c], 교점[r, d]	
33 ~ 34	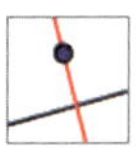	– 점 G를 지나고 선분 CE에 수직인 직선 b와 점 H를 지나고 선분 CE에 수직인 직선 e 작도하기 (방법)점 G와 선분 CE(r)를 차례로 클릭한다. 점 H와 선분 CE(r)를 차례로 클릭한다. ▸ 명령어를 이용하여 작도할 수도 있다. * 명령어: 수직선[G, r], 수직선[H, r]	
		• '대상 보이기(대상 보이기)' 기능을 활용하여 두 원 c, d와 두 점 G, H를 보이지 않게 설정하기	
35		– 벡터 EC(u_1) 작도하기 (방법)벡터를 구성하는 시점과 종점을 차례로 클릭한다. ▸ 명령어를 이용하여 작도할 수도 있다. * 명령어: 벡터[E,C]	
		• 구성단계 35에서 작도한 벡터 EC(u_1)의 설정사항 '스타일' 탭에서 선 굵기를 13으로 설정한다.	

〈표 Ⅲ-6-6〉 [문제Ⅲ-6]의 정답 확인 과정(구성단계 36~41)

구성단계	도구	작도 과정	화면상의 작도 상태
36 ~ 37		- 두 직선 b, e 위의 임의의 점 작도하기 (방법)점 도구를 클릭한 후 두 직선을 각각 클릭하여 두 직선 위의 임의의 두 점 I, J를 작도한다. ▸ 명령어를 이용하여 작도할 수도 있다. * 명령어: 점[b], 점[e]	
38 ~ 39		- 두 벡터 EI(v_1), EJ(w_1) 작도하기 (방법)각각의 두 벡터를 구성하는 시점과 종점을 차례로 클릭한다. ▸ 명령어를 이용하여 작도할 수도 있다. * 명령어: 벡터[E,I], 벡터[E,J]	
		• 구성단계 38~39에서 작도한 두 벡터 EI(v_1), EJ(w_1) 설정사항 '스타일' 탭에서 선 굵기를 13으로 설정한다. • 두 점 I, J의 설정사항(기본)의 '이름' 란에서 오른쪽 그림과 같이 X_m, X_M으로 변경하고, 두 점의 '캡션' 란에 아래와 같이 입력한다. '레이블 보이기'는 캡션으로 설정한다. * 캡션 명령어: $\LARGE\rm{X}_\it{m}$ $\LARGE\rm{X}_\it{M}$ • 두 점 I, J의 이름을 X_m, X_M으로 변경하지 않아도 캡션 명령어를 사용하였기 때문에 작도에는 영향을 주지 않는다. 그러나 이후 작도에서 명령어를 사용할 경우 혼돈의 여지가 있으므로 설정사항(기본)의 '이름' 란에 각각 X_m, X_M으로 입력한다.	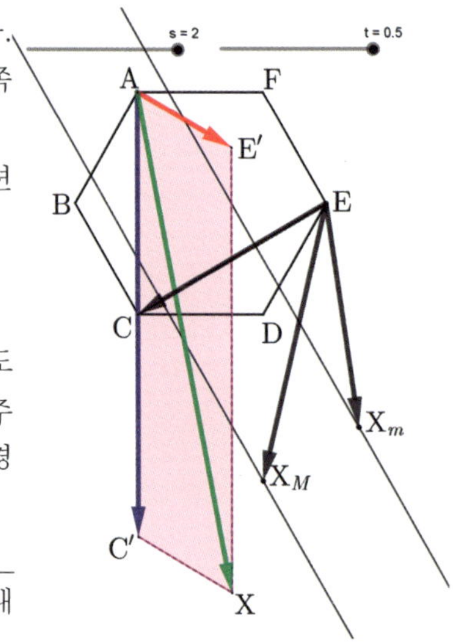
40 ~ 41		- 두 벡터 EC, EX_m의 내적과 두 벡터 EC, EX_M의 내적 계산하기 (방법)입력창에 아래와 같은 명령어를 입력하여 두 벡터의 내적 o, a_1을 대수창에서 확인한다. * 명령어: u_1*v_1, u_1*w_1 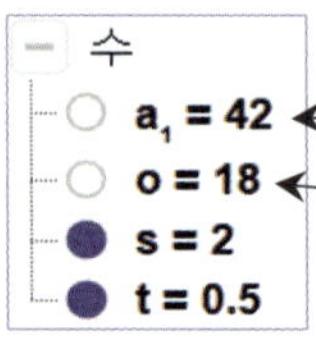 $\overrightarrow{EC}\cdot\overrightarrow{EX_M}=\overrightarrow{u_1}\cdot\overrightarrow{w_1}$ $\overrightarrow{EC}\cdot\overrightarrow{EX_m}=\overrightarrow{u_1}\cdot\overrightarrow{v_1}$ ▸ 두 점 X_m, X_M을 두 직선 b, e에서 마우스를 이용하여 움직여도 내적이 변하지 않음을 확인할 수 있다.	

〈표 Ⅲ-6-6〉의 구성단계 41의 작도 상황에서 추가적으로 두 벡터 EC, EX의 내적을 계산한 후 두 슬라이더 s, t를 움직이면 점 X가 두 직선 b, e 사이에 존재할 때, 조건 (나)를 만족함을 확인할 수 있다. 마지막으로 두 조건 (가)와 (나)를 동시에 만족하는 영역의 넓이를 확인해 보자.

[문제Ⅲ-6] 정답 확인 하기

〈표 Ⅲ-6-7〉 [문제Ⅲ-6]의 정답 확인 과정(구성단계 42~49)

구성단계	도구	작도 과정	화면상의 작도 상태
42 ~ 45	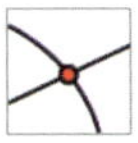	– 선분 AE′(e')과 직선 b의 교점 I, 선분 E′X(q)와 직선 b의 교점 J, 선분 E′X(q)와 직선 e의 교점 K, 선분 AC′(a)과 직선 e의 교점 L 작도하기 (방법)선분 AE′(e')과 직선 b를 차례로 클릭하여 교점 I를 작도한다. 같은 방법으로 세 교점을 작도한다. ▸ 명령어를 이용하여 작도할 수도 있다. * 명령어: 교점[e', b], 교점[q, b], 교점[q, e], 교점[a, e]	
46	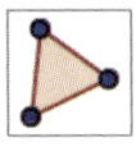	– 다각형 AIJKL 작도하기 (방법)다각형 도구를 클릭한 후 다섯 개의 점을 차례로 클릭하여 작도하고 설정사항에서 색상을 변경한다. ▸ 명령어를 이용하여 작도할 수도 있다. * 명령어: 다각형[A,I,J,K,L]	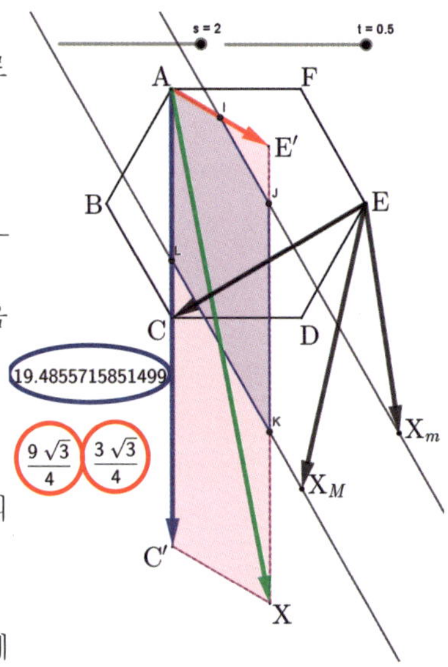
47 ~ 49		– 오각형 AIJKL의 넓이 확인하기 ▸ 오각형 AIJKL의 넓이는 이미 대수창에서 다음과 같이 확인할 수 있다. – 오각형 ● 다각형1 = 19.49 ▸ 무리수화 명령어를 이용하면 오각형 AIJKL의 넓이가 기하창에 나타난다. * 명령어: 무리수화[다각형1] ▸ <표 Ⅱ-1-6>에서 다룬 바와 같이 GeoGebra에서는 복합 개체로 이루어진 무리수는 무리수화 명령어가 적용되지 않으며, 일정 크기가 넘는 수치도 무리수화 명령어가 적용되지 않는다. ▸ 오각형 AIJKL의 넓이의 $\frac{1}{15}$배, $\frac{1}{5}$배를 확인하고자 한다면 다음과 같이 명령어를 수정하여 오른쪽 그림과 같이 확인할 수 있다. * 명령어: 무리수화[다각형1/15], 무리수화[다각형1/5]	

〈그림 Ⅲ-6-1〉 [문제Ⅲ-6]의 정답 확인 과정 GeoGebra 화면

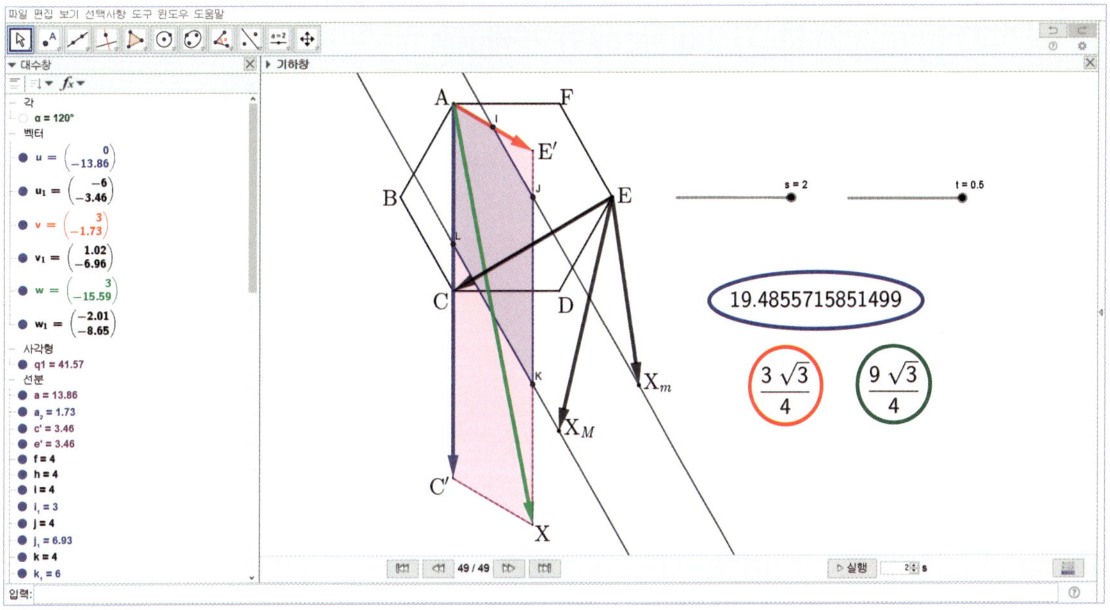

문제 Ⅲ-7

한 변의 길이가 6인 정사각형 ABCD가 있다. 두 점 X, Y가 $1 \le k \le 2$인 실수 k에 대하여

$$k\overrightarrow{AX} = \overrightarrow{DC} - 2\overrightarrow{DA}, \quad k\overrightarrow{AY} = 4\overrightarrow{DC} - 2\overrightarrow{DA}$$

를 만족시킨다. $|\overrightarrow{CX}|$의 값이 최대일 때 $|\overrightarrow{XY}|$의 값을 M, $|\overrightarrow{CX}|$의 값이 최소일 때 $|\overrightarrow{XY}|$의 값을 m이라 하자. $10 \times (M+m)$의 값을 구하시오.

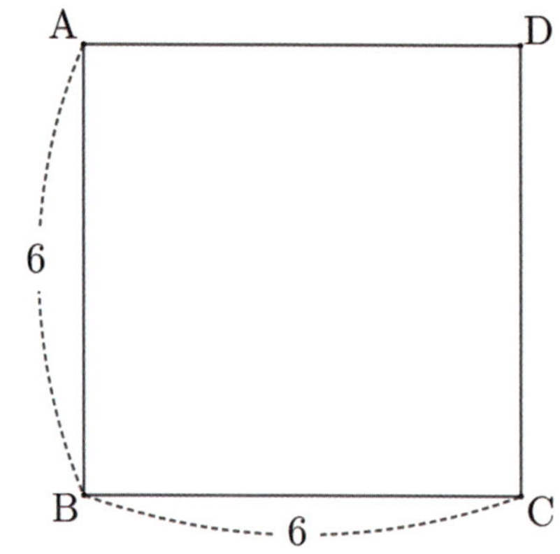

해설

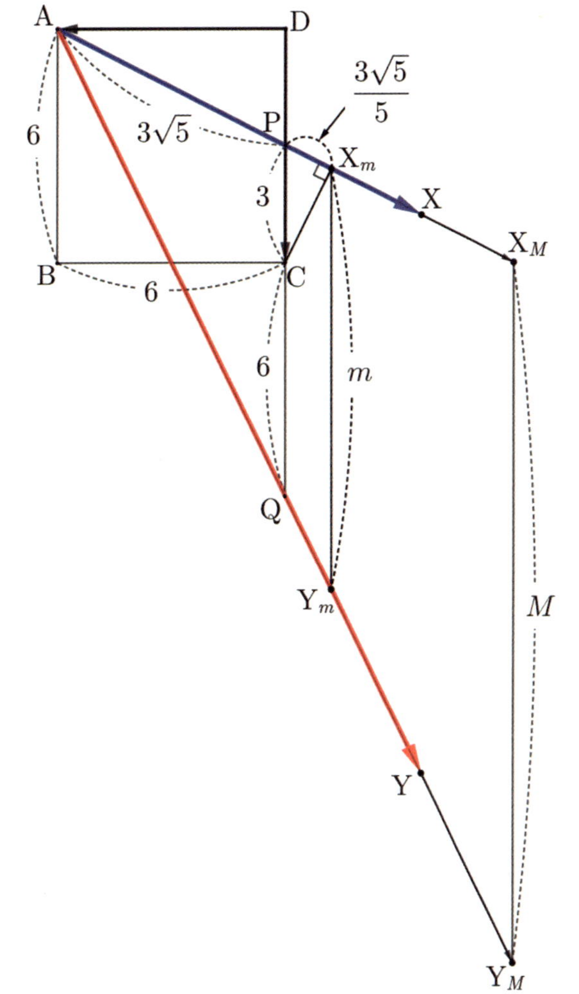

직선 CD와 두 선분 AX_M, AY_M이 만나는 점을 각각 P, Q라 하면, 주어진 조건에 의하여 $\overline{CP}=3$, $\overline{CQ}=6$ 이다.

두 삼각형 APD, CPX_m이 닮음이므로

$$\overline{AP}:\overline{PD}=\overline{CP}:\overline{PX_m},\ 3\sqrt{5}:3=3:\overline{PX_m},\ \overline{PX_m}=\frac{3\sqrt{5}}{5}$$

이다. 세 삼각형 APQ, AX_mY_m, AX_MY_M이 닮음이므로 $\overline{X_MY_M}=M$, $\overline{X_mY_m}=m$이라 하면

$$\overline{AP}:\overline{PQ}=\overline{AX_M}:\overline{X_MY_M},\ 3\sqrt{5}:9=6\sqrt{5}:M,\ M=18$$

이고

$$\overline{AP}:\overline{PQ}=\overline{AX_m}:\overline{X_mY_m},\ 3\sqrt{5}:9=\left(3\sqrt{5}+\frac{3\sqrt{5}}{5}\right):m,\ m=\frac{54}{5}$$

이다. 따라서 $10\times(M+m)=10\times\left(18+\frac{54}{5}\right)=288$ 이다.

[문제Ⅲ-7]에 제시된 평면도형 작도하기

선분과 달리 두 벡터가 시점과 종점이 다를지라도 크기와 방향이 같다면 두 벡터는 같다. [문제Ⅲ-7]은 선분과 벡터의 차이점과 벡터의 합에 대한 기하적 의미를 학습하게 하는데 유용한 자료로 활용할 수 있다. [문제Ⅲ-7]에 제시된 정사각형은 다양한 방법으로 작도가 가능하다.

〈표 Ⅲ-7-1〉 [문제Ⅲ-7]의 평면도형 작도 과정(구성단계 1~14)

구성단계	도구	작도 과정	화면상의 작도 상태
1 ~ 4		– 정사각형 ABCD의 네 꼭짓점 작도하기 (방법) 2차원 기하창에서 격자(▦)와 좌표축(⊥)을 설정한 상태에서 (0,0), (0,−6), (6,−6), (6,0)에 점을 작도한다. ▸ 명령어를 이용하여 작도할 수도 있다. * 명령어: A(0,0), B(0,−6), C(6,−6), D(6,0) ▸ 정다각형( ) 도구를 이용하여 작도할 수도 있으며, 슬라이더( ) 도구를 이용하여 정사각형의 한 변의 길이를 자유롭게 변경할 수도 있다.	
		• 네 개의 점 이름을 오른쪽 그림과 같이 A, B, C, D로 변경하기 ▸ 변경하고자 하는 점에서 마우스 우클릭을 이용하여 각각의 점들의 설정사항(기본)의 '이름' 란에서 이름을 변경하고, '캡션' 란에 아래와 같이 입력한다. '레이블 보이기'는 캡션으로 설정한다. * 캡션 명령어: $\LARGE\rm{%n}$ • 2차원 기하창에서 격자(▦)와 좌표축(⊥)을 보이지 않게 설정한다.	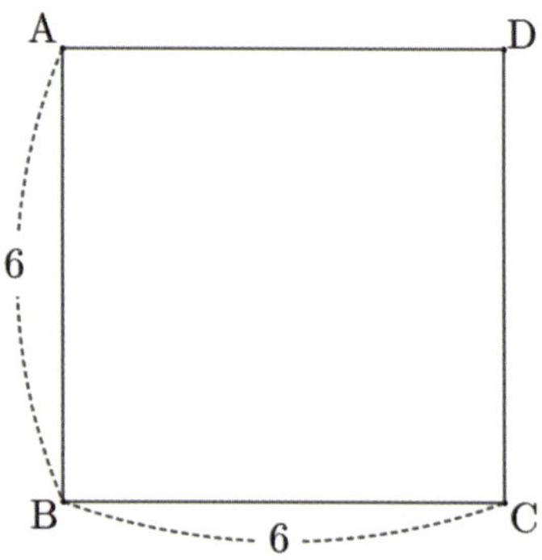
5 ~ 8		– 정사각형 ABCD의 네 변 작도하기 (방법) 네 선분을 구성하는 각각의 두 점을 차례로 클릭한다. ▸ 명령어를 이용하여 작도할 수도 있다. * 명령어: 선분[A,B], 선분[B,C] 등	
9 ~ 12		– 두 선분 AB, BC의 길이를 나타내기 위한 호를 작도하고 점선으로 변경하기 (방법) '세 점을 지나는 호' 도구를 클릭한 후, 점 A, 화면상의 적당한 부분(선분 AB 왼쪽), 점 B를 차례로 클릭하고 설정사항(선 스타일)에서 점선으로 변경한다. 같은 방법으로 선분 BC의 길이를 나타내기 위한 호를 작도한다. ▸ 명령어를 이용하여 작도할 수도 있다. * 명령어: 외접호[A,E,B], 외접호[B,F,C]	
13 ~ 14	ABC	– '텍스트' 도구를 활용하여 선분의 길이 6 나타내기 (방법) '텍스트' 도구를 선택한 후 기하창을 클릭하면 텍스트 입력창이 생성된다. 입력창에 6을 입력하고 'LaTeX 수식'에 체크한 후 확인 버튼을 클릭한다. ▸ 글자의 크기는 마우스의 우클릭을 이용하여 텍스트의 설정사항에서 조절할 수 있다. ▸ 오른쪽 그림과 같이 6을 두 호 위로 나타내기 위해서는 텍스트의 설정사항(색상)에서 배경색을 흰색으로 설정하면 된다.	

<표 Ⅲ-7-1>의 구성단계 1~4에서 정사각형 ABCD의 네 꼭짓점 좌표를 설정하는 방법은 다양할 수 있다. 구성단계 1~4와 같이 꼭짓점의 좌표를 설정한 이유는 <표 Ⅲ-7-2>에서 벡터의 합을 표현하면 두 벡터의 합이 원점을 기준으로 표현되기 때문에 점 A가 원점이 되도록 좌표를 설정한 것이다.

[문제Ⅲ-7] 문제 상황 작도하기

[문제Ⅲ-7]의 문제 상황을 작도하기 전에 <표 Ⅲ-7-1>에서 작도한 평면도형 파일을 복사하여 원본 파일은 그대로 저장(파일명: 문제Ⅲ-7_구성단계14_평면벡터)하여 보관하고, 복사한 파일에서 새로운 작도를 진행한다.

〈표 Ⅲ-7-2〉 [문제Ⅲ-7]의 문제 상황 작도 과정(구성단계 15~19)

구성단계	도구	작도 과정	화면상의 작도 상태
15 ~ 16		- 두 벡터 DA(u), DC(v) 작도하기 (방법)각각의 두 벡터를 구성하는 시점과 종점을 차례로 클릭한다. ▸ 명령어를 이용하여 작도할 수도 있다. * 명령어: 벡터[D,A], 벡터[D,C]	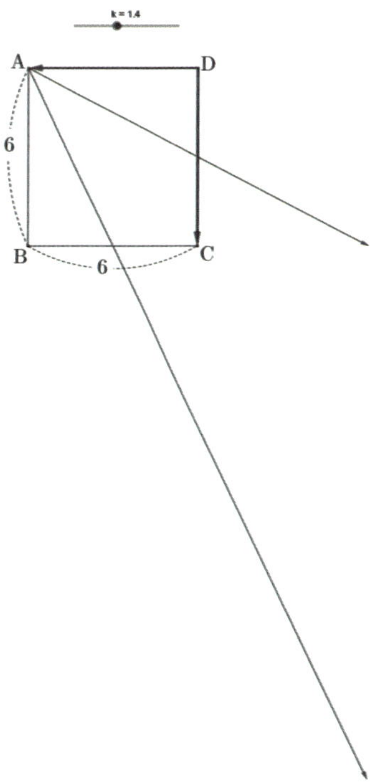
		• 구성단계 15~16에서 작도한 두 벡터 DA(u), DC(v)의 설정사항 '스타일' 탭에서 선 굵기를 9로 한다.	
17 ~ 18		- 두 벡터 $\overrightarrow{DC}-2\overrightarrow{DA}$, $4\overrightarrow{DC}-2\overrightarrow{DA}$ 표현하기 (방법)두 벡터 $\overrightarrow{DC}-2\overrightarrow{DA}$, $4\overrightarrow{DC}-2\overrightarrow{DA}$를 표현하기 위해서는 입력창에 $v-2u$, $4v-2u$를 입력하면 된다. 생성된 벡터의 이름은 각각 w, a임을 대수창에서 확인할 수 있다. * 명령어: $v-2u$, $4v-2u$	
19	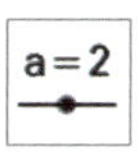	- 점 X의 움직임을 나타내기 위하여 슬라이더 k 작도하기 (방법) '슬라이더' 도구를 클릭한 후 2차원 기하창을 클릭하면 슬라이더 입력창이 나타난다. k의 범위가 $1 \le k \le 2$이므로 이름은 k로 입력하고, 최솟값을 1, 최댓값을 2로 설정하고 확인 버튼을 클릭한다. 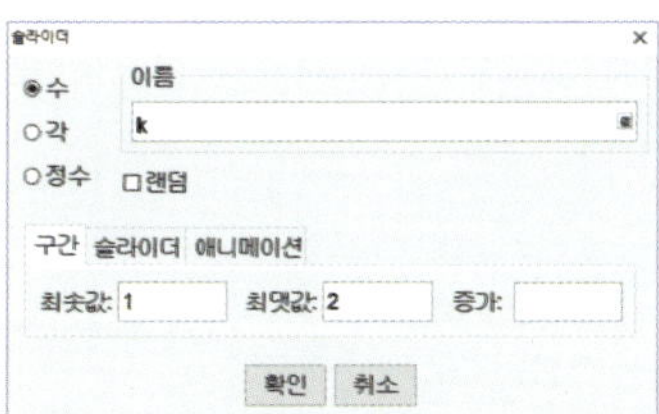	

<표 Ⅲ-7-2>의 구성단계 17~18에서 작도한 두 벡터는 시점이 A이다. 이는 앞서 언급한 바와 같이 초기 조건에서 점 A를 원점으로 설정하였기 때문이다. 만약 다른 점을 원점으로 설정하였다면 평행이동 명령어를 사용하여 구성단계 17~18에서 작도한 두 벡터를 평행이동한 후 다음 단계를 진행할 수 있다.

〈표 Ⅲ-7-3〉 [문제Ⅲ-7]의 문제 상황 작도 과정(구성단계 20~25)

구성단계	도구	작도 과정	화면상의 작도 상태
20 ~ 21		– 두 벡터 w, a의 종점을 나타내는 점 표현하기 (방법)좌표의 성분과 동일한 방식으로 벡터의 종점을 좌표로 설정할 수 있다. 벡터 w의 종점을 표현하기 위해서는 입력창에 $(x(w),y(w))$를 입력하면 된다. 동일한 방법으로 벡터 a의 종점을 입력한다. 입력 후 두 벡터 w, a의 종점은 각각 G, H가 된다. * 명령어: $(x(w),y(w))$, $(x(a),y(a))$	
22 ~ 23	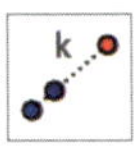	– 두 점 G, H를 점 A를 기준으로 확대(축소)할 수 있도록 슬라이더 k를 이용하여 설정하기 (방법)$k\overrightarrow{\mathrm{AX}}=\vec{w}$이므로 확대(축소)되는 점 G와 확대(축소)의 기준점 A를 차례로 클릭하면 확대비율 입력창이 나타난다. 입력창에 슬라이더로 설정된 변수 $1/k$을 입력하고 확인 버튼을 클릭한다. 다음으로 $k\overrightarrow{\mathrm{AY}}=\vec{a}$이므로 두 점 H, A를 차례로 클릭하고 입력창에 슬라이더로 설정된 변수 $1/k$을 입력하고 확인 버튼을 클릭한다. 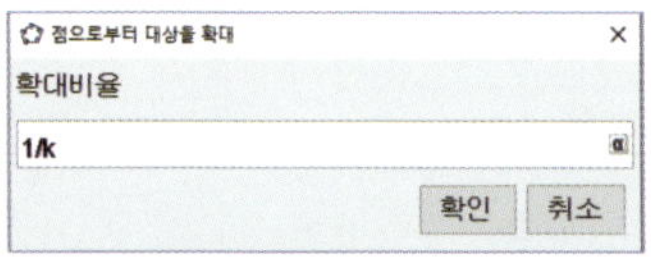 ▸ 명령어를 이용하여 작도할 수도 있다. * 명령어: 확대[G, $1/k$, A], 확대[H, $1/k$, A]	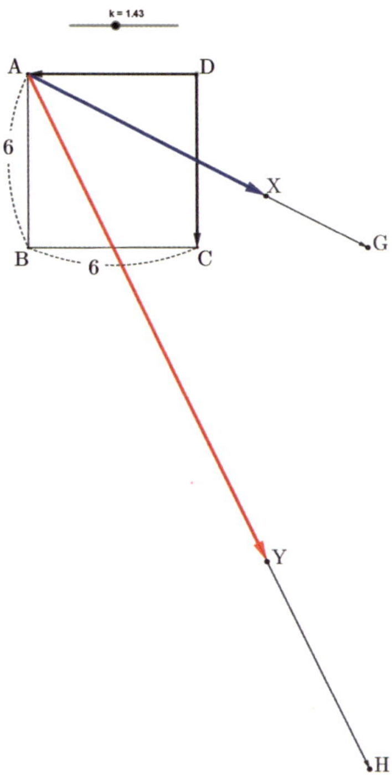
		• 두 점 G′, H′의 이름을 오른쪽 그림과 같이 X, Y로 변경하고, 네 점 X, Y, G, H의 캡션 변경하기 ▸ 변경하고자 하는 점에서 마우스 우클릭을 이용하여 각각의 점들의 설정사항(기본)의 '이름' 란에서 이름을 변경하고, '캡션' 란에 아래와 같이 입력한다. '레이블 보이기'는 캡션으로 설정한다. * 캡션 명령어: $\LARGE\rm{%n}$	
24 ~ 25		– 두 벡터 AX(b), AY(e) 작도하기 (방법)각각의 두 벡터를 구성하는 시점과 종점을 차례로 클릭한다. ▸ 명령어를 이용하여 작도할 수도 있다. * 명령어: 벡터[A,X], 벡터[A,Y]	
		• 구성단계 24~25에서 작도한 두 벡터 AX(b), AY(e)의 설정사항 '스타일' 탭에서 선 굵기를 13으로 설정하고, '색상' 탭에서 두 벡터의 색을 각각 파랑과 빨강으로 설정한다.	

〈표 Ⅲ-7-4〉 [문제Ⅲ-7]의 문제 상황 작도 과정(구성단계 26~35)

구성단계	도구	작도 과정	화면상의 작도 상태
26 ~ 27	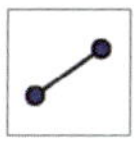	- 두 선분 AG(j), AH(l) 작도하기 (방법)선분을 구성하는 두 점을 차례로 클릭한다. ▸ 명령어를 이용하여 작도할 수도 있다. * 명령어: 선분[A,G], 선분[A,H]	
28	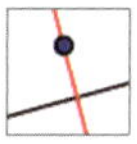	- 점 C를 지나고 선분 AG에 수직인 직선 m 작도하기 (방법)점 C와 선분 AG(j)를 차례로 클릭한다. ▸ 명령어를 이용하여 작도할 수도 있다. * 명령어: 수직선[C, j]	
29		- 선분 AG와 직선 m의 교점 I 작도하기 (방법)선분 AG(j)와 직선 m을 차례로 클릭한다. ▸ 명령어를 이용하여 작도할 수도 있다. * 명령어: 교점[j, m]	
30	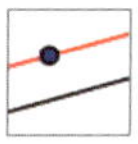	- 점 I를 지나고 선분 AB에 평행한 직선 n 작도하기 (방법)점 I와 선분 AB(f)를 차례로 클릭한다. ▸ 명령어를 이용하여 작도할 수도 있다. * 명령어: 직선[I, f]	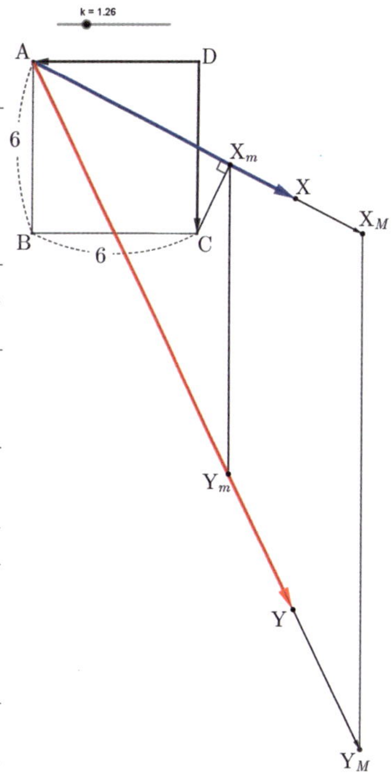
31	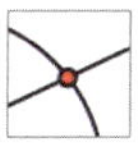	- 선분 AH와 직선 n의 교점 J 작도하기 (방법)선분 AH(l)와 직선 n을 차례로 클릭한다. ▸ 명령어를 이용하여 작도할 수도 있다. * 명령어: 교점[l, n]	
		• '대상 보이기(대상 보이기)' 기능을 활용하여 두 직선 m, n을 보이지 않게 설정하기	
32	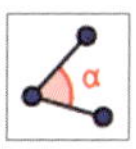	- '각' 도구를 활용하여 $\angle \mathrm{AIC}=\frac{\pi}{2}$ 나타내기 (방법) '각' 도구를 클릭하고 세 점 A, I, C를 차례로 클릭한다. ∠AIC에 대한 설정사항 '기본' 탭에서 레이블을 제거하고, '색상' 탭에서 색은 검정으로, '스타일' 탭에서 사이즈(25)와 색상 불투명도(0)를 설정한다. ▸ 명령어를 이용하여 작도할 수도 있다. * 명령어: 각[A,I,C]	
33 ~ 35		- 세 선분 IC, IJ, GH 작도하기 (방법)세 선분을 구성하는 각각의 두 점을 차례로 클릭한다. ▸ 명령어를 이용하여 작도할 수도 있다. * 명령어: 선분[I,C], 선분[I,J], 선분[G,H]	
		• 네 점 I, J, G, H의 이름을 오른쪽 그림과 같이 X_m, Y_m, X_M, Y_M으로 변경하기 ▸ 변경하고자 하는 점에서 마우스 우클릭을 이용하여 각각의 점들의 설정사항(기본)의 '이름' 란에서 이름을 변경하고, '캡션' 란에 아래와 같이 입력한다. '레이블 보이기'는 캡션으로 설정한다. * 캡션 명령어: $\LARGE\rm{X}_\it{m}$ $\LARGE\rm{Y}_\it{m}$ $\LARGE\rm{X}_\it{M}$ $\LARGE\rm{Y}_\it{M}$	

<표 Ⅲ-7-4>에서 네 점 X_m, Y_m, X_M, Y_M의 캡션 명령어 입력 시, 로마체와 이탤릭체를 다소 엄밀하게 구분하여 정의하고 있다. 문항으로 작성되는 경우는 엄밀함을 유지하는 것이 바람직하지만, 작도 과정에서는 독자의 판단에 맡기고자 한다. 필요 시에는 X_m, X_M을 X_1, X_2와 같이 첨자를 숫자로 바꾸거나 S, T와 같이 다른 문자를 사용한다면 기본 캡션 명령어($\LARGE\rm{%n}$)를 일괄적으로 사용하는 것이 가능하다.

[문제Ⅲ-7] 해설 그림 작도하기

[문제Ⅲ-7]의 <해설> 그림을 작도하기 전에 <표 Ⅲ-7-4>에서 작도한 평면도형 파일을 복사하여 원본 파일은 그대로 저장(파일명: 문제Ⅲ-7_구성단계35_평면벡터)하여 보관하고, 복사한 파일에서 새로운 작도를 진행한다.

<표 Ⅲ-7-5> [문제Ⅲ-7]의 해설 그림 작도 과정(구성단계 36~39)

구성단계	도구	작도 과정	화면상의 작도 상태
36		– 두 점 C와 D를 지나는 직선 s 작도하기 (방법)두 점 C와 D를 차례로 클릭한다. ▸ 명령어를 이용하여 작도할 수도 있다. * 명령어: 직선[C,D] ▸ 초기 조건에서 두 점 C, D의 좌표가 각각 (6, −6), (6, 0)이므로 직선의 방정식 $x=6$을 입력창에 입력할 수도 있다.	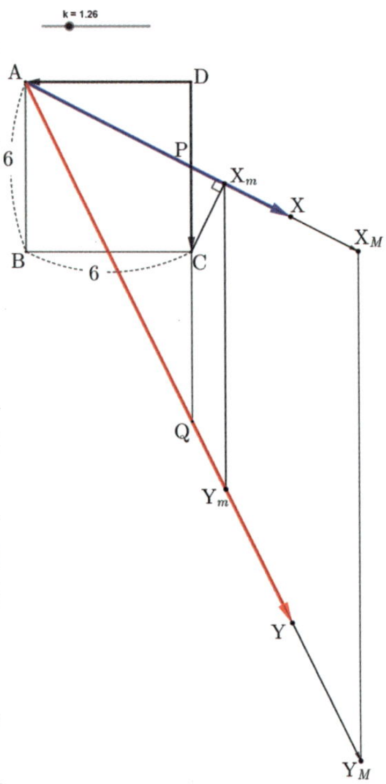
37 ~ 38		– 직선 CD와 두 선분 AX_M, AY_M의 교점 G, H 작도하기 (방법)직선 CD(s)와 선분 AX_M(j)를 차례로 클릭한다. 직선 CD(s)와 선분 AY_M(l)을 차례로 클릭한다. ▸ 명령어를 이용하여 작도할 수도 있다. * 명령어: 교점[s, j], 교점[s, l]	
		• 두 점 G, H의 이름을 오른쪽 그림과 같이 P, Q로 변경하기 ▸ 변경하고자 하는 점에서 마우스 우클릭을 이용하여 각각의 점들의 설정사항(기본)의 '이름' 란에서 이름을 변경하고, '캡션' 란에 아래와 같이 입력한다. '레이블 보이기'는 캡션으로 설정한다. * 캡션 명령어: $\LARGE\rm{%n}$ • '대상 보이기(대상 보이기)' 기능을 활용하여 직선 s를 보이지 않게 설정하기	
39		– 선분 CQ 작도하기 (방법)두 점 C, Q를 차례로 클릭한다. ▸ 명령어를 이용하여 작도할 수도 있다. * 명령어: 선분[C,Q]	

〈표 Ⅲ-7-6〉 [문제Ⅲ-7]의 해설 그림 작도 과정(구성단계 40~60)

구성단계	도구	작도 과정	화면상의 작도 상태
40 ~ 51		- 여섯 개의 선분 CP, CQ, PX_m, X_mY_m, X_MY_M, AP의 길이를 나타내기 위한 호를 작도하고 점선으로 변경하기 (방법) '세 점을 지나는 원호' 도구를 클릭한 후, 점 C, 화면상의 적당한 부분(선분 CP 왼쪽), 점 P를 차례로 클릭하고 설정사항(선 스타일)에서 점선으로 변경한다. 같은 방법으로 다섯 개의 선분의 길이를 나타내기 위한 호를 작도한다. * 명령어: 외접호[C,G,P], 외접호[C,H,Q] 등	
52 ~ 57	ABC	- '텍스트' 도구를 활용하여 여섯 개의 선분 CP, CQ, PX_m, X_mY_m, X_MY_M, AP의 길이를 숫자와 문자로 나타내기 (방법) '텍스트' 도구를 선택한 후 기하창을 클릭하면 텍스트 입력창이 생성된다. 입력하고자 하는 숫자 또는 문자을 입력창에 입력하고 'LaTeX 수식'에 체크한 후 확인 버튼을 클릭한다. ▸ 글자의 크기는 마우스의 우클릭을 이용하여 텍스트의 설정사항에서 조절할 수 있다. ▸ 오른쪽 그림과 같이 '텍스트' 도구를 이용하여 나타낸 숫자와 문자를 호 위로 나타내기 위해서는 텍스트의 설정사항(색상)에서 배경색을 흰색으로 설정하면 된다.	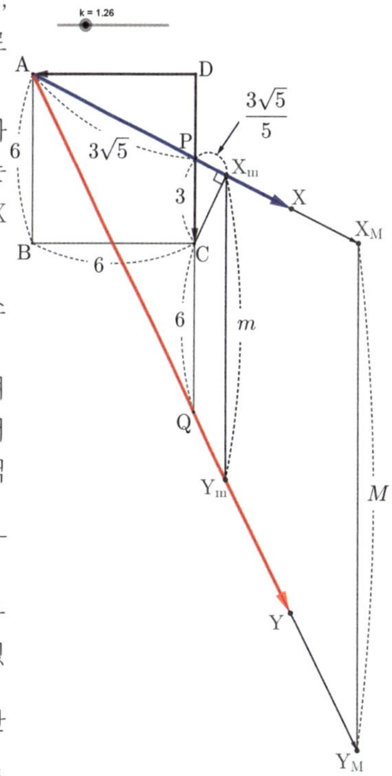
58 ~ 60		- 선분 PX_m의 길이를 표현하기 위한 벡터 작도하기 (방법)길이를 표현하기 위한 호의 길이가 작은 경우 오른쪽 그림과 같이 벡터를 이용하여 표현할 수 있다. 길이를 나타내는 텍스트($\frac{3\sqrt{5}}{5}$) 주변에 적당한 시점을 작도하고 호 위에 종점을 작도하여 벡터를 완성한다. ▸ 벡터의 시점 M과 종점 N을 먼저 작도한 후라면, 명령어를 이용하여 작도할 수도 있다. * 명령어: 벡터[M,N]	
		• '대상 보이기(대상 보이기)' 기능을 활용하여 <표 Ⅲ-7-5>의 구성단계 40~51에서 길이를 나타내기 위한 호를 작도하기 위하여 생성한 6개의 점과 <표 Ⅲ-7-6>의 구성단계 58~60에서 벡터를 작도하기 위하여 생성한 2개의 점을 보이지 않게 설정하기	

[문제Ⅲ-7] 정답 확인하기

정답을 확인하는 과정은 <표 Ⅲ-7-5>와 <표 Ⅲ-7-6>을 완성하지 않고 <표 Ⅲ-7-4>의 구성단계 35까지 실행 후 바로 정답을 확인할 수도 있다.

<표 Ⅲ-7-4>까지 작도가 완성된 상태에서 슬라이더 k를 움직이면 점 X가 X_M, X_m의 위치에 있을 때 $|\overrightarrow{CX}|$의 값이 각각 최대, 최소가 됨을 확인할 수 있다. 이제 $|\overrightarrow{CX}|$의 값이 각각 최대, 최소일 때, $|\overrightarrow{XY}|$의 값을 확인해 보자.

<표 Ⅲ-7-7>의 그림은 <표 Ⅲ-7-4>에서 작도한 평면도형 파일을 복사하여 저장한 파일(파일명: 문제Ⅲ-7_구성단계35_평면벡터)에서 정답을 확인한 상황이다.

〈표 Ⅲ-7-7〉 [문제Ⅲ-7]의 정답 확인 과정(구성단계 36~37)

구성단계	도구	작도 과정	화면상의 작도 상태
36 ~ 37		– 두 선분 $X_mY_m(q)$, $X_MY_M(r)$의 길이 확인하기 ▸ 두 선분 $X_mY_m(q)$, $X_MY_M(r)$의 길이는 이미 대수창에서 다음과 같이 확인할 수 있다. 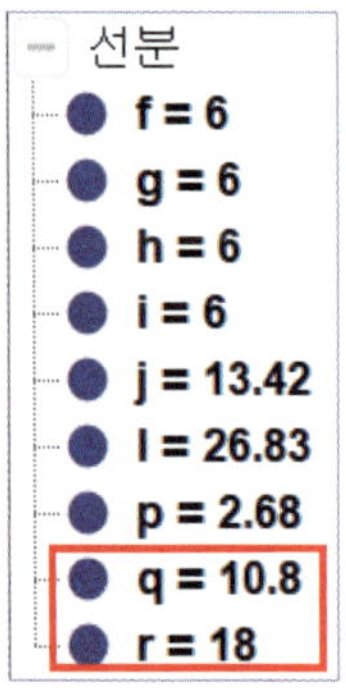 ▸ 무리수화 명령어를 이용하면 두 선분의 길이가 기하창에 나타난다. * 명령어: 무리수화[q], 무리수화[r]	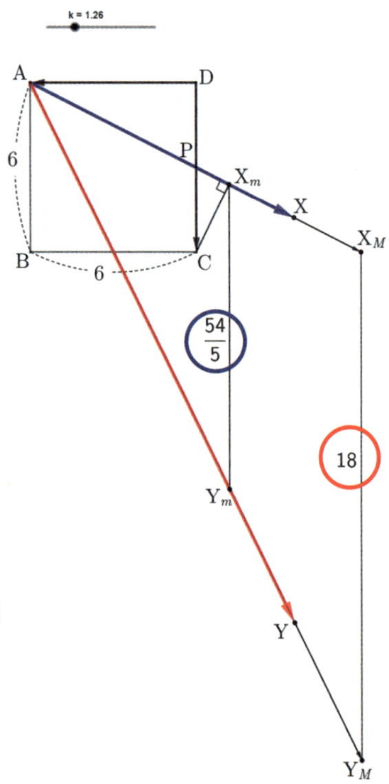

학생들의 문항 접근성을 위하여 [문제Ⅲ-7] 조건 변경하기

문제에 주어진 조건에 따라 학생들의 문항에 대한 접근도에 많은 차이가 발생할 수 있다. <표 Ⅲ-7-8>의 원안은 지금까지 작도한 문제 상황이고 우측 문제 상황이 [문제Ⅲ-7]의 수정안이다. 두 문항은 수치적으로 동일하며 단순히 문제에 주어진 조건에서 문자의 레이블만 변경한 것이다.

〈표 Ⅲ-7-8〉 학생들의 문항 접근도를 고려한 [문제Ⅲ-7]의 조건 수정

원안	수정안
[문제14] 한 변의 길이가 6인 정사각형 ABCD가 있다. 두 점 X, Y가 $1 \le k \le 2$인 실수 k에 대하여 $k\overrightarrow{AX} = \overrightarrow{DC} - 2\overrightarrow{DA}$, $k\overrightarrow{AY} = 4\overrightarrow{DC} - 2\overrightarrow{DA}$ 를 만족시킨다. $\lvert\overrightarrow{CX}\rvert$의 값이 최대일 때 $\lvert\overrightarrow{XY}\rvert$의 값을 M, $\lvert\overrightarrow{CX}\rvert$의 값이 최소일 때 $\lvert\overrightarrow{XY}\rvert$의 값을 m이라 하자. $10\times(M+m)$의 값을 구하시오. 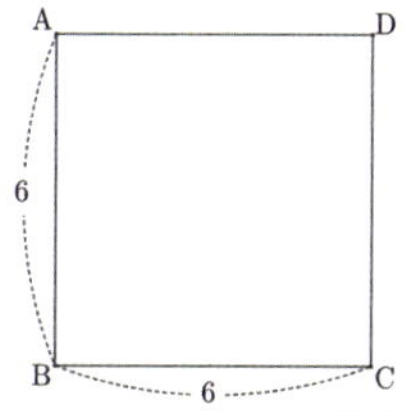	**[문제14]** 한 변의 길이가 6인 정사각형 ABCD가 있다. 두 점 X, Y가 $1 \le k \le 2$인 실수 k에 대하여 $k\overrightarrow{BX} = \overrightarrow{AD} - 2\overrightarrow{AB}$, $k\overrightarrow{BY} = 4\overrightarrow{AD} - 2\overrightarrow{AB}$ 를 만족시킨다. $\lvert\overrightarrow{DX}\rvert$의 값이 최대일 때 $\lvert\overrightarrow{XY}\rvert$의 값을 M, $\lvert\overrightarrow{DX}\rvert$의 값이 최소일 때 $\lvert\overrightarrow{XY}\rvert$의 값을 m이라 하자. $10\times(M+m)$의 값을 구하시오. 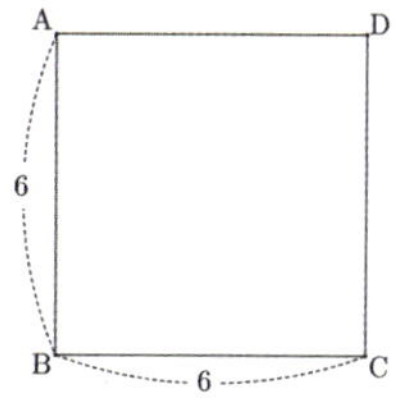

원안의 경우 주어진 보조 그림에서 두 점 X, Y의 방향이 <표 Ⅲ-7-7>의 그림과 같이 오른쪽과 아래쪽으로 나타나지만, 수정안의 경우 <그림 Ⅲ-7-1>과 같이 오른쪽과 위쪽으로 나타내게 된다. 평면벡터 문항 제작 시에는 이처럼 추가적으로 생성되는 점과 벡터의 방향성에 대해서도 고려할 필요가 있다. 수정안의 경우 검사지의 여백 등에 의하여 학생들이 어려움을 겪는 일이 발생할 수도 있을 것이다.

〈그림 Ⅲ-7-1〉 [문제Ⅲ-7]의 수정안에 대한 학생들의 문항 풀이 예상

[문제Ⅲ-7] 수정안

한 변의 길이가 6인 정사각형 ABCD가 있다. 두 점 X, Y가 $1 \le k \le 2$인 실수 k에 대하여

$$k\overrightarrow{BX} = \overrightarrow{AD} - 2\overrightarrow{AB}, \quad k\overrightarrow{BY} = 4\overrightarrow{AD} - 2\overrightarrow{AB}$$

를 만족시킨다. $\lvert\overrightarrow{DX}\rvert$의 값이 최대일 때 $\lvert\overrightarrow{XY}\rvert$의 값을 M, $\lvert\overrightarrow{DX}\rvert$의 값이 최소일 때 $\lvert\overrightarrow{XY}\rvert$의 값을 m이라 하자. $10\times(M+m)$의 값을 구하시오.

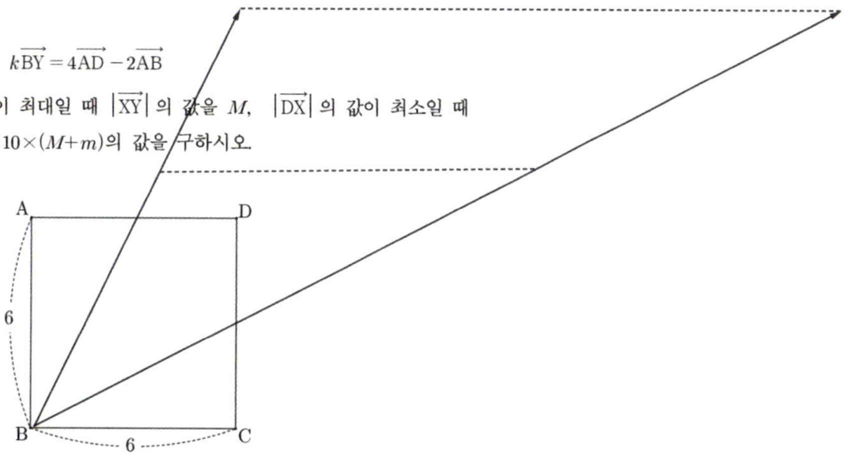

문제 Ⅲ-8

좌표평면에서 $\angle B = 75°$, $\angle C = 45°$ 이고 $\overline{BC} = 4\sqrt{3}$ 인 삼각형 ABC의 꼭짓점 C에서 선분 AB에 내린 수선의 발을 P라 하자. 삼각형 ABC의 외심 O에 대하여

$$\overrightarrow{OB} \cdot \overrightarrow{OP} = \overrightarrow{OB} \cdot \overrightarrow{OQ}, \quad \overrightarrow{OA} \cdot \overrightarrow{OP} = \overrightarrow{OA} \cdot \overrightarrow{OR}$$

가 되도록 두 선분 BC, AC 위에 각각 Q, R를 잡자. $\overrightarrow{PR} \cdot \overrightarrow{OQ} = a + b\sqrt{3}$ 일 때, $a^2 + b^2$ 의 값을 구하시오. (단, a와 b는 유리수이다.)

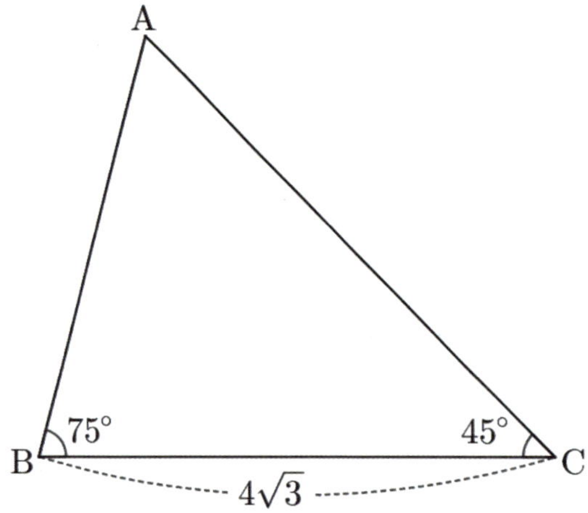

해설

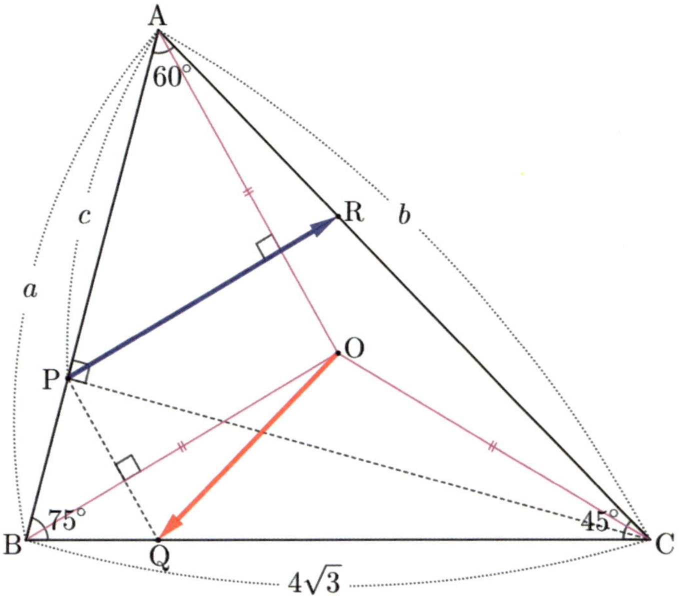

$\angle A=60^\circ$ 이므로 $\overline{AB}=a$, $\overline{AC}=b$라 하면 sin법칙과 cos법칙에 의하여

$$\frac{4\sqrt{3}}{\sin 60^\circ}=\frac{a}{\sin 45^\circ},\quad a=4\sqrt{2}$$

$$\cos 60^\circ=\frac{a^2+b^2-(4\sqrt{3})^2}{2\times a\times b},\quad b=2\sqrt{2}+2\sqrt{6}$$

이다. 삼각형 APC에서 $\overline{AP}=c$라 하면, $\angle A=60^\circ$ 이고 $\angle CPA=90^\circ$ 이므로

$$c=\frac{b}{2},\quad c=\sqrt{2}+\sqrt{6}$$

이다. 즉, $\overline{BP}=a-c=3\sqrt{2}-\sqrt{6}$ 이다. 또한 두 삼각형 ABC와 QBP가 닮음이고, 두 삼각형 ABC와 ARP가 닮음이므로

$$\overline{BC}:\overline{BA}=\overline{BP}:\overline{BQ},\ 4\sqrt{3}:4\sqrt{2}=(3\sqrt{2}-\sqrt{6}):\overline{BQ},\ \overline{BQ}=2\sqrt{3}-2$$

$$\overline{CA}:\overline{CB}=\overline{PA}:\overline{PR},\ (2\sqrt{2}+2\sqrt{6}):4\sqrt{3}=(\sqrt{2}+\sqrt{6}):\overline{PR},\ \overline{PR}=2\sqrt{3}$$

이다. 그러므로 $\overrightarrow{PR}\cdot\overrightarrow{OQ}=\overrightarrow{PR}\cdot(\overrightarrow{OB}+\overrightarrow{BQ})$

$$\begin{aligned}&=\overrightarrow{PR}\cdot\overrightarrow{OB}+\overrightarrow{PR}\cdot\overrightarrow{BQ}\\&=|\overrightarrow{PR}||\overrightarrow{OB}|\cos 180^\circ+|\overrightarrow{PR}||\overrightarrow{BQ}|\cos 30^\circ\\&=2\sqrt{3}\times4\times(-1)+2\sqrt{3}\times(2\sqrt{3}-2)\times\frac{\sqrt{3}}{2}\\&=-6-2\sqrt{3}\end{aligned}$$

이다. 따라서 $a^2+b^2=40$ 이다.

별해

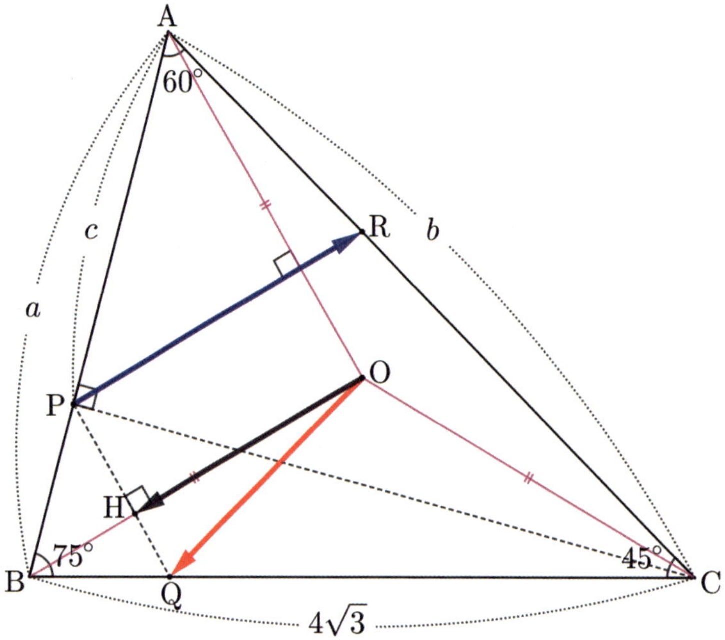

본 문항의 경우, 내적의 기하적 의미를 명확히 인지하고 있는 학생이라면 다양한 방법으로 접근이 가능하다.

예를 들어, 두 선분 OB, PQ의 교점을 H라 하면 두 내적 $\overrightarrow{PR}\cdot\overrightarrow{OQ}$와 $\overrightarrow{PR}\cdot\overrightarrow{OH}$의 값이 동일하다. 즉, $|\overrightarrow{PR}|=2\sqrt{3}$, $|\overrightarrow{OH}|=\sqrt{3}+1$이고 두 벡터가 이루는 각이 $180°$이므로

$$\overrightarrow{PR}\cdot\overrightarrow{OH}=|\overrightarrow{PR}||\overrightarrow{OH}|\cos180°=2\sqrt{3}\times(\sqrt{3}+1)\times(-1)=-6-2\sqrt{3}$$

과 같이 해결할 수도 있다.

[문제Ⅲ-8]에 제시된 평면도형 작도하기

〈표 Ⅲ-8-1〉 [문제Ⅲ-8]의 평면도형 작도 과정(구성단계 1~9)

구성단계	도구	작도 과정	화면상의 작도 상태
1		- 점 A(0,0) 작도하기 (방법)2차원 기하창에서 격자(▦)와 좌표축(⊥)을 설정한 상태에서 (0,0)에 점을 작도한다. ▸ 명령어를 이용하여 작도할 수도 있다. * 명령어: (0,0) 또는 A(0,0)	
2 ~ 3	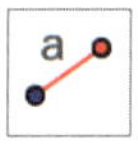	- 구성단계 1에서 작도한 점과의 거리가 $4\sqrt{3}$인 점 B 작도하기 (방법) '주어진 길이의 선분' 도구를 클릭한 후 구성단계 1에서 작도한 점을 클릭하면 그림과 같은 입력창이 나타난다. 입력창에 4sqrt(3)을 입력하고 확인 버튼을 클릭한다. 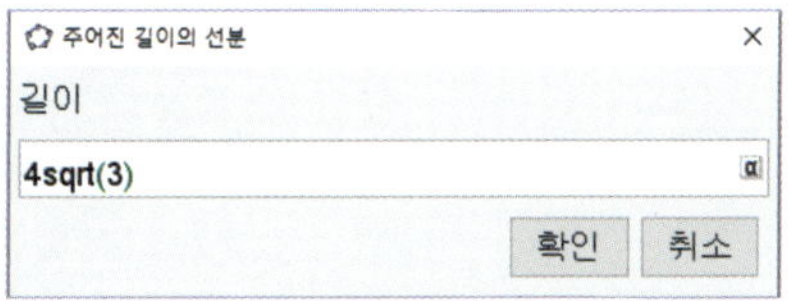 ▸ 명령어를 이용하여 작도할 수도 있다. * 명령어: 점[원[A, 4sqrt(3)]] ▸ 원(⊙) 도구와 교점(⤫) 도구를 이용하여 작도하는 것도 가능하다.	
4 ~ 7		- 점 A를 중심으로 점 B를 75°회전한 점과 점 B를 중심으로 점 A를 −45°회전한 점 작도하기 (방법) '주어진 크기의 각' 도구를 이용하여 작도한다. 도구를 클릭하고 회전하고자 하는 점과 회전의 중심이 되는 점을 차례로 클릭하면 아래와 같은 창이 생성이 된다. 원하는 각도를 입력하고 방향을 설정하여 대상을 회전시킬 수 있다. 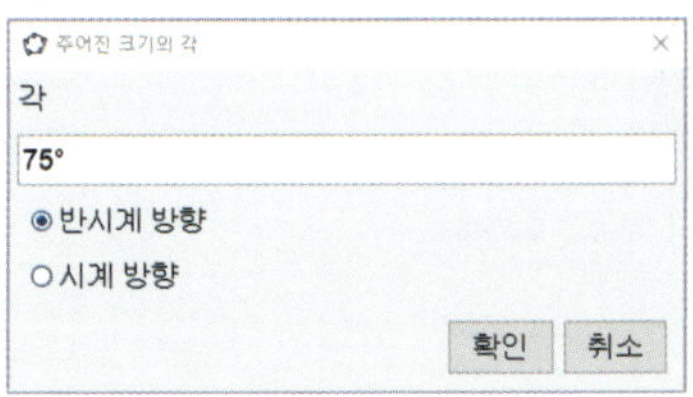 ▸ 두 번째 회전하는 점을 작도할 때는 회전 방향이 시계 방향임에 주의해야 한다. ▸ 명령어를 이용하여 작도할 수도 있다. * 명령어: 회전[B,5pi/12,A], 회전[A,−pi/4,B]	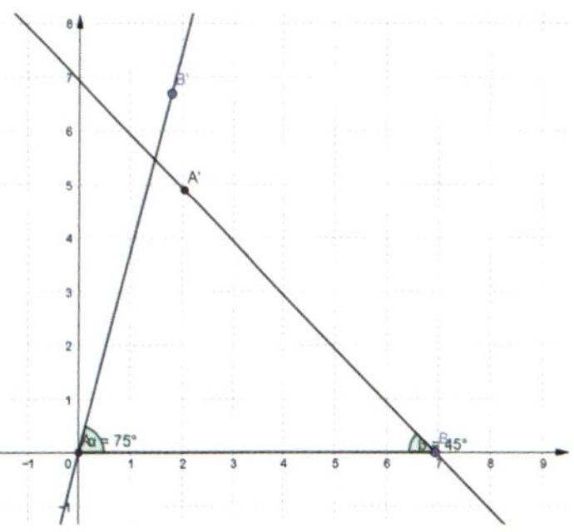
8 ~ 9	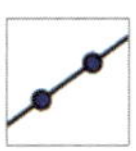	- 두 직선 $AB'(g)$, $BA'(h)$ 작도하기 (방법)두 직선을 구성하는 각각의 두 점을 차례로 클릭한다. ▸ 명령어를 이용하여 작도할 수도 있다. * 명령어: 직선[A,B′], 직선[A′,B]	

〈표 Ⅲ-8-2〉 [문제Ⅲ-8]의 평면도형 작도 과정(구성단계 10~12)

<table>
<tr><th>구성
단계</th><th>도구</th><th>작도 과정</th><th>화면상의 작도 상태</th></tr>
<tr><td>10</td><td></td><td>– 두 직선 g, h의 교점 C 작도하기
(방법)두 직선 g, h의 교점의 위치에 마우스를 가까이 하면 교점이 활성화되므로 활성화 위치에서 두 직선 g, h를 동시에 클릭하여 점 C를 작도한다.
▸ 명령어를 이용하여 작도할 수도 있다.
* 명령어: 교점[g, h]</td><td rowspan="4">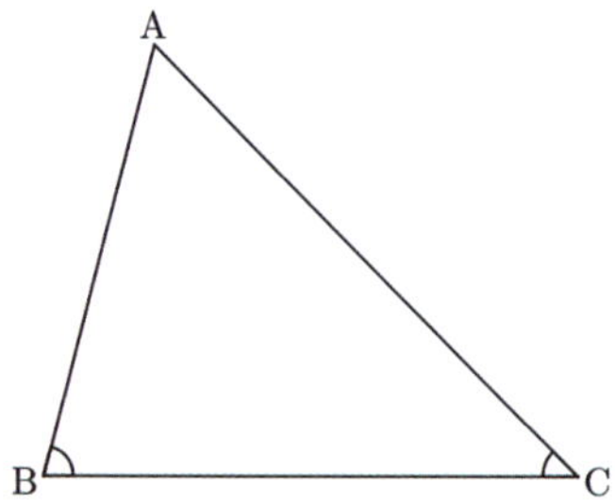
</td></tr>
<tr><td></td><td></td><td>• '대상 보이기(대상 보이기)' 기능을 활용하여 두 직선 g, h와 두 점 A′, B′을 보이지 않게 설정하기
• 세 점 C, A, B의 이름을 오른쪽 그림과 같이 A, B, C로 변경하기
▸ 변경하고자 하는 점에서 마우스 우클릭을 이용하여 각각의 점들의 설정사항(기본)의 '이름' 란에서 이름을 변경하고, '캡션' 란에 아래와 같이 입력한다. '레이블 보이기'는 캡션으로 설정한다.
* 캡션 명령어: $\LARGE\rm{%n}$</td></tr>
<tr><td>11
~
12</td><td></td><td>– 두 선분 AB, AC 작도하기
(방법)두 선분을 구성하는 각각의 두 점을 차례로 클릭한다.
▸ 명령어를 이용하여 작도할 수도 있다.
* 명령어: 선분[A,B], 선분[A,C]</td></tr>
<tr><td></td><td></td><td>• 두 각 ∠CBA (α), ∠ACB (β)에 대한 설정사항 '기본' 탭에서 레이블을 제거한다. '색상' 탭에서 색은 검정으로 불투명도는 0으로, '스타일' 탭에서 사이즈는 30으로 설정한다.
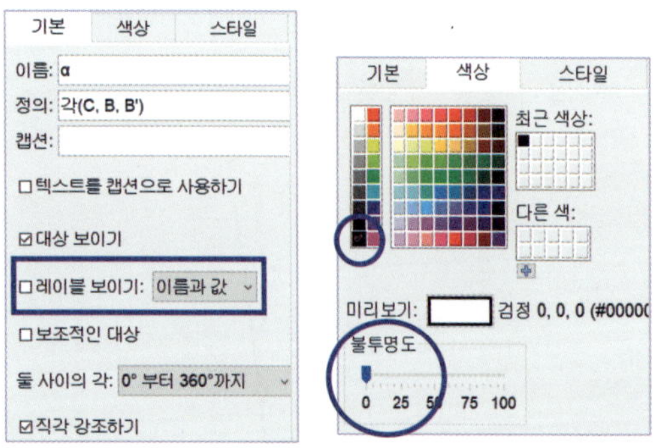

• 기하창에서 마우스 우클릭을 이용하여 격자(▦)와 좌표축(⊥)을 보이지 않게 설정한다.</td></tr>
</table>

〈표 Ⅲ-8-3〉 [문제Ⅲ-8]의 평면도형 작도 과정(구성단계 13~17)

<table>
<tr><th>구성단계</th><th>도구</th><th>작도 과정</th><th>화면상의 작도 상태</th></tr>
<tr><td>13
~
14</td><td></td><td>- 선분 BC의 길이를 나타내기 위한 호를 작도하고 점선으로 변경하기
(방법) '세 점을 지나는 원호' 도구를 클릭한 후, 점 B, 화면상의 적당한 부분(선분 BC 아래), 점 C를 차례로 클릭한다.
▸ 명령어를 이용하여 작도할 수도 있다. 명령어를 이용하기 위해서는 먼저 점(•A) 도구를 이용하여 선분 BC 아래 적당한 점 D를 작도한 후 사용할 수 있다.
* 명령어: 외접호[B,D,C]</td><td></td></tr>
<tr><td>15
~
17</td><td></td><td>- '텍스트' 도구를 활용하여 75°, 45°, $4\sqrt{3}$ 나타내기
(방법) '텍스트' 도구를 클릭하면 아래의 왼쪽과 같은 텍스트 입력창이 생성된다. 입력하고자 하는 식을 입력창에 입력하고 그림과 같이 'LaTeX 수식'에 체크한 후 확인 버튼을 클릭한다.
▸ 글자의 크기는 마우스의 우클릭을 이용하여 텍스트의 설정사항에서 조절할 수 있다.
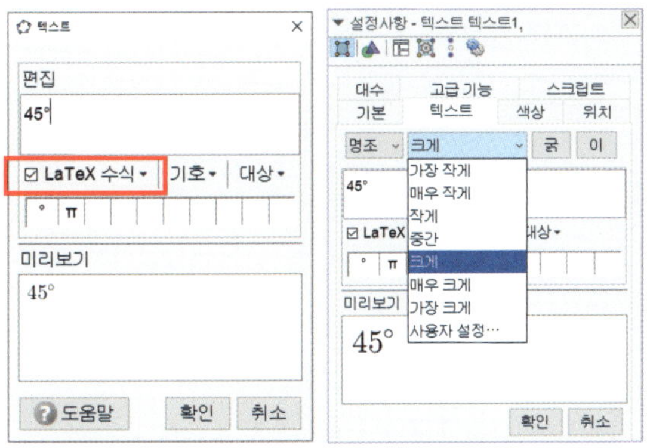</td><td>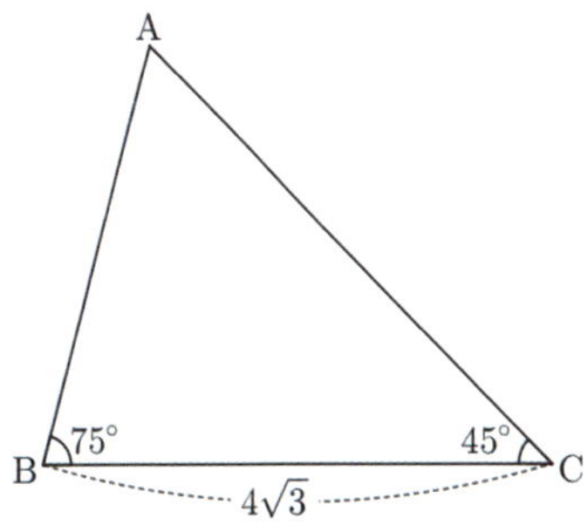</td></tr>
<tr><td></td><td></td><td>• 위 구성단계 15~17에서 오른쪽 그림과 같이 $4\sqrt{3}$을 호 위로 나타내기 위해서는 텍스트의 설정사항에서 색상 탭에서 배경색을 흰색으로 설정하면 된다.

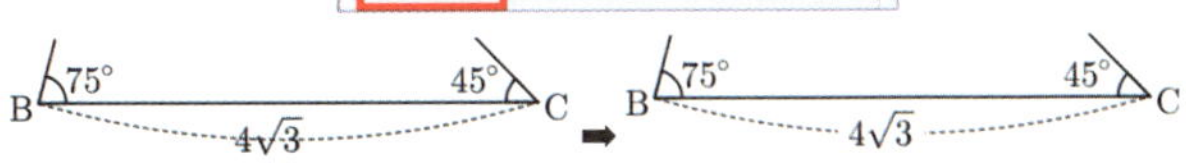</td><td></td></tr>
</table>

[문제Ⅲ-8] 정답 확인 하기

[문제Ⅲ-8]에서 구하고자 하는 내적을 확인하기 전에 〈표 Ⅲ-8-3〉에서 작도한 평면도형 파일을 복사하여 원본 파일은 그대로 저장(파일명: 문제Ⅲ-8_구성단계17_평면벡터)하여 보관하고, 복사한 파일에서 새로운 작도를 진행한다.

〈표 Ⅲ-8-4〉 [문제Ⅲ-8]의 정답 확인 과정(구성단계 18~28)

구성단계	도구	작도 과정	화면상의 작도 상태
18		– 점 C를 지나고 선분 AB에 수직인 직선 k 작도하기 (방법)점 C와 선분 AB(i)를 차례로 클릭한다. ▸ 명령어를 이용하여 작도할 수도 있다. * 명령어: 수직선[C,i]	
19		– 직선 k와 선분 AB의 교점 E 작도하기 (방법)직선 k와 선분 AB(i)의 교점의 위치에 마우스를 가까이 하면 교점이 활성화되므로 활성화 위치에서 직선 k와 선분 AB(i)를 동시에 클릭하여 점 E를 작도한다. ▸ 명령어를 이용하여 작도할 수도 있다. * 명령어: 교점[k, i]	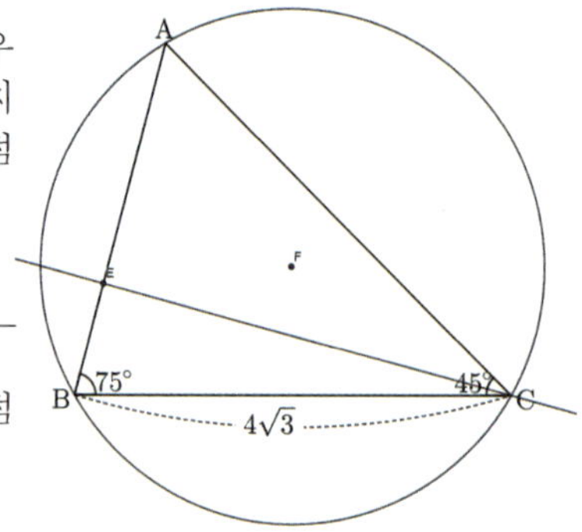
20		– 삼각형 ABC의 외접원 d 작도하기 (방법) '세 점을 지나는 원' 도구를 클릭한 후 세 점 A, B, C를 차례로 클릭한다. ▸ 명령어를 이용하여 작도할 수도 있다. * 명령어: 원[A,B,C]	
21		– 삼각형 ABC의 외접원(d)의 중심 F 작도하기 (방법)외접원 d를 클릭한다. ▸ 명령어를 이용하여 작도할 수도 있다. * 명령어: 중심[d]	
22 ~ 24		– 외접원의 중심(F)으로부터 세 꼭짓점까지의 선분 l, m, n 작도하기 (방법)세 선분을 구성하는 각각의 양 끝점을 차례로 클릭한다. ▸ 명령어를 이용하여 작도할 수도 있다. * 명령어: 선분[F,A], 선분[F,B], 선분[F,C]	
25 ~ 26		– 점 E를 지나고 두 선분 FA, FB에 각각 수직인 직선 p, q 작도하기 (방법)점 E와 선분 FA(l)을 차례로 클릭한다. 점 E와 선분 FB(m)을 차례로 클릭한다. ▸ 명령어를 이용하여 작도할 수도 있다. * 명령어: 수직선[E,l], 수직선[E,m]	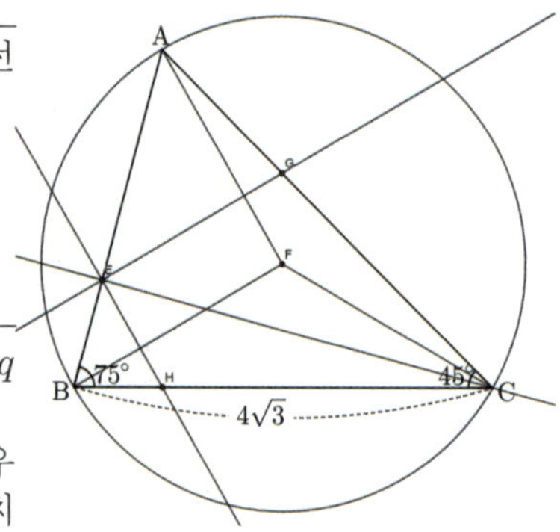
27 ~ 28		– 선분 AC와 직선 p의 교점 G와 선분 BC와 직선 q의 교점 H 작도하기 (방법)선분 AC(j)와 직선 p의 교점의 위치에 마우스를 가까이 하면 교점이 활성화되므로 활성화 위치에서 선분 AC(j)와 직선 p를 동시에 클릭하여 점 G를 작도한다. 같은 방법으로 선분 BC(f)와 직선 q의 교점 H를 작도한다. ▸ 명령어를 이용하여 작도할 수도 있다. * 명령어: 교점[j, p], 교점[f, q]	

〈표 Ⅲ-8-5〉 [문제Ⅲ-8]의 정답 확인 과정(구성단계 29~33)

구성단계	도구	작도 과정	화면상의 작도 상태
		• 네 점 F, E, H, G의 이름을 오른쪽 그림과 같이 O, P, Q, R로 변경하기 ▸ 네 점 F, E, H, G에서 마우스 우클릭을 이용하여 설정사항(기본)의 '이름' 란에서 이름을 변경하고, '캡션' 란에 아래와 같이 입력한다. '레이블 보이기'는 캡션으로 설정한다. * 캡션 명령어: $\LARGE\rm{%n}$	
29 ~ 30		- 두 벡터 PR(u), OQ(v) 작도하기 (방법)각각의 두 벡터를 구성하는 시점과 종점을 차례로 클릭한다. ▸ 명령어를 이용하여 작도할 수도 있다. * 명령어: 벡터[P,R], 벡터[O,Q]	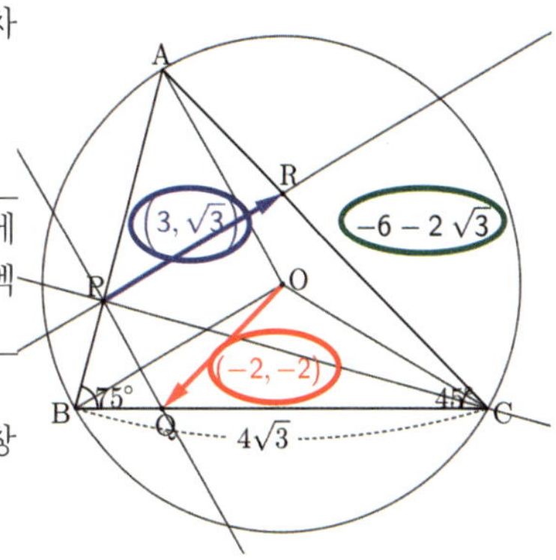
		• 두 벡터 PR(u), OQ(v)의 설정사항 '스타일' 탭에서 선 굵기를 13으로 설정하고, '색상' 탭에서 두 벡터의 색을 각각 파랑과 빨강으로 설정한다.	
31 ~ 33		- 두 벡터 PR(u), OQ(v)의 성분와 내적 확인하기 ▸ 두 벡터 PR(u), OQ(v)의 성분은 이미 대수창에서 다음과 같이 확인할 수 있다. 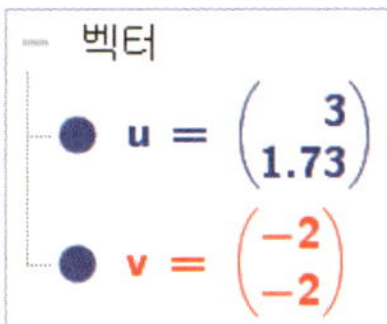 ▸ 무리수화 명령어를 이용하면 두 벡터의 성분과 벡터의 내적을 기하창에 나타낼 수 있다. * 명령어: 무리수화[R−P], 무리수화[Q−O] 무리수화[$u*v$]	

〈그림 Ⅲ-8-1〉 [문제Ⅲ-8]의 정답 확인 과정 화면(구성단계 33)

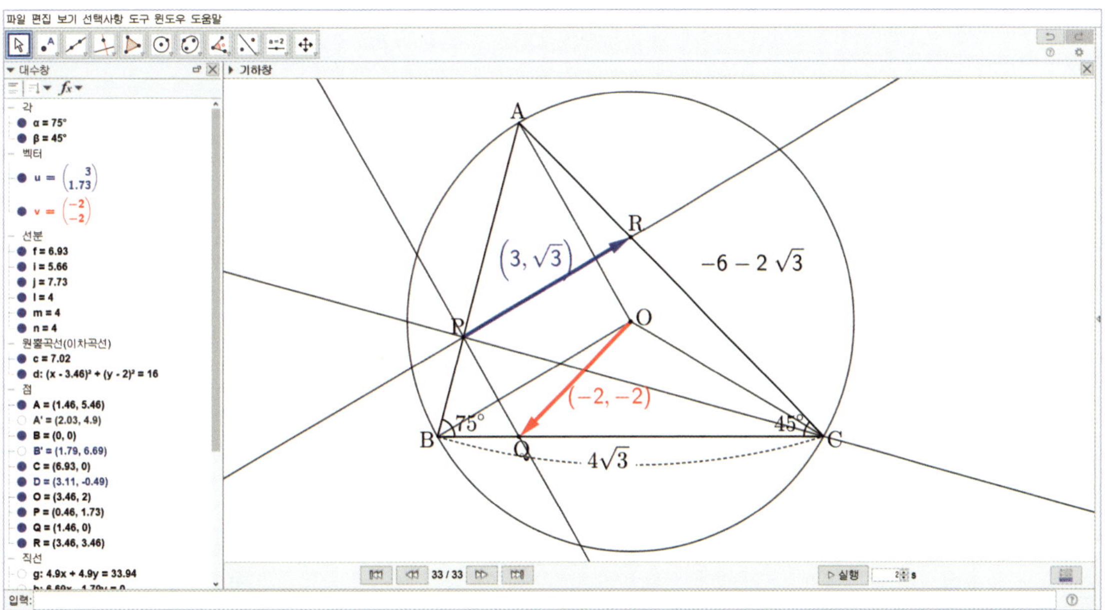

[문제Ⅲ-8] 해설 그림 만들기

[문제Ⅲ-8]의 〈해설〉 그림 제작 전에 〈표 Ⅲ-8-5〉에서 작도한 평면도형 파일을 복사하여 원본 파일은 그대로 저장(파일명: 문제Ⅲ-8_구성단계33_평면벡터)하여 보관하고, 복사한 파일에서 새로운 작도를 진행한다.

〈표 Ⅲ-8-6〉 [문제Ⅲ-8]의 〈해설〉 그림 작도 과정(구성단계 34~38)

구성단계	도구	작도 과정	화면상의 작도 상태
34 ~ 35		– 선분 OA와 직선 p의 교점 E과 선분 OB와 직선 q의 교점 F 작도하기 (방법)선분 OA(l)와 직선 p의 교점의 위치에 마우스를 가까이 하면 교점이 활성화되므로 활성화 위치에서 선분 OA(l)와 직선 p를 동시에 클릭하여 점 E를 작도한다. 같은 방법으로 선분 OB(m)와 직선 q의 교점 F 작도한다. ▸ 명령어를 이용하여 작도할 수도 있다. * 명령어: 교점[p, l], 교점[q, m]	
		• '대상 보이기(대상 보이기)' 기능을 활용하여 무리수화 명령어를 사용하여 나타낸 텍스트4, 텍스트5, 텍스트6을 보이지 않게 설정한다. 같은 방법으로 세 직선 k, p, q와 원뿔곡선(원) d를 보이지 않게 설정한다.	
36 ~ 38	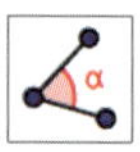	– '각' 도구를 활용하여 $\angle\mathrm{CPA} = \angle\mathrm{AEP} = \angle\mathrm{OFP} = \dfrac{\pi}{2}$ 나타내기 (방법) '각' 도구를 클릭하고 세 점 C, P, A를 차례로 클릭한다. ∠CPA에 대한 설정사항 '기본' 탭에서 레이블을 제거하고, '색상' 탭에서 색은 검정으로, '스타일' 탭에서 사이즈(25)와 색상 불투명도(0)를 설정한다. 같은 방법으로 두 각 ∠AEP, ∠OFP를 작도하고 설정사항을 변경한다. ▸ 명령어를 이용하여 작도할 수도 있다. * 명령어: 각[C,P,A], 각[A,E,P], 각[O,F,P] ▸ 설정사항 변경 시 Ctrl 키를 사용하여 세 각의 설정사항을 한 번에 변경할 수 있다. Ctrl 키를 누른 상태에서 변경하고자 하는 대상을 차례로 클릭한 후 마우스 우클릭을 이용하면 세 각의 설정사항을 동시에 변경할 수 있다. 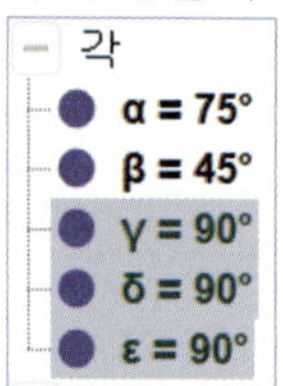	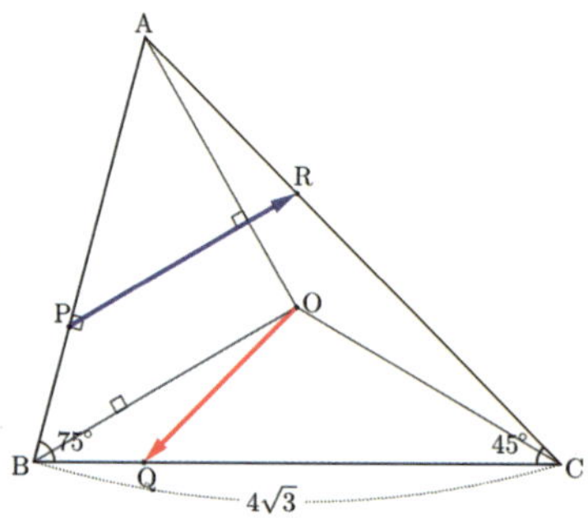
		• '대상 보이기(대상 보이기)' 기능을 활용하여 두 점 E, F를 보이지 않게 설정한다.	

〈표 Ⅲ-8-7〉 [문제Ⅲ-8]의 〈해설〉 그림 작도 과정(구성단계 39~49)

구성단계	도구	작도 과정	화면상의 작도 상태
39 ~ 40		- 두 선분 PC, PQ를 작도하고 설정사항(선스타일)에서 점선으로 변경하기 (방법)두 선분을 구성하는 각각의 두 점을 차례로 클릭한다. ▸ 명령어를 이용하여 작도할 수도 있다. * 명령어: 선분[P,C], 선분[P,Q]	
		• 세 선분 OA(l), OB(m), OC(n)의 설정사항을 변경한다. 색상은 보라색으로, 스타일에서는 장식을 선택하여 세 선분의 길이가 같음을 나타낸다. 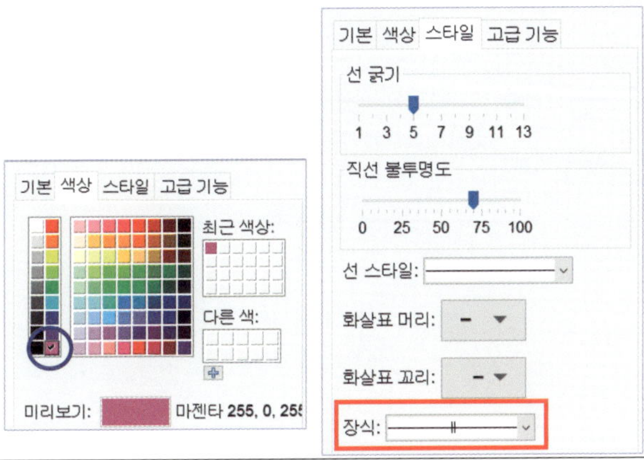 	
41 ~ 46		- 세 선분 AB, AC, AP의 길이를 나타내기 위한 호를 작도하고 점선으로 변경하기 (방법) '세 점을 지나는 호' 도구를 클릭한 후, 점 A, 화면상의 적당 부분(선분 AB 왼쪽), 점 B를 차례로 클릭하고 설정사항(선 스타일)에서 점선으로 변경한다. 같은 방법으로 두 호를 작도한다. ▸ 명령어를 이용하여 작도할 수도 있다. 명령어를 이용하기 위해서는 먼저 점(•A) 도구를 이용하여 각각의 세 선분 근처에 점을 작도한 후 사용할 수 있다. * 명령어: 외접호[A,G,B], 외접호[A,H,C], 외접호[A,I,P]	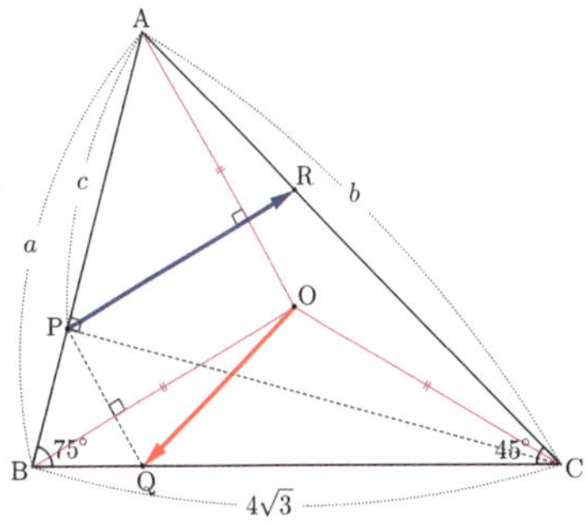
47 ~ 49	ABC	- '텍스트' 도구를 활용하여 a, b, c 나타내기 (방법) '텍스트' 도구를 선택하고 기하창을 클릭하면 텍스트 입력창이 생성된다. 입력하고자 하는 식을 입력창에 입력하고 'LaTeX 수식' 에 체크한 후 확인 버튼을 클릭한다. ▸ 글자의 크기는 마우스의 우클릭을 이용하여 텍스트의 설정사항에서 조절할 수 있다. ▸ 오른쪽 그림과 같이 a, b, c 를 각각의 호 위로 나타내기 위해서는 텍스트의 설정사항 색상 탭에서 배경색을 흰색으로 설정하면 된다.	

〈그림 Ⅲ-8-2〉 [문제Ⅲ-8]의 〈해설〉 그림 최종 GeoGebra 화면(구성단계 49)

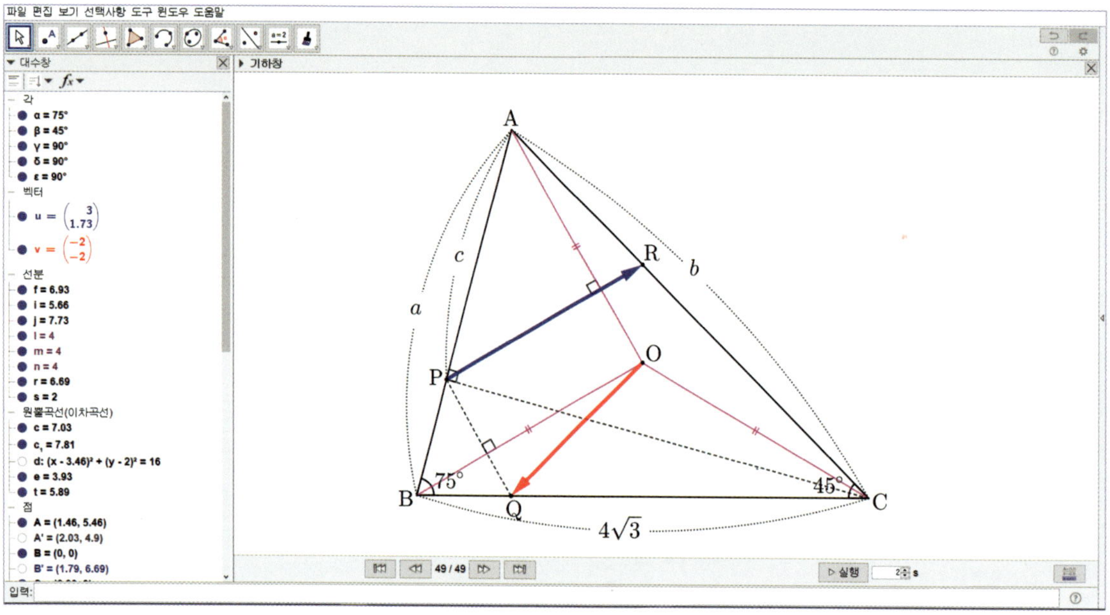

저자 소개

학위

경희대학교 문리과대학 수학과
경희대학교 교육대학원 교육학과(수학교육)
성균관대학교 교과교육학과 수학교육학전공 교육학박사

약력

경희고등학교 교사
현 한국교육과정평가원 연구위원

GeoGebra 관련 저자 논문

논문	학회	학회지	게재년도
GeoGebra를 활용한 역동적인 시각적 표상에 기반한 이차곡선 지도 방안	대한수학교육학회	학교수학	2011
GeoGebra의 구성단계 기능을 활용한 고등학교 수학 영재 문제해결 과정의 창의성 평가 사례 연구	한국영재학회	영재교육연구	2014
GeoGebra 활용 문항출제 연수를 통한 평가 문항 제작 사례 연구	한국수학교육학회	수학교육논문집	2015
GeoGebra를 활용한 각등변형습유의 일반화	한국수학사학회	한국수학사학회지	2016
GeoGebra를 활용한 연립이차방정식 교수학습 방안 연구	영남수학회	영남수학회지	2021
GeoGebra의 네비게이션 바와 구성 단계 기능을 활용한 과정 중심 평가 가능성 탐색	대한수학교육학회	수학교육학연구	2023

수상 경력

제3회 교육정보화 연구대회(국무총리상 표창)
　- GeoGebra를 활용한 기하와 대수의 연결성에 관한 연구
제11회 교실수업개선 실천사례 연구발표대회(서울시교육감 표창)
　- GeoGebra를 활용한 수학에 대한 자신감 찾기 프로젝트

GeoGebra를 활용한 **문항 제작과 교수 · 학습**

초판발행 2023년 9월 15일

지은이 양성현
펴낸이 오판근
펴낸곳 (주) 교우
주　소 서울시 동대문구 약령시로 8 교우빌딩 2층 (주)교우
전　화 02-925-2861 / **팩　스** 070-7966-8610, **편집부** 02-925-2825
홈페이지&북스토어 **www.kyowoo.co.kr** / **이메일** **kyowoo@kyowoo.co.kr**

등　록 1994년 3월 24일 제1994-000013호
ISBN 979-11-251-0379-0 (93410)

Published by Kyowoo Co., Ltd. Printed in Korea

값 20,000원